Précis de dynamitage

anthologie électrique 1966-2001

à Jean-Paul Bertrand,
Bien cordialement,
Lucas [illegible]

DU MÊME AUTEUR

Moi, Ezra Pound, déjà pendu par les talons à Milan, Éd. du Rocher, 2005.

Lucas Hees

Précis de dynamitage

anthologie électrique 1966-2001

La Différence

UNE ÉMERGENCE MIRACULEUSE D'AVANT L'ÉCRITURE

Il y a des individus qui aiment et qui pensent, qui se dépensent et qui saignent au même instant. Des individus qui parlent et dont la parole surgit comme l'arme blanche de la pensée. Des individus qui regardent avec un œil impénétrable de détachement et dont l'intériorité du regard a tout pour séduire ou déplaire. Des individus déshabillés de leurs propres momies et qui ne se dérobent pas devant la douleur. Des individus qui savent que les mots sont des aiguilles qui sondent l'invisible, qu'ils doivent jaillir de la folie du corps pour qu'il subsiste une chance de vie filtrée. Des individus qui écrivent et dont les livres détruisent jusqu'au bout, jusqu'à la contradiction, leur propre catégorie discursive, leur genre, et deviennent ainsi les gestes, les événements, d'une histoire secrète. Des individus qui marchent et dont les pas sont d'autant moins perdus qu'on ne sait jamais où ils vont les porter. Des individus qui sont passés brutalement, sauvagement, de l'autre côté du miroir, en le brisant et qui en gardent les cicatrices. Des individus qui connaissent et qui en se laissant aller au fond de l'amitié, de la passion, de la fascination, de la colère, de la grâce, de l'insatisfaction, de la violence, du plaisir, de la confrontation, ont rencontré des solutions insolites tout à fait hors de recherche à pareil moment et dont certaines leur ont valu des raisons de vivre. Des individus qui vivent aussi en vue d'une révolution totale de l'entendement et qui savent la blessure, même frivole, de chaque seconde. Des individus qui ne détestent rien tant que la sensibilité en bon état, la pureté en bonne santé, et qui n'en finiront jamais d'anéan-

*tir ce qui menace les diagonales parfaites de leurs corps d'adolescents car ce combat, parmi les plus nobles, leur permet de garder intact ce cristal, ce précipité d'élégance impitoyable, signes d'une poésie vécue à vif. Des individus qui s'introduisent donc comme des voleurs dans la présence et dans l'absence comme dans une seule et même merveille de verre, où qui ils sont, leur apparaîtra tôt ou tard, gravé au diamant. Des individus qui ne plient jamais leur attitude aux principes castrateurs de la morale traditionnelle, leurs goûts à l'esthétique, et qui pourtant, et toujours, demeurent à l'affût d'une autre beauté, d'un autre désespoir. Ces individus sont nés absolus, frondeurs, comme d'autres naissent avec les yeux bleus. Ce sont des jokers, des degrés zéros, le mort du bridge, le pendu du tarot : nécessaires au sens (au combat), mais privés de sens fixe ; leur place varie selon les mouvements de l'histoire, les tactiques de lutte : on leur demande tout et/ou rien. Eux-mêmes sont hors de l'échange, plongés dans le non-profit et requis à combattre à la fois la répression idéologique et la répression libidinale. On les admire et on les hait, on les flatte et on les craint, on les jalouse comme on jalouse les étoiles, mais on les lit et leur lecture change l'éclairage de la vie. On converse avec eux et l'on ressent un vertige inexplicable, quelque chose qui part des tripes, remonte jusqu'au cerveau, explose et déboussole. Parfois on perd leur piste d'*outlaws blues, *de* lonesome cowboys *ou de* sauvages indépendants des temps et des littératures, *mais toujours on la recoupe au moment où l'on s'y attend le moins. Ils savent si bien, parfois, vous révéler à vous-même, ils suscitent si bien en vous une telle nostalgie de la jouissance d'exister que, face à eux, le mieux que l'on puisse faire, c'est d'être soi-même, le mieux que l'on puisse espérer, c'est d'incarner toutes les pensées brisantes et tranchantes dans chaque geste, dans chaque silence, dans chaque mot.*

Les poètes électriques sont de cette race d'individus. C'est pourquoi il était inévitable que leurs vues les plus élevées, les mieux à même de brouiller les pistes, prennent un air de folies, voire de crimes, quand elles arrivaient par fraude aux oreilles chastes de ceux qui n'étaient justement pas de cette race prédestinée à les comprendre. Car ce n'est pas impunément que l'on tente de remettre en contact la parole poétique et la fulgurance d'une pensée inédite, que l'on offre en pure gratuité une forme nouvelle à ce lien singulier entre les sensations, la présence, et le langage. Le discours social se venge, reprend le dessus par ses guillotines conceptuelles, sanctionne en excluant le texte des sens supportables. Mais le langage que les poètes électriques n'ont cessé de déployer, en le ramenant à son rôle de conducteur de l'électricité mentale qui tente de changer l'éclairage propre de la pensée de chacun (langage ravi du changement par une suite sans fin de signaux, obscurs d'abord, identifiables aujourd'hui dans l'interaction des interventions les plus latérales et les plus brisées de leurs trajectoires individuelles), est le lieu de la négation de toute une poésie horriblement fadasse, de la conscience suraiguë de soi dans un univers où tout conspire à nous maintenir dans le rang (toujours plus châtré, politiquement purifié, pacifié, esprit modèle et programmé, refait), lieu de l'impersonnel conquis sur l'affiliation historique et biologique. D'emblée, il y a un refus total d'être refoulé vers l'accessoire, la parole gratuite, le décor inutile n'ayant d'autre vertu que de compenser, mais sans aucune efficacité pratique, la dureté du quotidien. C'est d'ailleurs là un aspect fondamental de l'icarisme que dénonçait déjà en son temps Georges Bataille et contre lequel les poètes n'ont guère su réagir. Si l'histoire de la poésie ne se confond jamais avec celle des poètes reconnus trop tôt, puisque la création dans ce domaine comme dans tous ceux qui relèvent de la sensibilité et de l'imagination pures, se développe selon des lois secrètes qui contredisent l'heure indiquée au cadran des horloges ; on ne peut plus faire aujourd'hui comme si les poètes électriques n'étaient que secondaires, peu essentiels à la compréhension de la vraie pensée de notre histoire : celle nous obligeant à réfléchir aux mécanismes hallucinatoires de l'écriture (l'hallucination étant là le tissu mouvant et contradictoire de la pensée, en elle le monde et la pensée s'éclairent, par elle les sentiments, les sensations deviennent des moyens de connaissance, et non pas seulement les conducteurs de la douleur et du plaisir) ; celle de la pression impétueuse de la poésie qui ne souffre plus la distinction et veut briser les limites (pression dont nous avons à comprendre la signification et le but, la brisure et le débordement qui s'adressent à nous si nous renonçons à les figer dans une théorie incomplète*) ; celle nous obligeant, somme toute, à envisager le regard et la lecture, l'action, comme des événements,* *aussi disparates et relatifs soient-ils. On ne peut vraiment plus censurer le sens cristallin de cette amitié réelle en tranchant le lien intime qui les lie tous, jusque dans le texte, au profit de la reconnaissance individuelle de l'un ou de l'autre. La chance individuelle est, certes, première. Elle n'apparaît qu'incarnée dans sa volonté de ne pas établir un faux dénominateur idéologique commun. Chaque artiste est catégoriquement seul et l'on ne peut approcher ses œuvres qu'en fonction de ce radical d'exécution, qui est un langage à lui seul, un mode d'existence ; et si en art comme en tout, il ne peut y avoir véritablement groupe, mais communauté d'intentions ou de préoccupations (formelles, spirituelles, etc.), c'est aussi parce que chaque individu qui décide d'exercer sa souveraineté ne le fait qu'à* ses dépens. *La souveraineté étant aussi une dépense d'énergie maintenant en tension permanente le courant entre plusieurs individus. Autrement dit : nous ne sommes entier que hors de nous, dans la plénitude d'un rassemblement mais nous ne sommes en entier qu'ayant répondu, en nous assemblant à notre exigence intime. Sur ce point, Matthieu Messagier écrit : « Peu importe les circonstances de la déclinaison, Les trames de chacun en reviennent toujours en dépit du parcours à la révélation première[1]. » S'agissant des Électriques, « cette révélation première » se trouve disséminée çà et là dans la plupart de leurs livres par le biais de quelques mots, expressions, tournures de phrases qui fonctionnent moins comme images purement poétiques que comme traces d'un vécu brûlé par les deux bouts. Déclarations de connivences textuelles ou clin d'œil aux exégètes à venir, le fait est là qui rappelle que les Électriques se sont rencontrés très tôt. À l'adolescence pour la plupart (entre quinze et dix-huit ans), à l'enfance pour d'autres (c'est le cas notamment de Michel Bulteau et Jean-Jacques Faussot). Les raisons de ce rapprochement diffèrent sensiblement de la seule et unique poésie. Il n'est pas d'ordre intellectuel. C'est, pourrait-on dire, « autre chose ». Un peu comme André Breton et Jacques Vaché, Ezra Pound et William Carlos Williams, René Daumal et Roger Gilbert-Lecomte, Allen Ginsberg et Carl Solomon, Jack Kerouac et Neal Cassady, François Dufrêne et Gil J. Wolman, etc. On oublie trop souvent que la fonction poétique ne se limite pas à*

1. *Une rêverie objective*, Le Castor Astral, 1992, p. 35.

la poésie : elle peut changer la vie de plusieurs êtres, susciter des rencontres, nouer des orages, et les faire crever au-dessus de toutes sortes de têtes plus ou moins innocentes. C'est même la fonction anti-fonctionnelle d'un poète que de favoriser dans la vie réelle toutes sortes de renversements (de valeurs, de situations). Tout cela, il faut le dire sans ironie, ne vient pas par hasard ou si le hasard se manifeste avec cette exactitude, c'est qu'il obéit à des lois auxquelles la fonction poétique obéit elle aussi. Joueurs, querelleurs, bagarreurs, ce qui a d'abord compté pour les Électriques, ce fut de sentir, d'apprendre à lire dans le fier livre de l'expérience. Leurs conversations, leurs dérives nocturnes, leurs voyages (ce sont là leurs trames) témoignent d'un sens aigu de la repartie, de la botte, de la saillie et d'une singulière présence de corps et d'esprit. En quoi cette « autre chose » dont il faut sans cesse, pour chaque époque, réinventer la forme, les a protégés très tôt de toute adhésion à un groupe fermé d'où il ne sort jamais rien, et surtout pas l'ouverture à une invention verbale vive.

Étonnante histoire donc que celle de ces poètes, dont la légende active, née un jour de 1971 d'un chant augural à voix multiple – Manifeste électrique aux paupières de jupes[1] –, *est faite de vérités mêlées à la manière de la coiffe de la Gorgone méduse, de choses contradictoires qui ont été, sont encore souvent avancées sur leurs vies, leurs œuvres. Il importe peu de disputer ici les dites vérités des artifices, car ceux-ci agissent comme les points véliques d'une aventure physique et cérébrale la plus à même de redorer le blason du mot* émoi, *pour peu que l'on daigne à son tour plonger sans repère autre que les mots, les images éclatant la très concrète, la trop visuelle réalité qui inonde de nuits et de malheurs les cerveaux les plus intoxiqués aux systèmes, aux concepts – dans les eaux troubles ayant rendu possible son couronnement jusque sur le trône de l'ivresse. Chaque phrase des poètes électriques est une épopée en soi. Chaque phrase est l'ellipse déchirée de cent autres et corres-*

---

1. *Manifeste électrique aux paupières de jupes,* par Gyl Bert-Ram Soutrenom F.M., Zéno Bianu, Michel Bulteau, Jean-Pierre Cretin, Jacques Ferry, Jean-Jacques Faussot, Patrick Geoffrois, Benoît Holliger, Thierry Lamarre, Bertrand Lorquin, Jean-Claude Machek, Matthieu Messagier, Gilles Mézière, Jean-Jacques N'Guyen That, Alain Prique, Mick Tréan, Le Soleil noir, 1971.

pond à un état singulier rendu difficilement saisissable aux recettes habituelles de la connaissance. Chaque mot porte une porte en lui. Chaque mot, et particulièrement ceux leur étant ascendant partagé et revenant de manière quasi incantatoire dans leurs textes les plus anciens comme les plus récents, est une porte nous introduisant dans le labyrinthe de la mémoire où pousse toujours la fameuse « Fleur noire[1] ». Fleur des intimités combien chères et réelles, fleur d'un secret qui n'est ni complètement stylistique ni complètement biographique mais avant tout : ontologique. Fleur aussi du désenvoûtement parce que Fleur de la grande chose ensevelie, interdite, absolument hors de question, sur laquelle il faudrait encore se taire après tant de troubles, d'intenses destructions, et malgré le discours opposé des poètes l'ayant soulevée à bras-le-corps au risque de passer pour des fous, des drogués, des illuminés, des criminels. La vie n'est pas ce qu'on croit, la mort non plus, et puisque le décor planté là sous nos yeux est faux, il y a à préserver contre tout et tous, cette fleur magique, symbole héraldique de ces vérités nouvelles qui peuvent surgir entre individus libres (vérités provisoires, incertaines, infiniment mobiles mais qui surgissant s'approchent au plus près d'une vérité durable possible) et de cette pointe de fuite, d'effraction, qu'elles créent vis-à-vis de la grande machine à reproduire le décor et la règle. Chaque poème est ainsi le parchemin à peine suggéré, le palimpseste à demi brûlé où l'écriture s'évapore pour ne laisser que l'esprit de cette dynamique objective, le parfum de cet état qui rime avec les différents moments du jour et de la nuit (à travers le rêve, ou réveillé comme jamais au plein cœur de toutes les nuits) où plus les Électriques écrivent, plus ils voient, plus ils disparaissent au cœur de ce qui s'écrit. On le lira plus en avant, cette expérience les reprend chaque fois avec une violence et une légèreté inconnues. C'est de maintenant *et de* toujours *: « Puis lumières restituées Difficilement et complexes Et livres, peut-être » (Matthieu Messagier).*

Antonin Artaud (pas le poète, pas l'écrivain mais ce corps appelé Artaud et qui a vécu*) a magistralement décrit comme des « envoûtements » les entraves (sociales, morales, religieu-*

1. *Manifeste électrique*, p. 36.

ses) que l'on ressent à se vivre. L'envoûtement est ce qui vient du dedans comme du dehors, ce qui nous vole de notre propre corps, ce qui limite notre volonté de penser. D'une certaine façon, les forces envoûtantes jouent sur l'inconscience dans laquelle nous maintiennent les codes, les grammaires, en tant qu'ils nous conditionnent et nous informent sans être pensés. Rien de plus difficile alors de faire en sorte que les poèmes deviennent vrais. « C'est la grammaire, écrit Artaud, qui a fait la plaie de toutes les soi-disant grandes idées de civilisation et de culture où l'homme se tient comme dans un carcan qui l'empêche d'avancer. » L'attachement à la Lettre nous empêche trop souvent de pratiquer le détachement de la pensée. Le chemin de l'état « d'avant le langage » qu'invoquait Artaud dans Le Théâtre et son Double *(cet* avant *est qualitatif et non pas temporel ou localisable) doit passer à travers l'organisme répétitif et submergé de l'humanité, nous situer dans une naissance inorganique où l'homme devient une* bouche d'ombre *(ou de lumière), cette voix de poésie par laquelle celle-ci s'écrit sans dépendre de ceux qui l'habitent de son vivant. Cette traversée est particulièrement significative chez Matthieu Messagier (telle qu'une lecture attentive d'*Orant, Une rêverie objective, Les Chants Tenses *nous le laisse deviner) et plus abruptement chez Jacques Ferry. L'un comme l'autre en parlent comme d'un* Chemin Lael, *une* Voie héliaque *où l'on est en mouvement, où l'on écrit pour se parcourir en se tenant au plus près de ce qui nous anime. Pour les Électriques qui ont voulu accomplir une « descente à pic dans la chair », la lutte contre la grammaire envoûtante et stérile fut une lutte contre la peur : « Il y a pour être une peur à vaincre, poursuit Artaud, et cela consiste à emporter la peur, le coffre sexuel entier de la peur, en soi, comme le corps intégral de l'âme, toute l'âme depuis l'infini, sans recours à aucun dieu derrière soi. Et sans rien oublier de soi. » Peur, oui, celle-ci est un entraînement fatal où l'inconnu attire comme le feu follet fuyant sur les joncs d'une eau morte dans plusieurs textes de Michel Bulteau, Jean-Pierre Cretin, Patrick Geoffrois, Matthieu Messagier : « Peur des prophéties électriques / Peur des symphonies du sang / Peur du vide incantatoire / Peur de l'aiguille perverse dans la veine du temps / Peur des miroirs brisés / Peur des yeux des enfants qui ne pleurent pas pour eux », écrit Patrick Geoffrois. Artaud a bien précisé qu'à partir de ce* *point se déploie une sorte de langue universelle dont la projection dans telle ou telle langue est forcément incompréhensible dans la mesure où nous n'en captons à ce moment du dehors qu'une image renversée, parodique : « Tout vrai langage est incompréhensible comme le claque du claque-dent. » Mais comment pourrions-nous apprendre telle ou telle langue, tel ou tel ensemble de signes, si, d'une certaine façon, nous ne les connaissions déjà ? Le monde que je vis, c'est celui que je parle, que je suis capable de dire dans les limites que sont celles de mon langage. Ces limites sont grammaticales dans la mesure où nous tenons à rester dans la communication mais nous savons que nous n'atteindrons vraiment la communication que si, par un mouvement brisant et sans retour ni réconciliation, nous sommes aussi ceux qui nions les limites, atteignant par cette affirmation la pulsion du sens. « On peut inventer sa langue, écrit Artaud, et faire parler sa langue avec un sens hors grammatical mais il faut que ce sens soit valable en soi, c'est-à-dire qu'il vienne d'affre – affre, cette vieille serve de peine, ce sexe de carcan enfoui qui sort ses vers de sa maladie : l'être, et ne supporte pas qu'on l'oublie. » Dans un poème écrit à l'âge de dix-sept ans,* Biographie pour une seconde, *Matthieu Messagier dit : « ... On prend / On tire sur le seuil de la vie / On montre le vide / La souffrance deviendra. » À eux seuls, par le vide entre les mots, par leur temps d'arrêt, ces quatre vers nous rappellent que le point de la communication la plus forte, le point de la pensée est celui-là même où la communication risque de faire défaut. C'est à la non-communication que nous arrachons la possibilité d'une communication fondamentale – c'est-à-dire malgré tout une « syntaxe » mais où tout se doit d'être rangé au poil près dans un ordre discontinu et fulminant. C'est aussi le sens de* Révolution extatique *de Zéno Bianu qui, posant la reconquête des signes de ce qui est, tentait de réatteindre avec fracas au sublime, après un pilonnage minutieux de toute forme insuffisamment affinée, insuffisamment mûre. Les Électriques, qui ont connu très tôt, dans leur pensée, le « retour aux cassures découvertes » (M. Bulteau), ont pu alors parler de ce « verso noir » (M. Messagier) où, sans doute, le non-sens, le sens toujours à venir, se tient, se retient, – et c'est alors que la pensée ne se donne plus comme étant à penser, qu'elle naît de la poésie (qui occupe et opère tout en même temps : sons, sens, déperdition du sens, reconquête du sens, mais aussi connaissance, expérience vécue, prophétie) et non l'inverse : « Toutes les idées ont l'écran du grotesque » dit le* Manifeste électrique. *« Les idées n'existent pas » poursuit Matthieu Messagier. Cette affirmation a de quoi surprendre si nous ne l'entendons pas comme l'accès direct de la pensée à ce qui n'est plus reflet, à ce qui ne donne plus à réfléchir. Pour les poètes électriques qui la perçoivent comme un orage, la pensée n'est pas réductible à une surface, elle ne se présente pas comme une table où la raison, le calcul, l'association libre et toutes les opérations de l'intelligence se dessineraient comme des figures planes obéissant aux mêmes lois. Elle s'ouvre au contraire comme un espace sans fond, où les images, les idées, tous les moments repérables de la pensée se dessinent avec plus ou moins de netteté comme des volumes mobiles et flottants, des « débris de lumière[1] » nous dit Michel Bulteau. Lorsque nous sommes au plus près d'une idée de système, de relation, dans certains textes des Électriques, il ne faut jamais perdre de vue que celle-ci n'est pas réfléchie (isolée du mouvement qui préside à sa formation, à son passage de l'inconscient au conscient), ou peut-être après coup, comme une ultime réflexion, presque sensorielle. Pour eux, si la question devient intellectuelle, elle ne doit plus exister. Si elle existe c'est que l'on se retourne sur la correspondance, la relation, que ce retournement induit qu'elle a manqué quelque chose et se traduit par un retour en arrière, un ralentissement, une perte d'énergie, un faux bond de la pensée, une fausse rupture, un saut raté de la vie. La destruction, sans cesse à réitérer, du mythe de l'idée doit faire place au règne de l'explosive nécessité de pouvoir écrire demain car on oublie trop que le poète n'est plus dans ce qu'il a fait, peut-être même pas dans ce qu'il fait, mais dans ce qu'il va faire : fixer et perpétuer la mémoire de ces coupures, de ces scissions, de ces ruptures jamais écrites dans l'histoire parce qu'ils correspondent aux moments les plus intenses, les plus vrais, les plus inattendus, ceux qui survivent dans les endroits où ils ne peuvent pas avoir de descendance.*

Avec Manifeste électrique aux paupières de jupes, *les Électriques s'inscrivent dans cette perspective cinglante quoique par inadvertance, puisque cette inscription n'est pas le fruit*

---

1. *Poèmes 1966-1974*, La Différence, 1993, p. 86.

d'une interrogation critique de la littérature dont la naissance consciente en tant que concept peut être très précisément située, en France, au milieu du XIXe siècle (par des noms comme ceux de Baudelaire, de Flaubert, et au détour du mouvement romantique) et dont l'intention fut de donner au verbe écrire (jusqu'au très récent effondrement de toute pensée critique réelle que constitue la « fin » des avant-gardes), sa fonction intransitive, de communiquer à la lecture un sens absolument littéral ; de définir en somme, par une série de gestes pratiques et théoriques, un mythe cohérent qui réponde de l'ensemble de notre réalité. Si cela avait dû être le cas, comme l'époque le réclamait à corps et à cri mais à coups de demi-théories (c'est-à-dire de censures, d'autocensures et d'obscurantisme. En ce sens et telle qu'elle était officiellement représentée, « l'avant-garde, c'est ce langage rétif qui va être récupéré » comme disait Roland Barthes) trahissant le projet initial d'un mythe nouveau, il y aurait eu irrémédiablement l'organisation, la culture, la marchandisation d'une poétique en dépit de laquelle Manifeste électrique *serait devenu Un Manifeste, parmi tant d'autres, le Manifeste d'un groupe, d'une génération, et qui aujourd'hui serait quitte des nombreuses réactions (quasi chimiques) qu'il a pu susciter, puisque devenu historique. Or, ce livre, cet objet de prémonition, récusait violemment la répartition chronologique des places du jeu littéraire. Il était refus de ce jeu et refus du quadrillage par époque, groupe, génération, catégorie. Les mots ne sont pas, aux yeux des Électriques, l'occasion d'une prise abusive de pouvoir, ils ne les investissent d'aucun rôle sacramental. Ceux qui veulent régenter l'écriture et font ce pari, finissent toujours par se laisser tenter par des régents réels. Si Michel Bulteau, Jean-Jacques Faussot, Matthieu Messagier, par exemple, attaquaient par leurs textes mêmes, toutes sortes d'illusionnismes périmés, s'ils dynamitaient le langage pour l'arracher des mains de ceux qui en faisaient l'usage mystificateur que l'on sait, c'est qu'ils se sentaient, devant la page apparemment blanche face à un fascinant « mur intact et fort[1] » qu'écrivant ou voulant écrire, ils étaient devant l'impossible et quelque chose pourtant ne cessait d'exiger d'être écrit. Ce quelque chose peut s'apparenter à la tentative de voir le sommet qui*

1. Matthieu Messagier, *Poèmes 1967-1971*, Christian Bourgois, 1977.

troue, le passage du sujet à l'objet, là où commence la vraie mise en danger, la vraie prise de risque pour tout individu conscient de mots ou d'images. En 1971, il n'était en effet plus possible de brandir des pensées à première vue antagonistes comme des armes – ce fut, ce reste le rôle des adeptes et d'eux seuls – parce que l'invention et la pratique d'une pensée anticipatrice étaient et demeurent les seules exigences jamais satisfaites que tous les poètes nous ont transmises. Les Électriques se sont définis par rapport à ceux qui, comme Breton, Bataille, Tzara, Artaud, Michaux (ou des prédécesseurs plus immédiats comme Jean-Pierre Duprey, Gérald Neveu, Claude Pélieu...), ont agi et réagi personnellement et contradictoirement par rapport aux mêmes réalités : celles qui poursuivent leur processus meurtrier dans le monde entier, à l'intérieur de toutes les sociétés. Il n'y eut donc aucun reniement de leur part, mais une distance ouverte, acérée, nécessaire à la naissance d'un rapport qui a profité à l'énergie du secret et de l'imaginaire. Cette distance ne signifiait nullement opposition – en quoi les Électriques n'ont pas de comptes à rendre, moins encore d'autocritiques à faire. Elle était une façon radicale, c'est-à-dire plus directe (sans intermédiaire, sans théorie préfixée), de rejoindre en esprit le cœur de l'aventure souterraine déclenchée au début du XXe siècle par le surréalisme avec cette opération « sacrée » menée sur le langage, cette volonté de rassembler de partout l'expérience poétique, d'affermir la vie vécue comme poésie permanente ; et de chercher à comprendre pourquoi ce cœur battait. Le refoulement du surréalisme, au début des années 1970, sur le plan « esthétique » ou « idéologique » n'a pas plaidé en faveur d'une telle radicalité. Au détour d'un des épisodes les plus méconnus de cette aventure souterraine, il est pourtant possible de comprendre le surgissement de Manifeste électrique *à partir du geste de Jean-Pierre Duprey dont l'œuvre poétique complet publié dans les années 1960 a été déterminant*[1]*. Le suicide, en 1959, de Duprey a marqué une réactivation totale de l'espoir. Il signifiait qu'il importait peu que le surréalisme vive ou meure, qu'un mouvement constitué en préserve la flamme et maintienne tendu*

1. Soit *Derrière son double* (1950 et 1964), *La Fin et la Manière* (1965), *La Forêt sacrilège* (1970). Publiés par Le Soleil noir, ces trois recueils ont été réédités en un volume chez Christian Bourgois éditeur en 1990, puis repris en poche chez Gallimard en 1999.

son état d'esprit, car la poésie quand elle atteint le niveau de coïncidence avec l'expérience vécue, tel que Duprey l'a incarné, ne se distingue plus de l'authenticité absolue. Et ce niveau, lorsqu'il est atteint, est au moins la preuve d'une sollicitude envers le réel s'inscrivant au-delà des valeurs immuables de la représentation, du rôle que ces valeurs impliquent mécaniquement. C'est aussi bien la « déclaration de connivence » de Matthieu Messagier, « le monde ouvert » de Michel Bulteau, que « l'opposé sensible » de Jean-Jacques Faussot ou « la délinquance abstraite » de Jacques Ferry. Témoignant de l'intransigeante faculté de signifier le monde par la présence, le niveau règle la hauteur mais ne la limite pas. Il donne le la *d'une démesure émerveillée qui plane comme un astre venu* d'on ne sait où *et dont les feux éblouissants éclatent au cœur de la nuit, au-dessus de toutes les formes de narcissisme, de voyeurisme, dans lesquelles les individus sont aujourd'hui écroués, au point de faire de leur parole un no man's land où tout s'égalise et se pacifie. À force de rationaliser le langage, de l'assujettir à une « fonction de numéraire facile et représentatif » comme disait Stéphane Mallarmé, il s'est établi chez les individus une censure intérieure sans précédent depuis vingt-cinq ans. Si celle-ci n'explique pas tout, elle permet au moins de pointer avec une acuité tranchante, la véritable fêlure de notre époque : celle de chaque individu avec son autonomie d'action et avec son devenir collectif. 1959 est aussi l'année où la désormais célèbre maison d'éditions City Lights Books réédite* Howl *du génial Allen Ginsberg. Écrit en 1955, ce long poème a tout d'abord fait l'objet d'une lecture publique dans une petite galerie d'art expérimental du quartier noir de San Francisco à l'automne de cette même année. L'important pour Allen Ginsberg et pour les autres participants de cette lecture (à savoir Kenneth Rexroth, Philip Lamantia, Michael McClure, Phil Whalen, Gary Snyder) était de défier le système de la poésie académique, de la sobriété nationale, de la grosse machinerie éditoriale américaine, tout ce qui représentait le bon goût de l'époque, celle puritaine du maccarthysme (travail-famille-patrie, chasse aux sorcières communistes, homosexuels, junkies...). Dans la postface de l'édition de 1959, Ginberg dit de* Howl *qu'il est le fruit d'une extase (survenue quelques années plus tôt) au cours de laquelle il a vu « l'univers s'ouvrir dans [son] cerveau ».*

La nouveauté, la violence de Howl *et des premiers livres des auteurs de la « Beat Generation » ont été le signal de la transformation occulte qui a rendu un nouveau corps visible par nos yeux. Une nouvelle manière de voir, de parler, de sentir, d'écouter : d'être au monde. Comme William Burroughs le confiait à Daniel Odier en 1969 : « le mouvement beat [...] a transformé le monde [...] Il a brisé toutes sortes de barrières sociales pour devenir un phénomène global d'une énorme importance. » À partir de ce point de discernement, il n'était plus possible d'écrire quoi que ce soit qui ne procède de cette ouverture de l'univers dans chaque cerveau, de cette expérience de l'intimité entrelacée au monde, et du monde agissant dans l'intime, où se cristallise l'individu révolutionnaire, et qui se transforme en transformant l'écriture. Peu de livres, comme toujours, ont suscité une telle précipitation des formes dans la conscience, ou l'inconscient de qui que ce soit. Et une poésie qui, aujourd'hui plus que jamais, ne serait pas le lieu d'une telle précipitation, ne mérite que le nom de passe-temps littéraire. Il ne suffit pas de « savoir écrire », de regarder changer les couleurs et les textes comme un voyeur, il faut provoquer sur le champ de sa propre pensée ce qui transforme l'ensemble, physique et mental, de l'individu, jusqu'à lui faire subir une nouvelle naissance. En 1964, alors que le mouvement beat battait son plein, Ginsberg écrit dans un texte intitulé* Le dos au mur[1] *: « L'âme de l'individu est en danger, c'est pour cette raison qu'*une *"beat" generation a existé et continuera à exister sous quelque nom que ce soit... Et cela jusqu'à ce que l'on retrouve l'âme et une société dans laquelle l'âme puisse exister et se manifester. » L'accueil sévère (et à cet égard symptomatique) réservé aux livres des écrivains beat – comme à l'ensemble de la poésie américaine, le plus bel exemple en est l'œuvre d'Ezra Pound – n'a pas non plus plaidé en faveur d'une telle connexion entre savoir et faire. L'immense majorité des critiques n'a voulu voir dans ces livres, et particulièrement ceux d'Allen Ginsberg, que des redites anarchiques, des fragments illisibles, du modernisme des années 1920-1930. Rares sont ceux à avoir décelé que ces livres s'appuyaient sur une solide connaissance de la littéra-*

---

1. *Back to the Wall* in *Deliberate Prose (selected essays 1952-1995)*, Perennial, New York, 2000.

ture du XXe siècle, de Gertrude Stein aux surréalistes français, à laquelle les beat ont voulu rendre hommage et qu'ils ont développée dans un contexte américain et une langue américaine, à une époque où se produisait une ouverture vers une nouvelle conscience[1]. *Qu'importe, le mouvement qui s'est depuis dessiné, né de manière à la fois opaque et transparente en 1959, a été celui passionné, irréductible d'une anti-mort. Devancer la mort (la conjurer en l'affrontant sans masque), devancer l'avenir social (le prophétiser selon de nouveaux textes), tel semble en définitive l'enjeu fondamental de toute écriture intuitive. Écrire des livres réellement dangereux, c'est s'exposer aux conséquences d'une semblable accélération, aujourd'hui, plus difficiles à écrire qu'en 1919, 1959, ou 1971. Mais ils dérégleront une fois encore le jeu littéraire, ils contrediront le jeu des communautés secondes (des chapelles en tous genres) comme ils s'opposeront à la communauté de fait afin, le cas échéant, d'en proposer une autre.* Les Champs magnétiques *ont marqué le début de cette aventure, qui a amorcé le surréalisme, et, plus avant, s'est poursuivie dans plusieurs autres directions.* Manifeste électrique *en est le dernier exemple connu. Jusqu'à quand ?*

Honni dès sa parution[2], *l'ouvrage a mené une vie hors de ses gonds. Dans les jugements les plus sévères portés sur lui, rien ne résultait d'un examen approfondi de ses moyens. On a voulu tenir compte que de ce à quoi il eût pu servir immédiatement, ou nuire, et cela au risque de ne pas voir le danger qui fait courir à la libre expression cette façon d'aborder l'œuvre en donnant toute licence à pareilles préventions, au risque de ne pas voir quel obscurantisme entraînerait son extension insensible aux œuvres du passé. Le pouvoir de communication d'une œuvre ne tient pas à son immédiateté, ni même à la clarté apparente du message. Cette façon – éminemment idéologique*

1. « Nous nous situons dans une tradition familière aux Français et j'ai été surpris que les écrivains français ne se soient pas immédiatement rendu compte dans les années 50, que nous nous livrions à une extension de leurs propres travaux » (Allen Ginsberg, entretien avec Yves Le Pellec *in Entretiens*, n° 34, Éd. Subervie, 1975).

2. À d'infimes exceptions près, notamment celle d'Alain Jouffroy avec un texte percutant, revitalisant, *L'Incurable retard des mots*, paru dans un numéro des *Lettres françaises* de novembre 1971, et repris un an plus tard dans un recueil d'essais publié aux éditions Jean-Jacques Pauvert.

puisque cautionnant l'unité morale *que la société exige de tout produit humain – de saborder une œuvre explique dans une large mesure le silence, toujours plus ou moins de mise, qui entoure chaque publication des poètes électriques. Ils ne sont certes pas les seuls à faire les frais des exigences de la conscience religieuse de notre époque, mais je vois peu d'œuvres comme celle de Matthieu Messagier, par exemple, à même d'en témoigner avec force. Cette façon procédurière démontre aussi comment la critique dominante, qui en est encore à confondre la poésie avec certaines formes de littérature, instaure ses poncifs, transforme ses préférences et ses facilités en objectivité, sinon en Histoire. Or, ce n'est plus l'esthétique du langage, ou de la poésie, qui sont en jeu, mais l'augmentation du champ de la conscience et la transformation de nos structures mentales. Et toute critique qui ne tiendrait aucun compte des expériences auxquelles s'abandonnent les véritables poètes, et la réalité nerveuse, physiologique,* matérielle, *que ces expériences font apparaître, n'est qu'une mystification de plus. Qu'importe là encore, on sait depuis le surréalisme (c'est là que l'aiguille de la boussole revient automatiquement dès lors qu'on lui indique un faux nord) que c'est devant le critère le plus sujet à l'évanouissement, celui de la poésie, que la critique se démasque, met à nu sa risible prétention à régenter les goûts, à rédiger sinon à diriger l'histoire de la sensibilité, à percer le secret de la métamorphose des formes. Quelle que soit l'apparente assurance des uns, celle des autres, l'habileté dont certains peuvent faire preuve dans la dérobade ou l'ambiguïté, la très versatile superficialité des jugements qui les caractérise montre une déperdition d'intelligence en constante et toujours plus sûre évolution depuis plus d'une trentaine d'années. Pour le reste, la trame est la même : l'entendement humain demeure entièrement à refaire et tout poète qui ne crée pas un courant mental est un littérateur.*

Les textes de Manifeste électrique *(et aussi bien les textes de ses signataires publiés dans les années 1970) forment par leur jonction un piège à théoriciens du langage. Et que l'on puisse encore le prendre comme une attaque indirecte contre l'idée de jugement, ou comme le constat d'une indifférence qui dispense de réagir, ses phrases en liberté n'en déjouent pas moins à l'avance toutes les formes de critiques. Elles sont poésie, plus électriquement, plus précisément qu'un poème ou un texte arrangé comme tel. Le langage y apparaît comme un magma de sens indéchiffrables, où la syntaxe et la rhétorique de l'image et de l'association des mots rares sont détruites, et présentées comme un champ de ruines à l'intérieur des orages. Il y a comme une invitation à reconsidérer la pensée comme une masse inconnue, inexplorée, fulgurante au-dessus du vide.* Manifeste électrique *n'était donc pas un quatrième* Manifeste du surréalisme, *ni une relecture légèrement égarée des* Champs magnétiques *(par une sorte d'automatisation ironique de la conscience, dont le fonctionnement ne serait plus réductible à celui d'un manège d'illusions tournant autour d'un inconscient axial, anonyme et souverain) ou de* The Third Mind *de William Burroughs et Brion Gysin, ou d'une stratégie de détournements (en tant que retournements ironiques de la pensée, visant à éclaircir le procès général, politique et social celui-là, du mensonge idéologique des détenteurs du savoir – d'une science – pour faire valoir l'inadmissible), mais le premier pas délibérément accompli au-delà de tous les manifestes théoriques, de toutes les théories d'ensemble. En cela, il appelait implicitement à la réinvention de la critique, qui se manifesterait comme la véritable poésie, de manière surprenante et imprévisible. C'est-à-dire une critique qui, certes, prélèverait des éléments dans le corps d'une œuvre, mais avec la volonté de les faire circuler, d'en relancer le sens, de multiplier les effets de rupture d'une voix (ou de plusieurs) qui a le pouvoir de débloquer des verrous à l'intérieur de l'esprit, et non pas pour le compte d'un appétit de compréhension intellectuelle extérieur au mouvement qui a porté en avant le texte d'origine. C'est toujours de l'émission même d'une pensée non programmée, de son pouvoir d'autoréception que dépend la venue du jamais-entendu, du jamais-dit. Il faut donc procéder à la recherche de ce point où une nouvelle pensée commence à émettre des signes, au seuil de la sélection et du contrôle. Cette recherche, violemment mise en lumière par les poètes électriques, demeure la plus hasardeuse, mais aussi la plus vitale pour ceux qui refusent le langage* non électrifié *(celui du bout des lèvres, qui se croit souverain et juge), car elle ne s'appuie sur rien qu'elle-même, fondant au fur et à mesure sa propre autorité à partir des prédécesseurs qui ont ouvert souterrainement la voie. Avec* Manifeste électrique, *ce ne sont pas seulement les techniques littéraires qui sont mortes, et qui entretiennent la poésie, la littérature agonisante, c'est aussi tout le langage qui se confond avec la mort, et c'est précisément le langage qu'il faut réinventer par tous les moyens, car la perpétuation de son agonie rend la vie impossible. En substituant le* corps *du texte aux* programmes *qu'on peut former à son sujet, Michel Bulteau, Jean-Jacques Faussot, Jacques Ferry, Thierry Lamarre, Matthieu Messagier ont ainsi révélé la coupure, volontaire et consciente celle-là, qui les séparaient d'un passé théoricien, critique, analytique, linguistique, pseudo-psychanalytique et commentateur. En cela, ils montraient en quoi ce qui avait rendu visibles et lisibles les* Champs magnétiques – *la rencontre de certains corps – se profilait à l'horizon comme un à-venir possible de la pensée, comme la pensée même du possible puisque non assujettie à la technique. Nul besoin de l'automatisme, du collage, du cut-up, d'une pratique textuelle pour créer un fond de lumière noire inviolable résolvant la ligne en aura, pour désidentifier celui qui écrit, celui qui écrivant transmue la déconnexion de la parole avec le discours en voix neutre, insaisie, impersonnelle, par la mise en court-circuit de différentes écritures. Rien de tel, mais le langage comme expérience physique. Tous les textes des Électriques sont chargés de cet* inconscient physique, *producteur des « anagrammes du corps », que Hans Bellmer avait déjà su montrer par ses dessins, comme dans ses textes. Si les Électriques ne sont pas les premiers à l'avoir écrit, ils sont sans doute les derniers à l'avoir pensé, rêvé dans tous leurs livres. Il est abusif de prétendre que l'individu se limite à soi-même, à son moi, à son surmoi, et même au « ça » : la pensée la plus individuelle fait éclater l'individu dans toutes les directions, le transforme en plusieurs autres, plus réels, plus violemment rebelles que soi.*

La destruction (au sens mallarméen du terme) du langage fut nécessaire pour les poètes électriques à condition qu'au cœur même de cette destruction se découvre le passage à autre chose, comme l'eau face au barrage qu'il ne peut plus contenir. Question de présence (à soi, à la pensée), question de pression (de la poésie) : ce passage est en effet celui d'une autre voix à une autre vie. Et c'est là que le mot « électrique » prend toute sa signification qualitative complète et se détache de toute affiliation historique particulière avec un mouvement antérieur à Manifeste électrique. *Il ne saurait être réduit à une science de « l'électrisme » (quand bien même celle-ci émanerait du futurisme, du dadaïsme ou du surréalisme, de la poésie américaine des années 1960) et passer aujourd'hui pour péjoratif, s'agissant de littérature, évoquant aussitôt un aspect désuet, renfermé, idéalisant, littéraire dans le plus mauvais sens du mot, un aspect de décadentisme esthétique, bref ce que beaucoup, par une sorte de malentendu ou d'ignorance volontaire, s'acharnent encore à retrouver chez Michel Bulteau, Matthieu Messagier... en détachant de leurs textes des fragments où cela serait visible. Il est bien évident que cette attitude ne va pas sans une mauvaise foi partagée par ceux qui voudraient positivement réduire les poètes électriques à une situation « poétique ». Or cette réduction à un type de culture qui continue de se donner libre cours dans notre société et qui profite encore de classifications périmées, est tout à fait hors de propos. Quelle étrange raison pourrait encore se satisfaire aujourd'hui de telles « solutions » techniques apportées à la crise constante qui sape la littérature ? Est électrique cette sorte d'énergie, cette force qui conduit, proportionne et rassemble, fait passer le courant pour mieux l'approfondir, mais sans le détourner au profit de la construction d'un nouvel édifice. Est électrique ce qui est refus de toute affiliation comme préliminaire à la lucidité. Est électrique enfin ce qui – posant pour acquis à l'élargissement du champ de la pensée les expériences pouvant être définies brièvement comme des actions créatrices et critiques portant sur l'écriture – se donne clairement à lire comme une émergence sans fin qui jamais ne se transforme en système d'écriture (avec ses codes, son cadre de vie). Et les ombres de René Crevel (surréalisme), de Roger Gilbert-Lecomte (le Grand Jeu), d'Alexander Trocchi, de Ed Sanders (leader des Fugs), de Bob Kaufman, William Burroughs (Beat Generation), d'Alfred Jarry, de Franz Kafka*[1]*,*

1. En plus de ces poètes, *Manifeste électrique* fait entrer dans la danse les ombres de la Factory (Andy Warhol et le Velvet Underground), Syd Barrett, Billie Holliday, Marilyn Monroe. Poésie, musique, cinéma, forment la triangulaire des Électriques. Quatre printemps avant le Manifeste, ses principaux signataires tournent deux films : *Une voyelle B* (Bulteau et Messagier), puis

des Électriques eux-mêmes se mouvant comme un vol de cygnes sur la ligne d'horizon de Manifeste *sont là comme les prismes de ce refus, de cette lucidité, de cette veilleuse individuelle qui fonctionne comme un appareil à détruire l'impérialisme théorique, car c'est en recourant à cette veilleuse nommée poésie que l'on tend ou peut tendre au concret. Il y a là aussi une manière de signifier que nous ne sommes qu'une enveloppe traversée par le verbe. Face aux diverses formes de terreur, la littérature, l'art, la poésie sont potentiellement les plus grandes forces de résistance. Chaque écrivain, chaque poète reste inscriptible dans un même mouvement commun, un lignage de sens transhistorique qui dépasse de très loin la simple contingence des faits, innervée sans cesse depuis les commencements de l'écriture. Il est permanent, actif, parce que soustrait à toute saisie organisatrice morale, politique, religieuse. L'unité du sujet n'a jamais correspondu à la réalité originaire de l'individu, c'est depuis toujours, dans chaque histoire, à chaque détour, un seul homme qui avance, un même archonte. Quand les événements marchent, c'est en quelque sorte parce que cet archonte est là, provoquant en chaque lecteur un libre pouvoir de réflexion à même de transformer* en lui *l'opposition naïve des dualités en unité de sens, le faisant à même d'agir en force sur son temps par la réflexion. On peut alors parler de* Manifeste électrique *comme un exemple absolu de poésie non pas collective mais « généalogique ». La perspective « géné-alogique » introduit l'idée de réémergence, un peu comme des laves en fusion qui avant de se solidifier revivent et font des terres fertiles pour des centaines d'années. C'est toute la parabole qu'emploie Matthieu Messagier dans ses premiers poèmes : « la poésie c'est ça, des éruptions hypothétiques mais qu'on n'attend jamais là où elles viennent. C'est toujours un miracle. Regardez le Grand Jeu, regardez Dada... et le surréalisme, ils sont à la*

La Direction de l'odeur (les mêmes plus Cretin, Faussot). En 1969, ils organisent à Dijon un Happening qui voit l'affichage de poèmes muraux, l'exécution publique d'une « toile » posée à même le sol de Jean-Pierre Cretin. Les uns comme les autres ont poursuivi jusqu'à aujourd'hui cette manière d'aérer le présent. Leurs photos, leurs collages, leurs films, leurs albums sont non seulement une manière cohérente d'agrandir l'air du vivable dans un monde devenu invivable, mais aussi une manière d'aller toujours plus en avant. En enterrant l'idée du « moi » créateur, du moi-roi, ils ont contribué à réinventer le mouvement, la musique, la passion sublime de l'existence.

fois très proches de nous mais impossible à quiconque d'être ce qu'était Picabia par exemple ce n'est pas possible, on est complètement différent et par ces différences extrêmes on peut se retrouver. Presque naturellement, humainement. Mais je ne pense ni aux écoles, ni aux suiveurs, ni à la descendance, ça je crois que c'est le contraire, j'irais même jusqu'à dire que les vrais descendances, elles ne se connaissent pas. » On ne s'étonnera guère alors de ne retrouver ni article défini ou indéfini, ni Je ni Nous dans Manifeste électrique *(encore moins de noms d'auteurs en couverture), plutôt l'incandescence d'un langage insoumis mais l'admirable, l'éblouissante lumière de sa flamme ne nous cache pas de quoi elle est faite. Depuis* Les Champs magnétiques *où pour la première fois le « je » disait non seulement « nous », mais autre chose que se disent les « je » individualisés, et les « nous » juxtaposés, les livres écrits* à plusieurs mains *s'écrivaient comme on défend sa vie, et ne mesuraient la poésie qu'à la violence. Avec* Manifeste électrique, *il y a une entrée directe dans l'inaccessible. Une tentative désespérée de rejoindre un nous non encore né, énigmatique, outrepassant les langages des communautarismes, affirmant l'écriture comme le lieu de la coïncidence entre les modes d'existence de la connaissance distincte et ceux de l'ordre intime, au-delà de toute « littérature ». On ne s'étonnera pas non plus que les Électriques aient répugné à la nécessité d'imposer une parole seconde (un mode d'emploi) accompagnant l'œuvre pour produire la preuve de sa réelle lisibilité puisque* Manifeste électrique, *refusant de servir une cause, ne s'adressait à personne en particulier. Malgré son envergure hors norme, sa position en dehors des repères ordinaires de la perception apprise (celle des manuels, des monographies scolaires ou antiscolaires),* Manifeste électrique *n'entendait pas s'imposer comme un ouvrage majeur à la façon d'un texte qui, prenant de vitesse ceux auxquels il eût pu s'adresser, risquait de ne jamais être véritablement lu. Si la commune mesure des poètes électriques était d'entretenir un rapport extrême avec la pensée et l'histoire qui s'écrivait alors, jamais ils ne voulurent redistribuer les rôles, en s'y proclamant de tel étendard, jamais ils n'eurent la prétention d'apparaître comme un nouveau pôle ordonnateur de la pensée, envisagée par eux seuls sous le seul rapport poétique. Les trajectoires des uns et des autres le prouvent suffisamment. Et cette mise au clair n'a cessé depuis de les requérir plus loin qu'eux-mêmes, pour continuer dans le réel, leur poésie d'avant découpe, sans échelle fixe, à l'instar du* Grand Verre *de Duchamp par exemple. On ne se fera jamais à l'idée de n'être qu'un poète. On ne se fera jamais aux poèmes que l'on écrit. La véritable exigence révolutionnaire conduit peut-être à l'ivresse (faute de révolution) mais elle ne se confondra jamais, dans aucun cas, avec l'autosatisfaction de ce que l'on écrit, avec sa défense et son illustration devant le tribunal improvisé que l'on s'invente parfois soi-même dans la vie courante. L'arbitraire des signes débouche sur l'arbitraire des textes – et sur la souveraineté que, parfois, il implique. Les Électriques, qui sont un peu plus conscients du vide dans lequel s'écrivent les pages, voient mieux les mots que l'idéologie qu'on leur superpose ou qu'on leur impose : fascinés par la matière, les mots étant pour eux la matière, ils en distinguent avec plus d'acuité la discontinuité, la savante et presque invisible acrobatie, et la « ligne » qu'ils suivent avec eux se confondra jusqu'au bout avec le fil du funambule. Les mystifications idéologiques dont les mots peuvent devenir les « prétextes » ne sont pas de leur ressort ni du ressort de tout langage électrifié. Ce qui est donc important n'est pas le Manifeste lu mais la manière dont il agit comme médium en soi. Ce qu'il court-circuite, éveille ou réveille. Il ne s'agit plus de raconter : l'écriture devient l'expérience de l'expérience. En quoi, il ne prétendait d'aucune façon détenir une vérité (de pensée, de forme, de style) sinon celle d'une constante projection en avant, celle de la pensée qui monte sur la pensée et s'y tient.*

Mais au regard de ce qui fut dit et qui par d'autres ne fut jamais su, il est vrai, cependant, que ces révoltés répugnent aux idéologies. On ne les verra jamais parader au grand soir des embardées mystiques, des embardées révolutionnaires de tout poil comme à celui autrement plus délétère des embardées antirévolutionnaires, antimystiques. On ne les entendra pas interpréter « l'air du temps » qui, prenant appui sur le bavardage quotidien, en extrait quelques mythèmes pour les redire de façon plus échevelée comme si le poète devait rattraper les modes – lui qui, au contraire, est toujours « en avant ». Il s'est agi chez eux d'une grève permanente devant la société et toutes les formes de sociabilité. En 1971, Michel Bulteau parlait de « Brûler ce monde sale ». Dans La Vie des autres, *il écrit : « nul engagement, nulle chaîne ». Contre les « assourdissantes pitreries de l'époque qui s'entassent dans la gigantesque benne à ordure qui lui fait office de cerveau collectif », Matthieu Messagier demande calmement « ... qu'on liquide / une bonne fois pour toutes / cette canaille qu'on appelle / humanité si elle est d'avant / sa répugnante organisation contre nous / les sans-fonction... » Sans fonction, le mot est lâché et rappelle l'injonction de Georges Bataille : « Être libre signifie n'être pas fonction. » Il est vrai aussi que ces poètes dont on a tant souligné le laconisme sont également de fertiles prosateurs, que ces dandys connurent régulièrement la boue, que ces orfèvres du verbe ne corrigeaient pas leurs débauches, que ces solitaires endurcis sont également hommes des foules, que ces individualistes sont pénétrés de sympathie, que ces grands sceptiques s'attachent encore à résoudre de manière exemplaire la plus exigeante des équations poétiques. Pas question pour autant de succomber au désespoir. Les Électriques assument, ils ajoutent au poids des mots le poids de leur volonté, ils objectivisent par un geste d'authenticité des visions qui sont les leurs, ils ratifient de leur sang la véracité d'une expérience de l'impossible. Nul sentiment d'échec, mais l'affirmation véhémente d'un esprit libre, d'un coup de tête devenu coup de force, coup d'éclat. Tous ces contrastes composent et singularisent une aventure qui ne s'est jamais arrangée avec elle-même, qui n'a cessé de naviguer sur des canaux parallèles, rouler sur des rails transversaux, de courir les routes – du pays de Trêlles aux trottoirs de Manhattan en passant par les rives du Gange – pour mieux sortir du monde. Les mots choisis comme les plus belles mentales par les poètes électriques pour faire détonner ces contrastes, tissent ce qu'on pourrait appeler,* une vie légendaire *(ou vie parallèle, la seule vraie), dont nous ne percevons l'inquiétante lumière que par brefs interstices parce que nous ne sommes jamais assez ou pleinement en état de présence réelle, parce que nous offrons trop de plus-values métaphysiques à notre discours, que nous refusons de voir la contradiction à l'œuvre entre l'exigence d'être portée par notre parole, et le mouvement même de cette parole exténuée dans des dispositifs d'énonciation fatalement idéalistes, que déroulée préférentiellement sur le registre du discours, celle-ci demeure larvaire, explique sans signifier. Une vie source de tension, d'ébullition, de polarisation d'un grand œuvre dont la complexité même se rend à l'évidence. La solution poétique, solution extrême, finit toujours par brûler ses données, consumer ses preuves. Elle est en quelque sorte ultime, comme la grâce. Là où certains n'ont vu, au moment de la parution de* Manifeste électrique *et des premiers livres de leurs auteurs, et ne continuent à voir qu'un « échec », une fin, un côté exténué, précieux et crépusculaire, il y a plus à pressentir au contraire une réémergence, une réussite (la capacité d'être constamment à la hauteur d'un désir de liberté absolue) un appel, quelque chose d'inflexible, l'inconnu et le risque mêmes. Sans doute dira-t-on que j'exagère l'importance objective des scribes de* Manifeste électrique. *Je ne fais que répondre – ce faisant – à l'odieuse sous-estimation dont ils sont les objets. Et rappeler que l'on commet une erreur assez puérile, aussi, en jouant comme s'ils n'agissaient pas. Car ils interviennent de manière beaucoup plus efficace, parfois, que ceux qui tiennent les devants de la scène « où l'on parle » pour endormir le langage. Entre les silences ou les interventions de certains poètes et les paroles de ceux qui ne les lisent pas, il y a un abîme. C'est dans cet abîme, très exactement, que s'effectue le plus grand travail de l'écriture et que resurgit aujourd'hui ce besoin d'une réévaluation de toutes les écritures « poétiques » (sur le double plan de la poésie et de la critique – double plan qu'il y aurait grand risque à vouloir radicalement dissocier) et de leur évolution en fonction de « l'histoire ». Le « ressort électrique » (et non pas la question électrique. Il s'agit ici du ressort prophétique du langage et il importe peu de savoir comment il se décline mais il importe qu'il soit vif et coupant) désigne peut-être aujourd'hui encore un passé et un avenir ou plutôt ce point du temps où la distinction passé-avenir s'évapore, où le passé semble accessible de toutes parts et l'avenir paraît refluer vers nous ; ce point, ce virage à 180 degrés de l'histoire qui se donne comme envolée de l'histoire ; ce commencement de la reconquête dont nous ne sommes encore qu'à déchiffrer les effets imprévisibles, l'animation organique, le regroupement et la redistribution d'éléments fondamentaux : comme si un fond avait été touché à ciel découvert et un point atteint (mais un point où le centre aurait sauté) qui nous placeraient désormais en face d'un espace in-*

saisissable, d'une autre logique, d'une autre fonction du pronom peut-être encore vide qui vient d'être employé et sans lequel des concepts comme ceux d'Avenir, Parole, Révolution seraient aussi froids et silencieux que des dalles de tombes : Nous.

La première fois que je plongeai dans Manifeste électrique aux paupières de jupes, *j'avoue avoir été étreint à la limite d'un havre. Il m'était à mon tour loisible d'entrer librement en collaboration avec les orchidées de la violence et de faire la guerre aux sabliers en remontant tous les échelons de l'orage depuis le jour où les romantiques allemands de Iéna l'ont introduit dans la pensée. Avec quoi, la certitude que cette poésie frappée du sceau de la blessure des anges, qui causa de l'horreur en cette basse époque où les dévotions tant « politiques » que « scientifiques » nivelaient tout sans autre principe de jouissance que celui de la branlette mécanique ni d'autre fortune visée que celle de la chaire ; élevait et réglait la matière de la sensibilité poétique non seulement de manière neuve, mais que sa substance injectée à ce moment précis de l'histoire constituait un défi à tout ce qu'il y a encore de stupide, de bas, d'écœurant dès que le mot « poésie » est lâché. Pourquoi cette absence de sérieux, cette liberté d'indifférence, cette désinvolture vis-à-vis de la « chose » écrite, cette façon d'être en dehors ? C'est là le rire, lui aussi, « absolument sauvage » de* Manifeste électrique. *Le rire permet de surmonter l'accord structural entre les formes contestantes et les formes contestées quand la destruction de l'art (sous toutes ses formes) pointe le bout de sa langue. Il est la* subversion subtile *par excellence. Et lorsque mon attention redoubla sur les autres textes des Électriques, je dus me rendre compte qu'aucune déclaration comminatoire, aucun geste démonstratif ne vint jamais subordonner ce rire. Les Électriques se contentent de regarder, mais de regarder attentivement ce qui se passe autour d'eux, d'écouter, d'entendre. Prêts à toute éventualité, ils ne cherchent pas même à prouver en quoi ils incarnent cette volonté anonyme de voyance qui a produit* Manifeste électrique *et a proposé depuis tant de petites bombes cérébrales, parce c'est une intelligence cachée, enfoncée de l'autre côté du cérémonial des pauvres, des superbes ap-*

parences de la vie. Un individu conscient de mots préfère toujours ce qui n'est pas dit à ce qui est dit, ce qui ne se fait pas à ce qui se fait.

En tirant un trait définitif sur pas mal de lieux communs de la poésie, ceux que l'on traverse comme on viole les frontières ou que l'on se jette à l'eau, en détruisant tout l'appareil associatif et conjonctif qui lie un certain nombre de mots-clefs à un nombre non moins considérable de mots d'ordre pour commencer à penser autrement que par des clichés rimbaldiens, ducassiens, stirneriens, freudiens ou marxistes, Manifeste électrique *fondait clairement une nouvelle forme, invisible, de communication occulte entre les signes du renversement, se dressant au centre absent de tous les discours. Et sa première page de cristal intense annonçait le son, la couleur, le parfum de ce qui désormais serait d'ordre éthique, sous la signature du mystérieux Gyl Bert-Ram Soutrenom F.M. : « Un soir d'orage, je fis mourir les morts. » Premiers mots d'une autre langue vulgaire, d'une nouvelle lumière, que répercute Michel Bulteau quelques pages plus loin : « Brûler brouiller le son des potences », avant de condenser en quarante-cinq atomisations, ce coup d'État dans le pouls que reste* Manifeste électrique *dans la nuit de notre temps : « Manifeste électrifié / Manifeste de brumes / Manifeste-manipulations / Manifeste incrusta / Manifeste de tous / Manifeste-point / Manifeste quotidien / Manifeste épongeant la mascarade / Manifeste du crime / Manifeste dans la peau / Manifeste d'alarme / Manifeste-catacombes / Manifeste de la poussière / Manifeste-Mississippi de bananes / Manifeste de bouches / Manifeste et crachats / Manifeste étrange de survie / Manifeste traîné en creux / Manifeste-lance-flammes / Manifeste de l'enfance / Manifeste sous votre peau / Manifeste accéléré d'or / Manifeste et gesticule / Manifeste de l'œillade / Manifeste-tympans / Manifeste empoisonné de lieux / Manifeste de la haine / Manifeste sous l'ongle / Manifeste anéanti / Manifeste la panique / Manifeste exécute les plaintes / Manifeste à travers l'angoisse / Manifeste-décalcomanie / Manifeste-méduse / Manifeste outre mort / Manifeste à la gorge d'érable / Manifeste aux balles mentales / Manifeste greffé insurrectionnel / Manifeste de braises immobiles / Manifeste d'agonie qui mouille / Manifeste d'immobilité-cheveux / Manifeste d'aiguilles oppressées / Manifeste restitué des réalités. » C'est-à-dire qu'entre faire « mourir les morts » (tous les théoriciens passés et présents de la poésie, toutes leurs formules d'émancipation trop ressassées et bloquant par là l'en-avant de la pensée) et « brûler brouiller le son des potences » (brouiller sur le plan du langage les ondes des forces contraignant chaque individu à ne pas être. Ces forces peuvent être « littéraires » si l'on commence à respecter l'art et la littérature) par un manifeste s'anéantissant au cœur même de ses dispositifs d'énonciation en multipliant, phrase après phrase, le sentiment général du vertige, la perte de sens possessif de soi (là réside son* or, *sa richesse non humaine qui, par conséquent, n'a pas de prix) : il y a tout l'abîme incommensurable d'une poésie épineuse, portée aux limpidités supérieures comme aux nuits les plus drues, parfois immédiate, d'autres fois sans abord. Une poésie que l'on ne parle pas mais que l'on éprouve jusqu'à l'os dans la mesure où elle remet en cause toutes les relations d'objet à objet et des formes avec leurs significations, tout en affirmant en même temps, pour procéder à pareille remise en cause, la rigueur totale de la pensée, sa cruauté : « Plus le mot s'éloigne / plus la phrase dévore / et plus le lien s'émeut / plus l'écriture détruit / et plus je me sens vôtre », dit Matthieu Messagier. Une poésie capable de faire le vide donc, sans se dévider, que l'on ne saurait réduire à quelques fils conducteurs car son impulsion seule, son énergie, ses accélérations et ralentis extrêmes, sa croissance organique l'ont lancée au-devant de l'inconnu que recèle la parole. Elle ne s'attarde pas, fait feu de tout en branchant le langage en deçà de la pensée, en deçà de l'émotion, sur l'électricité naissance qui est la source de toute pensée et de toute émotion : le renversement radical où la pensée ne précède plus le dire puisque dire est désormais le moment sans précédent, où surgit de l'impensé dans la parole. Ce surgissement est une entrée en danse, en transe verbale, « la génuflexion du langage » même, tant les poètes électriques font du poème un rite quasi chamanique d'anéantissement. Et tout d'abord d'anéantissement du sens immédiat (littéral, grammatical) donné aux mots. « Tiens ton mot loin du bain de ses sens », enjoint Matthieu Messagier. C'est un travail progressif d'exténuation qui vise à soustraire le texte de la guerre de toutes les formes de fictions en liquidant tout d'abord le méta-langage (aucune voix – science, cause, institu-*

tion ne doit être en arrière*) puis en s'attaquant aux structures « canoniques » de la langue (lexique, syntaxe). Il s'agit par transmutation (et non plus seulement par transformation), de faire apparaître un nouvel état philosophal de la matière langagière ; une sorte de métal incandescent, hors origine et hors communication, c'est-à-dire du langage et non pas un langage. Pour avoir lu William S. Burroughs (et particulièrement la terrifiante Trilogie Nova où la méthode du cut-up est portée à son plus haut degré d'intensité*[1]*), les Électriques ont su très tôt que le* mot *est le virus le plus dangereux pour l'homme. Leurs livres ne colportent donc pas « les bruits que les êtres humains produisent couramment dans leurs simples besoins journaliers de communication » pour paraphraser T. S. Eliot. Ils appellent secrètement à une certaine forme de silence : la force aussi de savoir, parfois, se taire. « Premier silence / Second silence / Troisième silence / Ce qui est trop merveilleux doit se deviner », écrit Matthieu Messagier dans un poème titré :* Trois nuits chamaniques[2]. *Ce qui est merveilleux ici, c'est l'invention et bientôt le déferlement d'images blanches, sortes d'« icônes païennes », nées de la collision de mots, qui aveuglent la langue, crèvent l'écran, amènent le matériau poétique à figurer en moins, et dont le rôle étonnant n'est pas si éloigné de celui que joue le flash (ou capteur de moments) dans l'expérience hallucinogène. Bien au-delà des apparences, des escaliers de la mémoire, des points fixes d'arrivée conscients ou inconscients du cerveau, le rôle du flash ne réglemente pas la trajectoire du*

1. C'est aussi dans cette trilogie, et plus particulièrement dans *The Soft Machine*, que les manœuvres efficaces du complot Trak et leur invasion-virus sont soigneusement répertoriées : la Nova Police, l'Agent Public, les prêtres mayas, Johnny Yen... C'est-à-dire la critique lucide de toute écriture idéologique qui ne peut que confirmer un univers policier (puisque le langage qu'elle utilise est un langage de la valeur où certaines notions, formellement identiques et que le vocabulaire neutre ne désignerait pas deux fois, sont scindées par cette idée de valeur, où la séparation du Bien et du Mal occupe tout le langage, dotant par là l'écriture d'un appareil ayant pour fonction de faire l'économie d'un procès et parfaire la clôture du langage), et de toute écriture intellectuelle qui ne peut qu'instituer une para-littérature n'osant plus dire son nom. Ce que la Trilogie Nova met en lumière de manière neuve, c'est l'impasse totale de ces écritures puisqu'elles ne peuvent renvoyer qu'à une complicité ou à une impuissance, autrement dit, à une aliénation.

2. In *Les Grands Poèmes faux*, Flammarion, 2000.

but. Ainsi ces « images blanches » sont aussi précises et claires qu'un reflet inquiétant pendant le trajet entre le point de départ (le moment de son surgissement dans la pensée) et le point d'arrivée (le moment où elles sont couchées sur la page). Elles sont les captages ultra-rapides de quelques choses et apparaissent à un moment quelconque de ce trajet comme la réalisation, le désir, le vouloir, le ratage, en un mot le prisme lyrique d'un chant (les Électriques parlent plus volontiers de prières, sales ou méchantes, en comparant l'acte d'écrire à un rite), capable à lui seul de résumer les multiples facettes de la pensée. L'« image poétique » telle qu'on la concevait depuis Pierre Reverdy est ici portée à un écart absolu. Séparés du pouvoir pictural qui est le leur, devenus éblouissement total, « débris de lumière », les mots déchargent d'autres effluves, plus musicaux, tactiles, olfactifs. En effet, des connexions telles que « cédille-dent », « sépulture-bol », « l'appelle-fou », « coquillage-rétroviseur », « terres-décibels » ; des formules comme : « hier coude par rendu grâce », « haleine apocopée tripe MORT *» ; certaines formes de mise en place des mots, des images, des concepts : « Douche d'astre freiné / Médaille aussi tarte de lac en draps / Qu'est le paon de ta langue / Le plancher cervelle sautée / Où les Nerfs-Babylone / Miroitant résineux le chagrin / N'a habit basculée la légende »* ne donnent rien à voir *et multiplient la force sonore des vers. « C'est l'oral de l'image qui passe avant son visible, comme si l'image passait par la bouche et non par les yeux », explique Matthieu Messagier. Mais il ne faudrait pas croire que la plupart des textes des Électriques usent et abusent de l'élément sonore. On remarquera d'ailleurs que c'est dans les textes les plus courts et qui diffèrent singulièrement les uns des autres par leur rythme et la tonalité générale de chacun d'eux, que cet élément agit comme centre opérateur. « La sonorité, dit Messagier, est une composante, ce n'est jamais le tout, elle peut être essentielle dans certains poèmes, dans certains recueils, elle passe comme un décor, comme dans le théâtre, ou des marionnettes comme chez Jarry ou alors comme les masques de la tragédie grecque, elle est importante pour que le psychologique ne prenne pas sur le texte, en fait tout est magnifique, mais un peu comme une sismographie, avec des pointes à certains moments, dans certains états plus que d'autres. Comme dans les vides entre les mots de Rimbaud. De même les temps* *d'arrêt dans la musique de Thelonious Monk, la musique se construit entre les notes, dans les silences. On pourrait dire que la poésie c'est ça aussi. »*

Reste que sur la page, on assiste à une cérémonie d'élisions, de coupures, de contractions, de sauts non syntaxiques, courant consciemment le risque de l'illisibilité, et s'en moquant, puisque l'expérience de l'écriture doit modifier celle de la lecture, que la transformation du langage ne peut que favoriser la transformation du mental, où se décide et se corrige sans cesse la transformation du monde. Conjugaisons brocardées, discordances des temps, atomisations fréquentes, déchaînements de substantifs, adjectifs devenus verbes, verbes devenus sujets... autant de désarticulations de la langue qui poussent les Électriques à lui donner une autre souplesse, plus proche de celle d'une corde de basse ou de guitare et surtout loin du larsen (du déversement psychologique). Tant de phrases se construisent ainsi qu'elles animent les poèmes d'une vitesse nouvelle, expansionnelle, une vitesse d'évasion dans l'inépuisable, qui n'est rien d'autre que ce point atteint dans la phrase et au-delà duquel le monde concret que véhicule chaque mot (et tout l'appareil de contrôle) se désintègre littéralement. Ne reste alors que la souplesse rythmique de l'émotion, une flamme filante, une ouverture aussitôt disparue dans son propre sillage.

La tactique et la lourde stratégie de l'écrivain qui veut faire parler de lui avant même de parler soi-même sont donc non seulement étrangères aux Électriques, mais leur apparaissent aussi comme les obstacles majeurs qui s'opposent partout, sur le plan de l'écriture, à la levée d'un interdit central. L'expérience de celui qui écrit n'a de sens, en effet, que si elle se distingue de l'expérience tout autre : elle ne saurait avoir de sens général que dans la mesure où elle offre la possibilité de l'exploitation d'un terrain nouveau, où de nouvelles lois peuvent se découvrir. Des contre-lois, peut-être, mais des lois qui changent, à partir du particulier, la vision de l'ensemble. En 1972, répondant à une enquête de la revue Mise en page *autour du mot « expérience », Matthieu Messagier écrivait : « [...] écoutez vite tous avant que Les Dernières Voix Des Veines ne s'effacent en étranges liturgies blanches ne disparais-*

sent dans l'écran gris des larmes : j'ai surpris Jacques Ferry au bras d'une pierre étanche, combinant des vautours obliques avec des paumes de peur, j'ai vu les joues fanées de pleurs de Jean-Jacques Faussot établir les itinéraires mauves de l'Éternité, j'ai lu les gestes fripés de Patrick Geoffrois conjurant les mauvais récits de dentelles tièdes, j'ai senti Jean-Pierre Cretin foudroyer les décombres de la langue de Lividité, me protéger des gencives démoniaques de l'ombre, et Michel Bulteau retroussant les lèvres de l'Immobile, défroissant mon chagrin d'un rite qu'ils me dévièrent par exemple de saule enfin levé sur les terres de pluies... Écoutez tous la prophétie blême du geste : des crues de mages en habits de neige descendent les hanches et les cahiers inversés d'opérations ; elles hanteront les beffrois lorsque les espaces heurtés de membres. Elles sont le voile exsangue de nos jouets d'adolescents. Les sanglots tonnent enfin[1]. »

Étranges liturgies blanches, écran gris des larmes (encore ces icônes païennes !) où surprendre, voir, lire, sentir les itinéraires, les gestes de cette individualité extrême de la voix et de la vision qui permet de franchir, comme dans un rêve, les murs que forment tous ces chagrins, ces peurs, ces doutes, ces vautours, ces monstres, ces cauchemars et tous les vieux langages qui les enfantent pour nous survivent, ceux de la poésie comme ceux de la théorie, et qu'outrepassant tout, il coïncide avec cet excès sans lequel il n'y aurait pas, à la limite, de pensée possible. Cette réponse, comme tous les textes de Matthieu Messagier et de chacun des signataires de Manifeste électrique aux paupières de jupes, *se charge (Alain Jouffroy l'avait pointé avec une acuité tranchante*[2]*) de la même évidence et du même mystère que les nuages, les feuilles, les ombres, les taches du soleil sur le sol. C'est-à-dire que ne renvoyant jamais qu'à lui-même, il semble tomber du ciel, aérolithe chu lui aussi de quel espace, dans une lumière qu'on pourrait dire métaphysique mais se confond aussi par hasard avec les moments les plus secrets d'une expérience vécue, dont il est le hiéroglyphe plutôt que le signe. Aussi, la phrase de Matthieu Messagier, et tout aussi bien la*

1. Matthieu Messagier in *Mise en page*, n° 1, mai 1972.
2. Alain Jouffroy in *Matthieu Messagier : Sanctifié*, Christian Bourgois, 1974.

phrase de Adeline, Michel Bulteau, Jean-Jacques Faussot, Jacques Ferry, Patrick Geoffrois ou Thierry Lamarre, ne ressemble-t-elle à aucune autre, et n'obéit-elle à aucune autre loi qu'à celle de la pensée qui l'ordonne – ou la désorganise sur la page. Ne se pliant ni à la grammaire, ni à l'esthétique du texte « poétique », ces phrases vont sans but, sans direction assistée, toujours primant le mouvement, l'allant, l'en-avant cher à Rimbaud. Affranchies de leur fonction de phrase (de ce côté hiérarchique de la phrase qui implique l'achèvement et fait courir à l'énoncé le risque d'être discursif à mort*), elles sont la respiration de l'être multiple qu'elles accueillent, celui de l'épopée du monde redéployé pour elles seules chez Matthieu Messagier (*Orant, Une rêverie objective, Les Chants Tenses...*). Recréant toute une mythologie (avec ses dieux, ses stars, ses passagers clandestins, son histoire et ses intrigues...), elles se relancent du dedans selon leur propre poussée interne et se présentent souvent sous la forme de génériques ou de scénarios chez Jacques Ferry (à partir des années 1980). Courtes, nerveuses, saignantes, en partie liées avec la sacralisation, elles sont l'exacte représentation de l'univers personnel de Michel Bulteau : le rêve d'un monde peuplé de corps* déjà jugés, *le cheminement souvent morbide (passant par la folie, le dandysme), nécessaire à la victoire sur l'anéantissement. Ailleurs, chez Adeline, elles se retrouvent abruptement brisées, déchirées, abouchées à l'ombre et ne sont pas sans évoquer l'univers de contes et de légendes cruelles (avec ses sorcières, ses reines, ses fées, ses créatures angéliques ou maléfiques) dont Adeline a dressé elle-même la cartographie mentale dans ses premiers dessins calligraphiques du début des années 1970. Aussi rigoureusement circonscrites que celles de certaines fines lames de la langue française à l'exploration solitaire des richesses formelles du langage chez Jean-Jacques Faussot (au moins à partir des années 1972-73), elles visent à faire de la poésie l'arme d'une révélation, le moyen de pression extrêmement précis sinon explicite d'un secret (Faussot, la mystérieuse fleur noire de* Manifeste électrique *en main, parle volontiers de sphinx, d'énigme, de cycle...) d'ordre ontologique, où l'éclat oublié de l'être pourrait alors filtrer. Sous la « plume-seringue » de Patrick Geoffrois, où elles ne sont guère composées que de deux, trois ou quatre mots (mais où chaque mot est une phrase en soi et chaque phrase un véritable roman :*

celui de sa vie), elles agissent comme catalyseur, voire haut-parleur (quelques-unes étant à la limite du slogan) de quelques « fascinations électriques », loin d'être partagées par tous d'ailleurs (le noir en tant que couleur et attitude, la seringue en tant que mode de vie). Enfin, chez Thierry Lamarre, elles tentent de synthétiser quelques données fondamentales de Manifeste électrique *en articulant son sens de la coupure au slang de l'écriture beat tel qu'il se manifeste dans les poèmes de Jack Kerouac, Allen Ginsberg, que Thierry Lamarre revendique calmement puisqu'il y voit avec raison une extension d'œuvres françaises révolutionnaires ayant rendu possible une ouverture vers une nouvelle conscience (Breton, Artaud, Michaux, etc.).*

Ainsi, convient-il d'accorder une attention toute particulière à Jean-Jacques Faussot quand il déclare que « rien ne se joue sans insolence », que « [ses] intentions ne sont pas pacifiques ». À Jacques Ferry : « Le lieu du texte est Naître » ou Matthieu Messagier nous rappelant, dans Les Grands Poèmes faux, *que « les mots sont les ruines de l'esprit ». Si tout se joue donc dans l'éveil (le satori) qu'ils formulent, la vision que libère la transe ou la danse où ils sont engagés par celui qui écrit avec son cœur, le corps appuyé par le souffle, le souffle qui nourrit la vie et permet d'en remonter par échelons le stade ; peu d'œuvres, à l'égal de celles-ci, sont traversées par le sentiment récurrent d'un manque essentiel du langage (d'où aussi les films, les disques), et peu sont aussi attentives, aussi intensément attentives à plier les mots à la concrétude singulière de toute chose ; peu comme celles-ci se sont alors désordonnées afin d'échapper à l'ordre trop abstrait de la langue et toucher soit à l'éclat du monde, perçu dans sa primitive touffeur, soit à l'éclat des faits quotidiens dans leur dimension banale ou événementielle. C'est la grande leçon de modestie des Électriques (là où d'autres parlent de leur arrogance) que d'être venus nous remettre en tête que la poésie n'a de sens qu'à partir de l'instant où elle fait apparaître ces vides, ces coupures vitales entre les mots, les réalités nerveuses d'un individu. On ne communique que par des* manques *: entre les mots,* entre les lignes. *La littérature, qui tendrait à les masquer pour faire croire à la plénitude, à la souveraineté de quelques individus, à la prédominance du verbe sur toute pensée et toute expression, n'est au mieux qu'un* *immense malentendu : elle transforme le hasard des chances en pseudo-nécessité historique. Elle cherche à établir des liens, des courants, des rapports socioculturels de cause à effet, alors qu'elle n'offre qu'un terrain de jeu aux pires contradictions, à tous les désordres qui en résultent. Sans l'irrégularité individuelle du « poète » (et là, les Électriques sont les derniers à nous le signifier), cette confusion serait universellement admise, bien qu'elle se perpétue. Aussi, toutes les tentatives aujourd'hui de restauration d'un langage univoque, d'une rhétorique ou d'une prosodie non contradictoires, sont-elles condamnées à dépérir, du seul fait qu'elles nient l'agitation, la fièvre, la cruauté, la prémonition, le danger auxquels toutes les écritures sont liées.*

Refaire, on l'aura compris, n'a jamais intéressé les Électriques. Je dis cela pour que ne soit jamais omise la relation de l'écriture avec le fonctionnement réel de la pensée et son déroulement, verbal ou non, dans le cerveau. Leur désir de parole, leur désir tout court, s'il ne s'est jamais compromis avec cette beauté ordonnée, cette prosodie obligée, ces figures de style surfacées emplissant les étals des librairies, autant que toutes autres formes historiques qu'avait pu prendre l'écriture poétique avant eux ; c'est qu'il aura tenté de faire admettre une bonne fois pour toutes qu'un poète n'écrit jamais dans sa langue maternelle mais dans sa propre langue, celle qu'il a inventée (une langue vivante), celle qu'il a fait surgir des limbes de son ex-langue (une langue morte) et qu'il n'a d'autre modèle d'écriture que lui-même. Mais on ne parviendra pas à effleurer les cils, à toucher la capillarité du langage de Adeline, Michel Bulteau, Jean-Pierre Cretin, Jean-Jacques Faussot, Jacques Ferry, Matthieu Messagier, Thierry Lamarre si on ne veut pas voir leur corps immergé dans l'histoire – ce qu'il verrouille, et par tel verrouillage, ce qu'il a suggéré comme possibilités pour sortir du contexte poétique et littéraire français, de ses gênes et de ses embarras : celles de l'expérience d'un nouveau rapport à soi, d'un nouveau rapport à l'Histoire. Comprendre les poètes électriques en particulier (au regard de leur aventure), faire corps avec l'élément électrique de la pensée en général, revient donc à se dire que s'il est possible de répercuter l'impulsion de la pensée individuelle dans celle des autres, de donner de l'élan au langage, aux images, d'une certaine manière ; il est aussi pos-

sible de le faire tout autrement pour peu qu'oser parler en son nom propre, en accord avec notre exigence intime, se confonde avec cette recherche du point nodal qui permette à l'écriture de devenir action à toujours plus grande échelle, et le moment venu, à entraîner littéralement et dans tous les sens la réalité dans son jeu.

C'est pourquoi au printemps 2002, je leur ai proposé l'idée d'un livre comme d'une coulée de lave qui viendrait rappeler l'éruption de Manifeste électrique *comme de toute autre éruption concernée à l'avenir. Donner la preuve par la lettre de ce que cette préface n'a que très légèrement effleuré. Le premier poème,* Biographie pour une seconde, *est à l'opposé complémentaire de* Géologie historique *– où Matthieu Messagier disposait entre archéologie verbale et chronologie imaginaire le volume de la condensation d'une masse énorme de millénaire – la dilatation aux dimensions cosmiques d'un instant fugitif. Du regard s'aventurant dans « tous les passés sans lumières » (un ciel pré-historique) à la plongée dans l'espace intérieur d'une seconde, du passage en force des frontières de la logique au franchissement des fuseaux horaires, il invente le* mobile merveilleux *d'un homme dont « [le] temps est trop impersonnel pour être cerné par les phrases qu'il prétend créer, trop coïncidant pour se réduire au dit qu'il secrète ici ou là, joli ou vilain, péremptoire ou incertain » et qui se précipite « Tout à la suite / Dans le rapport complet / Et qui aura lieu ». Le dernier,* Proses bien déprosées, *nous replonge directement dans les eaux vives de* Manifeste électrique. *Il réactive par la bande certaines de ses propriétés (ouverture des mots de l'un aux mots de l'autre, perturbation de la pensée individuelle dans l'invention d'écritures mixées, extinction de la voix personnelle sous une voix plus haute, plus juste d'être impersonnelle. Enfin, suppression de l'ancrage généalogique du texte). Il boucle la boucle en laissant la spirale ouverte.*

Entre ces deux textes, trente-cinq ans d'écriture où le temps vécu traverse les moments-précipices, les moments-sommets d'une seconde moitié de XXe siècle où tout s'est déchiré à l'extrême, avec ces catastrophes, ces vies implosées sous la glace des mots, ces morts sur lesquels on ne pouvait que marcher, au risque de s'enterrer soi-même. Trente-cinq ans d'écriture où le temps poétique est le contrepoison du temps historique, et nous rappelle que le langage ne peut s'achever, s'endormir, qu'il appartient chaque fois à un individu de le vivre, de le faire basculer pour commencer à respirer (et sans mettre cette respiration au service de personne*), de s'écrire en lui et par lui, s'il le veut, en sachant depuis quelle fragile distance il se rend lisible. Le reste, comme on dit, n'est pas silence. Le reste appartient plutôt à cette nuit qui, selon Hölderlin (le premier* Électrique*), doit nous donner une parole qui afflue et qui soit sans sommeil, « car elle est consacrée aux déments et aux morts mais elle-même se maintient, éternelle, dans l'esprit le plus libre ».*

Pour entreprendre un tel précis de dynamitage, j'ai rencontré les signataires de Manifeste électrique *lors d'après-midi aussi longs que les traversées transatlantiques des paquebots de la Cunard Line. Chaque minute fut une étincelle. Ce fut, et ce ne fut pas dans le temps. Ce fut au bord du temps, dans la fuite du temps, à la fin du temps. Nous avons parlé des abîmes et de l'éclair, de la vitesse et de l'éternité, de la profondeur et du miroir, de la fête et de la douleur, des libellules et des anges, des seringues et de la douceur, de la voyelle et de l'étoile. Nous avons aussi parlé de l'enfer froid traversé par Patrick Geoffrois, de New York, des odeurs de l'été dans le pays de Trêlles, de quelques solitudes.*

Des poèmes de la présente anthologie, ce n'était pas nécessaire.

Première neige, 2003

Précis de dynamitage

anthologie électrique 1966-2001

Mon électricité n'est pas celle de tout le monde
et c'est là tout ce que vous me permettrez de vous en dire.

Capitaine Nemo

1966

MATTHIEU MESSAGIER

Biographie pour une seconde
(La cinquième saison)

Des souvenirs oubliés et chancelants
Affluent au cerveau
De l'être passe-moissons.
La saison à inventer
À entourer de sortilèges
À entourer de tous les passés sans lumière
Ne naîtra pas.
Les petites sagesses,
Les silences
Parlent leurs nerfs
Déjà sans réactions.
        On prend
        On tire sur le seuil de la vie
        On montre le vide
        La souffrance deviendra
Passe sa main sur les lèvres glacées de la combe
Un des plis du temps
Qu'il écoute ; les manifestations du sol
Qui bourdonnent à l'oreille
Même sous la langue du jour.
Il ne vivra plus
Mais deviendra, doucement,
Sur les bords d'amertume
D'une quelconque rivière
aux instants bouleversés.
L'absence de douleur chez la cinquième saison.

(Les Laines penchées)

MICHEL BULTEAU

Les archanges

Quand, à l'hiver les rideaux de rivière gelée,
Les clochers, les graviers,
Et les grandes allées tristes,
L'équilibre exaspéré des volières,
Matthieu Messagier et Michel Bulteau s'accroupissaient,
Les yeux carrossés à l'abîme des nerfs.
Les cyprès contre mes joues,
Et le train d'une âme doucement baguée.
Les tapis où les sangs assèchent la respiration.
Matthieu Messagier écrivant :
« Sur cinq fines aiguilles rouges, noires et vertes. »
Dérivent les cotons lucides des plaies,
Moi, contant « À l'Oméga du Donjon-Agonie » :
« Aiguilles, fils rouge, vert et gris ».
La neige baptisait les persiennes,
Car, et le rebord maladif des fenêtres,
Ni ne blesse, le poignet,
Les grilles assoupies du regard,
Les doigts de rétines, chute,
Aux charnières éblouies d'une peau sacrée.
Nuques, les vertiges d'étoffes,
Brûlures d'escalier,
Hanté de venins, couteau d'aube.
Soie des armures,
Le vent des étangs d'embuscades,
Le cri froid des hallebardes,
Feux où Matthieu me toucha le coude :
Le crâne tremblait en notre sourire.
Nos yeux centre de tasses,
La finesse emmitouflée de Dieu.
Trois plaines de tiroirs,
Les armoires d'automne,
Le sol diapré d'obscurs matins.
Les arbres, cour, et prières,
Mains saintes,
La pâleur des veines engourdies,
Les écureuils sages,
Et le reflet des cristaux avalés,
Les églises agenouillées,
Missel d'évanouissement,

« Le Christ sur les genoux »
M'écrivit Matthieu... « pluie malade »,
J'étais rongé par un cristal de palais,
Et Matthieu me couvrait de poèmes :
Et « Migrations d'eaux »,
Ces draps précieux de poursuites,
Métaux, manèges gelés,
L'enfance coincée dans les ongles,
Saillant le rite.
Et nous savions le vaste couronnement,
Les foies fléchés de parvis.
Jaunes, les plumes de tocsin,
« Les Laines Penchées ».
L'escalier béni, à fléchir le gel,
Égorger les portées de sang,
Et les dômes tourmentés,
Quand je me penchai aux textes,
Parmi les ombres, les pluies,
Les grandes vallées pour mourir.
Habits noirs, solives,
Les manoirs bleus, les jeux, l'écho,
Et Matthieu retrouvant mes cachettes,
L'étrangeté équestre de l'obscurité.
« Comme s'ils jouaient du sang »,
Et ce dimanche où Matthieu m'offrit des tintements,
Des tintements cachés, ses jouets :
Un chasseur colonial avec une cartouchière jaune et verte,
Une poupée sauvage,
Un pingouin,
Trois autocars,
Six voitures,
Une barque,
Et une pelle avec le manche écrit : Matthieu,
« Pour toi Michel,
Ces jouets de gestes,
Nous nous connaissions à dix ans,
Ils te reviennent. »
Les perles disséminées à travers l'épuisement,
Sphinx second naufrage,
La lumière froide des miracles,
Le manteau d'encre mouillé d'autres douleurs.
Les viscères entaillés, croix,
Transfusions mortes,
Enlise les lampes de fièvre à terre,
Linceul doux au flux de l'épître,

Fraîcheur sous les encriers ressuscités,
La limite ensevelie, litanies,
Incendie fardé
Comme la magicienne pourpre de l'émoi,
Cueille le parfum vaste,
Et la tige minutée d'archanges.

(Préface à *Les Laines penchées* de Matthieu Messagier)

MATTHIEU MESSAGIER

Nos veines demeurent et cassent
Nos sangs jaillissent et repassent

(Les Laines penchées)

1967

MATTHIEU MESSAGIER

[...]

l'ère I
l'ère II
l'ère III
l'ère IV
l'ère V
ères
1000
2000
3000
4000
5000
ans
à l'extrémité
à l'essai
à l'intense
passez
roi ère
je vous en prie
roi ère

(Géologie historique)

MICHEL BULTEAU

L'astre monocorde

Ne pas pouvoir éteindre les pupilles
Au-delà des images orientées.
Recréation des vagins
(En une sorte d'épée faible de tissu)
Et les pressions féroces
Des travellings onanistes
Le retour aux cassures découvertes
Le fil du cratère brumeux
La langue d'orientation
Des bras de verveine
D'une coulerie de miroirs
L'utopie du dessous des nerfs
Émetteur-muscle des becs de sève
Veine à bout d'échappement

(Coquillage-rétroviseur)

MATTHIEU MESSAGIER

À travers l'instant,
Couleurs seules, les doigts morts,
Et le jour par
Le dessus,
Dessus triste bien entendu.
A pour la naissance
A, le second, pour la folie.
Lettres d'air à l'appui
Dans le mur intact
Et fort...

À travers l'instant,
L'oubli en carapace
Molle en l'occurrence.
J'en apprends le sol.
Pour mieux s'en servir.
Le pas est brûlant
Dans un froid horizontal
Et le bras du plafond

Dans le mur intact
Et fort...

À travers l'instant
Circonflexe à jamais
Le sens de l'odorat
Et l'épouse
Du dehors...
Des cordons. On s'y suspend,
Calme et seul à la fois.
Comme la vitre,
Dans le mur intact
Et fort...

À travers l'instant
Dans le mur intact
Et fort...

À travers l'instant
Dans le mur intact
Et fort...

(Poésies immédiates)

MICHEL BULTEAU

Le magique apparemment sol
À un ciel au feu
Yeux donc j'y serai brisé
Clair sous la bise d'édredon

Avec des coursiers des colombes
Ces lieux d'échines de la rumeur
Gémir par l'arc-en-ciel

Contrepoids des fonds
Alliages à exaspération
Extraire un œil-culte
Le menton souffrait

Branchages d'où l'on ne remonte pas
Se calquer la tête d'un coup

(Coquillage-rétroviseur)

MATTHIEU MESSAGIER

Le désespoir

Voici pourquoi : mon désespoir a dix-huit ans
Un appareil fixé sur la tranche de l'humus
Une ligne tirée entre argile et confusion
Comme tout cela est beau et dérisoire, peur enfin,
L'inclinaison indispensable de la combe et du verbe
Tout déplacement l'entraîne tout silence crié l'installe
Tout territoire, chant inattendu, l'exile. Comme
L'étincelle éternellement sollicitée,
Les yeux fixés sur des parois à médire.
Le sang attend pénètre une image
Et apprête minutieusement son sage tissu,
Équilibre idéal mince et noir en entonnoir,
Et définitif le sang attend les eaux s'empareront
Des plis des tons des décurrences
Que veut exactement la taille du ciel.

[...]

(Œuvres 1954-1969)

MICHEL BULTEAU

Flocon neutre des songes

Les boules d'arbustes sérugineux
Que mon front dépasse préalablement au pacte
Mais ma démunition à l'acte
Le jambage ainsi taillé et épineux
Comme des sources de recherche comparée
Locales, dilatées, métalement ustaques
La nageoire indécelée, oubliée, amarrée
Au jurement faible des attaques
La monnaie pélitive dispense l'âme
Des autres pierres d'association
En même pauvreté d'augmentation-drame
À l'égard du rôle-régulation
Sous une agonie reçue ouverte pensée

Et les vomissements magiques du temps
La révélation supérieure aux mages laissée
De deux sortes de glice estardées longtemps.

(Coquillage-rétroviseur)

MATTHIEU MESSAGIER

L'apotome

Du Borée elle m'est proverbe
Encontré qui le dextre donné la
Naissance. Probablement Épelle d'immédiate.
Ou terme de marine c'est d'ancre borgne
Qu'elle s'implique qu'à court de rois
Chacun. L'ensemble du Borée la termée.

Chasse à l'orvet, d'Hannibal le carpophage.

Est la prise à vivre de sa lenteur est sainte.
La première neige. De P se plaire à la
Présence ; elle est l'indispensable neigée puis
Polémique qu'escomptent les seuls pas bais.
Près l'approche d'un nouveau lieu, dit la répétition.

J'en ai la souvenance-buis- ; sente au feu
D'Ébolée ou personnée d'une agence de sang.
Celle-là d'armes sont assomptives du mieux.

Mais la main au croisoir du biscuit de mer,
Près celle, où sourdaient et mille gneuries.

Lu le décharpir,
Bagué.

Du lieu étincelé de carrosses
D'un nouvel apotome.
Pour la vénerie déclarative
L'octroi ; que je vous se dise
Maxence d'Aristie. Celui-là
Automne par mouves et serres.

Baguées.
L'officine se clenche à ôter le caractère
Battait delà assertion l'imprudence
Aux yeux celle qu'étant l'Empire arciforme.

La première est tombée au sens d'aînées.

Celle délaine l'instant cavalière.

Puis l'Aglatide
Lainée d'ailleurs près colère.
Lâcher les branchellions
Qui s'entresignent à la faveur
Moiteur.
Celle parmi le vacémion
Non cutané à respiration sangsue
Augure conté de deux douleurs
Respire facement jointe la
Prime étonne giberne du parc.

Quand de tels et de vos l'Orient intérieur
En ardoises est arrivée à la dame par
Exagération. De l'exagération voussure.

La couvraille ou de contrée
Là, celle d'augmenter plus en
Son habit de coiffures.

Ainsi nature cimeterre ce
Tant que de tiges où l'on
L'enseigne couplée.

S'Histoire l'apotome réfère d'eaux :
Proximité le lieu, celle y convoite
Les prochaines odeurs. L'odorée
Passera ou pédoncule naissant
Parmi l'assemblage : d'intensité

Cervicale de celle qui le lie
Versant après l'autre.

Coudrier ; que se servent
Ordonnées selon certes
L'osier pieuvre l'aucune.
Nœud la prièvre pour
T'essayer, oh, terme de tache.

Ainsi celle et moi en y croissant
(Celle est l'Épelle)
Qui disait : le tout, vitale verticale,
Mais d'abord panser l'écriture
Alors la voie est événement aux voiles
Aux lymphes de celle
Baguée infiniment.

Après chavalaire an-couloirs adolescents
Toutes les plaintes-quant à l'osmose
Et ceci hérissalement.

Si bien qu'au nom par
Le corps ; corps certain
De ma main le moudrier ; l'en haut.

L'œil à la taille du regard,
Adjectivement chasse à la plante
À l'humidité. Celle, son flanc dont
La retraite. L'un de l'autre comme
De l'étiage ou grain de bien.

À la faveur du bois thorax et
Communément jusqu'à la peau.

Nuées d'apotomes : avalaison j'en
Soucie les dernières ébolées.

En jardin vers la chevelure par
L'alarme les sens
Qui équivalent
Au jamais et
De l'apparence ;
Fixe cime
Qu'il, celle, le coût poétique.

Du pouvoir d'effleurer ; le confins
Et descente à son gré aux rampées
Près deux quelquefois saison ;

Foi la main encore.
Terme la broderie.

À laquelle rudimente du rite
Ou l'épaisseur du jour la caressée

Alors à s'en espalier
La somme sienne,
Inverse chair,
Atteint ou miséricorde et
Pleine botanique de
Silhouette celle.
Le passif, airées,
S'y éconduite, celle encore.
Le covariant, à aiguiser,
Climatologie de la rencontre tonna.

Mais d'osée ; ça de denture a le geste
L'exacte de la démarche provient. Par
L'épuise ou plutôt s'en aide à la hanche.
Ou encore fer ; dos la main l'usage, vêve
La palettée à vue s'élémentaire arbres.

Évitable à loisir éable
Partant, l'adhérence
À n'obscurité première
Que le gâte-bois,
Du genre l'orme avant.
Celle près le harriveau
Prise précoce qui
Nommée aussi milan d'épée.
Celle initiative trace
Dans le laraire,
Qui locution ;
Celle-luzernière
Marche ; nord-forme et palées d'un
Bord numéral outre-passe
Son étamine brodée, incise.

Le gel, dirigé, conduit,
Retrouve même immédiate d'empreinte
Acuité que la pierre met
L'année puissance folle
À retenir d'apotomes.
Ou seconde du cuivre pincé à la face :
Accélération pierre-gel.

J'entrepris ce matin-là
S'accouder bévuement
Soixante-quinze aventures de tergal.

Mais, parole le soirmon-phylactère
Pleinière l'esseule
S'en soigne ombilical, l'irrite
L'à plainée. Celle hanche-évidence
Par que conte. Au propos l'hermine.
Celle convient parmi le litanique
D'une hospitalité pilori dans un bras.

Puis nain les mains noires tant au corps
Près-comble criant la course. L'amais
Familier et que le l'ébordage praie
L'eau ce canavalière parce que l'avant-
Bras droit tissé heurtant de l'écriture
Seul un nerf le traverse. Sanguin
L'insecte pas prendre la détente
Pour la verrine du passeur plans.

Le maint de l'axe blêmé s'crie
Au fer sauvage sa belle humeur
Et sied mon continent maladé sauf vespéral.

L'aine nervé absenter piston
D'une machine elle au raz mon angle
Crispé même la parole noire lape.

Première neige
(Œuvres 1954-1969)

1968

MATTHIEU MESSAGIER

Le prologue, la préface

Repoussant, humus de mots, du sang.
Et leur folie a enseigné. La pièce s'en passe.
La doctrine. Ces saveurs en
Passantes. Quatrain d'un. Venimeuses
Fièvres. Avec des doigts pour écrire.
Indications pour une ère nouvelle.
Le supporter. Modèles incessants.
Mouvement, une prémice, une couleur,
Une abondance dans la lueur
Pénétrée d'une certitude sans limites,
Pénétrée appelle la menace, une autre,
Précédée d'un celui qui doit sombrer.

(Le Roi de terre)

MICHEL BULTEAU & MATTHIEU MESSAGIER

Manipuler les hauteurs est de tuer

Qui au garrot,
Une antilope de précaution frappée
Contre son pelage aux craintes.
Le Cosmos d'Enclume.
Une attente apeurée de course-température,
(Ce somptueux papillon-galaxie),
La savane des poignards.
De l'équateur des écorces
À l'hémisphère des écailles.

Les corneilles-Timbres barbellent en ligne
Le silence des violettes.
Le grêle lever de soleil
Capture la fraîcheur des porcelaines,
Suspendu au nectar des lanternes.

(On my lap)

MATTHIEU MESSAGIER

Le 2 mai 1968. Jour éconduit.

« Dans les conditions musicales. »
Le Christ sur les genoux
Œuvres complètes
Bruits d'épices
Jiwrées
Comme à l'ainevrah,
Rendue à l'air,
Cirquolièges,
Papiers-Marie,
Mère de Dieu
Froissée dans,
Avec et l'autre
L'entourage ;
Arcueil,
Pluie malade.

À Michel. Matthieu.

(Préface aux *Cristaux de folie* de Michel Bulteau)

MICHEL BULTEAU

Matins pendus aux rides d'astres gelés.
Crochets de lointain.
Venins d'embruns à lèvres.
Les yeux-cathédrale des fées de plaintes.
Sans frein de cercueil de psaumes.
LA NEIGE DES PALAIS DE NOMBRIL.
Au satin éternel de l'os du miroir.

***

Pâle la peau des larmes
Arbres-lustres
Les sphères d'un sang de langue
Des temps de ciel
Rasoir de crânes-mots
La lune sur les broderies pincées
Sur les crimes de mânes
Musc brisé
Dévide l'Âme Verte
Berceaux de fumerolles
Pourtant la bouche n'est rien qu'un pas en fer

(Les Cristaux de folie)

MATTHIEU MESSAGIER

À la suite d'un destin

Ouvert aux mouvements
D'air.
D'eau la source et les olives
Et tristement géographique ;
Adoucissement prévu.
Elle s'approche,
Envahissement latent
Lèvres éveillées,

À la suite d'un destin.

(Migrations d'eaux)

Le Dit des gravités en sanctifié

Iloj-----laisse se corps coagula de l'écriture
À la décharge du populage des marais

Son exemple et maint déluge

Plus d'activité encore
(La respiration
Dans le dos de mes pas)

J'utiliserai
D'eaux parallèles en prières
Pour ce dosage
La bête de verre,
Une solution
Jusqu'à disparition.
Naissance hérissale.

En démontrant.
Dans l'affirmative vertébrale.

D'où provient
L'aisan------erie ?
sept
mille
vécues.

À la courbe
Le souffle.
La fable épeire R à nouveau
L'endroit du distinct
Pour mélanges
Cela.
Le coefficient directeur
De la proie
Vecteur
Poétique enfin.
En
Partant
Avait officié.
Dans l'enclos bas
Du sang de val la
Moitié meute
Du titre et lui. Molaire.
N'étaient (mon âme peu à
Peu se déprenant des joies,
Consultant ses déclins, ses chagrins)
L'appelle-fou puis
l'hôte.

Se mit, celle, à rire
S'expliquer
Et se, celle,
Plusieurs fois

Traversant
Des vivres plus amples
Aux confins cependant.
Derrière soi
D'occasions secrètes.
D'en découvris
À passer la forme
Poignet
Au Milieu
Il aurait voulu
Autour.

LE SANG FIXE DES MIRACLES
En surface libre
Opératoire et préalable
La frivolité des marges
Un puis deux
Cristaux
Concaves d'une manipulation
L'autre.
Avec soin.

L'orge encore crispée
Sur la poitrine,
Inapaisé à son tour
Tant qu'il put,
Insoluble,
Exister inversement.

D'un sommeil céda ;
D'un retour cristaux
Répétant le piège
Et tous les gestes
De l'émotion.

Dans une,
Petit à petit
Qu'elle et prime,
Trajectoire rompue
Au long d'ions
D'un rayon
Chappe si
Près çà
Et Nil.

Soit en désignant
Extérieures
En évaluant
Intérieures
Que sera commune
La bête tangente.
D'une seule main.

De voyage aux larmes en
CRISTALLISATION les missels
Immédiate pour heurtée
Munie, diverse aperçue
Élégante d'eau, la vapeur.

Voilà frile-précision
Comment l'on
Sourdre

Assister
A
Étant d'étoffes et exercer
Mécanique pas de charge
Absurde en proportions d'ifs
En contact continu
La volée exacte et stable
Au rythme d'oxygène
Le Dit Luxueux des Faiblesses.

Mouvance
Savait
Qu'(ils) n'attaqueraient pas
Ces fonctions de l'aurore en
Papier de fée cassée
Redoutant
Par
Dessus tout
Ses (bras lui jaillirent)
Le feu enfin descendu
Sur le sage automne des os.

Avec l'exagération
À moins de s'enliser   crispés-criants
Tant qu'une goutte
Celle
Et la veine d'elle.

À moins, bien intégral,
Que la chasse nouvelle
Se (référer au nouveau principe).
Près verger d'Éance
S'effritent vers elle

Miracle prévenu
À moins.

Qui l'enveloppait
Comme première fois
Un chimiquement
Aux haltes sèches sa
Plainte en reprises
Plus d'un mille,
Vent délavé des pénitences
En Bois
Sans directions apparentes.
La peau serrée des aubes
Quelques-uns
En un fils de nid
Jusqu'au sol
Plaisir d'échapper
Plaintivement
Le jour à l'oreille.
Puis (sans) le mot
Puisant dans l'œil

Qui importe.
Progressivement
oblitérée la prière
Gageait celle ombre
Parfaite, sans ni nuages.

Elle s'assemble,
Lymphe adjacente aux
Pluies des cathédrales,
En équilibre.
La paume était vide
Des simultanément éprouvantes

Prompte d'accroupir
Dans la direction de la tête
Propre foi en la gratitude
Des balsamines

Puis de l'épaule
Qui est un rythme à découvrir.
La solution
Là où infinitésimale
Et victime de neige
À l'encontre de gorge.
Elle prononcée
Oudre de père l'en fils
Treinte
À quelque
Autrée parfaitement.

Proprement dite.
L'oing qui
Avait rampé par l'ange
Muni aux étoiles abaissées
En arriver qui tient lieu
Cela surtout était Précieux.
La joie ensuite
À s'affubler par elle
Seul Nombre
Instantanément.
Esque.
Oute asse
À la fois l'énergie.
Plus : ramassant l'hésitation passée
Ils
Tombèrent sur (des traces brûlantes)
Fraîches-un dernier (javelot)

Le l'éclat à la criée
Immense,
Se résoudre
Au surplus et Chagrin.

Emprise en mouvements travers
De l'éblouissement
Arum fixe, la définition
Reposer du reflet par
Entièrement
Penchée qui
Ca(chaient) profonde.
Vers le visage sans
Attendre
Vous l'êtes

Surface unie
De la plaine les
Chiens pente

Et de rés inquiétants.
Dans l'erreur en
Respects étruits
Du côté de la
Baleine ou
Du bon bois.
Ils re(parurent) à de droite et de
Gauche
Devinrent exterminés par le rite en colère.

Alors lent
Épuisement-Cernes
Dans le sommeil même
Vis-à-vis l'étonnement
L'un cri

Lumière et fixité
Sur la face
De l'artère, en hâte.

Du son et
Le sang mettre à bondir
Jusqu'à l'orée d'autres
De la hauteur visons de
La respiration à battre
Passage.
Milliers
D'élans sur les cèdres
Accrochés là, la mégarde,
Pour antarctique.

La luttée soi l'avec
Nerveusement
Des intentions sa
Propre l'existence
Puis lui vint l'abord
Pèlerinage aux bijoux des tempes.

La suite se devinait sans peine :
Droits à travers paysages
Suivre celle
Vers le nord et harnais.

De désolation la marche infléchie.
En guise d'entrée, la soie de service ;
À côtés s'étaient imprimées
Vélocités.
D'offrir,
Entre là et la précédente.
Avant peu le lien du tumulte
Qu'ainsi de voix d'instants sales
Éclectiques.
Dans la fenêtre à se briser.

Se situait plus à craindre
Qu'au sud-est en possession.
Qu'au Dédit du givre des désespoirs.

(Œuvres 1954-1969)

MICHEL BULTEAU

30 cadavres
Sur ma vue d'une rage
À l'œuvre des histrions

Et d'une roue d'eau gelée
Tombalement

682 glas
Dégénérique d'en coin-son
Chevelure triplée de vitres
Détaillée en abdomen

D'un volt d'or
Un semi-démon en diable
Zeste gravement
À l'emprise d'avenue glacée

À l'ourlet du rire sanglé
Les bobines de primevères
(Un écho traduit d'envide)
Surgir une fois de plus

(Coquillage-rétroviseur)

MATTHIEU MESSAGIER

Ceci dans un exact
Ceci pour un faux ;
L'attribut du sujet
En généralement
Séparé par la verbée
Être.
Remarques.
L'air était humide et tiède.
Lisons.
Quel en est le verbe ?
Quel est le sujet de
Ce verbe ?
Le mot menaçant «   »
Indique
Comment est
Le sujet : on dit
Que « menaçant » est
Attribut du sujet ciel.
Demeurer.
Aussi.

(Migrations d'eaux)

Salamandre à l'envers dans l'épaule d'attends...

Salamandre à l'envers
Dans l'épaule d'attends.
Un étonnement
Fin dessus
L'eau sale comme miracle.
Couleur tarde
Comme dîme fardée
Je me souviens d'un poids
Son ombre l'évolution du bois.
Et le tiret pour
Entre l'épaule et le froid.
Le coude. Salamandre à
L'envers...
L'envers d'étau.
J'énonce finalement.
Et oubli du lac.

Une image de folie
Et la transparence des branchies.
Peu d'importance.
Aujourd'hui
La rencontre
Avec l'antécédent.
Carreau gelé.
La neige est seule
Sous les chagrins ; seule
En dardant par là des rires.
Bivouac dans
L'éponge de mains
Qu'on installe.

Visage du mur qui avance ;
Les gestes sont nécessaires
Pour déjouer l'ornement.
Printemps à l'étang
Comme un bouclier d'étoiles
C'est l'achèvement
De ma tête à ma tête
Du soir de moi dans la pensée.
Pourquoi à l'éveil
La blancheur
Du sommeil.
Le doigt du sommeil.
Un appel pas à pas.
Histoires taillées
À la taille d'une voix
Et l'hésitement.
Plus que la sagesse
De mes poignets blottis
Dans leur pureté.
Nouvelle année
Et plumes tristes.

(Œuvres 1954-1969)

MICHEL BULTEAU

Et l'obélisque gratté
Une oreille seulement branche
Sur le col des fougères-mixage

La méthode pure
Des hautes épilepsies crevées à l'azur
Tôt dans mes nerfs
Entre mes veines carboniques
Voix lavées des os
Au regard séparé du feu

Les pierres des requins nerveux
Jusqu'aux parvis immunisés
Avec les silhouettes en clou de verre
Bombées aux trois quarts de visions
Les antres chapeautés de pointes sèches
À chaque retour de bûcher.

(Coquillage-rétroviseur)

MATTHIEU MESSAGIER

Herbiers et grammaires.
Ce qu'il faut bien retenir.
L'attribut du sujet
Mot
Groupe de mots
Qui indique une manière
D'être du sujet
Auquel il est relié.
Exemples. Exemple
Le ciel est une coupe,
Immense de clarté.
Mettez :
Regroupez-vous :
Une croix sous les verbes,
Un attribut à chacun
Des sujets suivants.
Formez une phrase ;
Que vous emploierez.
Vous utiliserez les verbes
Et être et paraître.

(Migrations d'eaux)

MICHEL BULTEAU

Éclat de segments vides

Mes lèvres de satin s'éblouissent de sachets.
La nuit sonore des malades.
Je pense à l'aiguille percée de veines.
Prise de vent sur mes yeux.
Cordelette étranglée
Insecte de cuir sur ma cape brodée.

Coton-du-fond-de-la-vie.
Détente du bec nickelé sur un rat de satin.
Le crépuscule tisonne ma lourde plainte muselée.
Réseau d'argent sur les fruits de crissements.
Squelette du réveil.
Lueur entre mes doigts de bois.
Chaleur de mes joues.

Le gosier s'épaissit comme un calme de soie.
Roulement des tresses de feuilles sur le ciel-caméléon.
Organes d'airain.
Le chat mécanique aspire les mains gantées de l'aurore aux yeux bleus.
La mort s'est approchée avec sa main moisie et son sein odorant.
Déplacement des poumons de crâne.

Sifflet d'herbe noire.
Prison de claquements de lèvres.
Jambes percées de marées vides.

L'enfant-au-silence égorgeait des plumes.
Clapotis d'angles.
Je creuserai mon sang jusqu'à flétrir la mort.

Cordons de vide au-dessus des pendules.
Moustiques de pluie aux joues ébouriffées.
Mes paupières d'encens.
Poignets des autels.
Totem de brise.
Bracelets d'éther.

Les cyprès gonflent leur cage thoracique.
Fuite sur ma poitrine de glaïeul
Hache d'humidité.

Soleil chirurgical.
Anéantissement de moi-même au rythme de mes pupilles.
Étau sur un os-pivoine.

(Coquillage-rétroviseur)

MATTHIEU MESSAGIER

Et sembler, et devenir,
Et rester...
Gris.
Mûr.
Brumeux.
Délicieux.
Doré.
Dépouillé.
Jaunie.
Fanées.
Matinal.
Vide.
Assombri.
Boueux.
Dénudé.
Terne.
Mélancolique.
Lugubre.
Pourpre.
Vous emploierez.

(Migrations d'eaux)

MICHEL BULTEAU

Hurlant des éternités rouges

Une sueur adorant l'œil, comme l'aube nombreuse du cerveau. La viande visible au piège... prolongée, la vision sonore, verbe blessé à la nuit. Les secousses de mots transparents… les branches souffrent à l'ombre noyée... l'écrasa s'envole retombé heurte étreint :

L'étuve d'enchaîn

L'eau de satin cendres vertes lèvres obscures immenses aspérités d'aurore... statue intérieure aux étoiles... pupilles de doigts d'orange... sucre de pluie douloureuse :

Acrime.
(Le cri de l'arme)
À l'abri de l'aube

Le plumage endormi colère astre vertige tramway écarlate… haut muscle de soude. Chaque nuit s'évanouit encore outre de jour... lampe somnambule de futur... contre les baisers perforés de vestibules... face d'un saut le même geste sans regrets :

Les plaines dérivent à la haine

Déguisement chaos oblique... qui bleue la bouche enroulée de mouvements de sable. Le complot aux cordes de cheveux peints... féeries aux fleurs en crue... la peau fripée trouant la neige des morsures... malaises d'ombres agenouillées :

Lumières déminées

Les ténèbres de hanche-hache chauffaient la foi des poisons. Langes illimités l'un sur l'autre suffisamment miroirs de voltige-viande. La nuit d'algues épiées et de courses sombres sur le clavier :

Un écureuil détruit mes vues

Pulsations lunaires sans toit... yeux carillon interminable et baguette postale échouée... échiquier déchiré à l'os... saillie inondant le feu broyé des dents... écartelé clou brûlé... terrible convenablement noir... d'épingles monstrueuses décapotables… trépas d'aurore en fusion :

So métrafile
Pa troumères dor wat
Abodo
Mutrares
Etramir
Otuvarmos
Gignum
Vandormums
Laket
Darcut

Agenouiller les nuages gelés... rubis crocodiles avalés... échardes dérapant les écailles... au moindre péché d'écorce de boues-mots écrasés... sinon refroidi périr comme une planète... nombrils cassés des ronces... écume durcie et les plumes glissantes du corps... étoilant l'enfance de citron et de photographies sombres... les sons de la toux décalent le gris des cris. Parvis travesti tard fard du geste mort :

(Démaxillairées à fond)

(Coquillage-rétroviseur)

MATTHIEU MESSAGIER

Faire.
Dire.
Aller.
Voir.
Semer.
Cacheter.
Les majuscules s'entretuent.
Vouloir.
Mentir.
Craindre et répondre.

(Migrations d'eaux)

MICHEL BULTEAU

Les épaules, mains liées
Carnet de clinique

I

Déchira le mur bleu de la main gauche. Le clou hurla, retira sa veste de douleur rouge.
Chemises de salive. Couloirs s'empara. Enfoncer le sang au centimètre. Numéro 102. Un flacon de chiffons rouges et rouillés.
Pluie manœuvrant la chambre.
Le robinet de la bouche. Draps et sol. Les doigts s'appuyaient la tête contre les jeux.
Bottine-accélération. Les pneus de fougères pavés de virages.
Un cyprès endormi bâilla en se massant le cœur.
Les poupées débloquèrent craintivement leurs genoux.
Jupe mauve d'herbe roussie.

La poignée glissa dans le mur. Pistolet de mandarine.
Un mousquetaire d'espace.
Couteaux de nombril, frottement de la fumée sur l'oiseau.
Les odeurs aux mains jointes.
Le flacon aux cheveux bouclés écarta-éclata l'annulaire.
Blouson de fièvre de sang de coude de clous.
Il bouscula sa bouche assise entre ses dents.
Les draps décousus.

Le soleil-écrin tournoyait délicatement dans le ciel. Les nuages-parallélogrammes accrochaient une doublure verte aux angles des toitures-tortures.
Coupures d'or à l'étoffe-éclair. Lac-hache irrigué par un sautillement aiguisé. Strangulation d'hermine. Autour des larmes penchées, talc de braises, émetteur indélébile de gencives, coquille parlée.
Hallebardes de jambes pillées
Les racines roses radiographiées n'existent plus. La Maison 88.
Cornes d'arc-en-ciel calcaire. Cratères d'écailles rouillées.
Bandelettes et crochets.
Simulacre tatoué et couloirs.

Les doigts de carillon de tilleul. Le chemin des aiguilles.
Les chevaux de sable aux têtes nostalgiques. La main est une peau vidée de ciel. Les montres de rosée. Les impasses contre le ciel.
La langue agenouillée hors des tempes.
Les proues injectées d'éprouvettes décérébrées. Les objets soigneusement écorchés dans les armoires. Les chandeliers incrustés de gesticulations.
L'humidité de la flamme.

II

Une aiguille de fièvre pénétra dans la veine. Deux bocaux de sang hauts de plusieurs mètres bouillonnaient encastrés dans le mur. Retourner la lèvre inférieure. Une douleur qui pétrit le sexe. L'aiguille de fièvre se cassa dans la veine gonflée. L'omoplate droite craqua. Les secondes rouges des chiffres. Visage-cuvette. Yeux de fils barbelés. Le niveau du sang baissa dans le premier bocal. Un pincement dentelé arracha le morceau d'aiguille brisée. Le deuxième bocal était presque vide. Sang dans les cheveux. Une goutte s'accrocha aux cils et déchira les lèvres. Odeur de la pourriture mordorée d'entre les jambes. Le premier bocal était de nouveau plein.

Peur honte.
Vomir les couteaux chauds. Une lame de très chaud. Radio-éther.
Un rasoir d'îles-haleines. Le sang crépite de fer rouillé.
Les lumières de bijoux ailés.

Une aiguille de fièvre pénétra dans la veine. Deux bocaux de sang hauts de plusieurs mètres bouillonnaient, encastrés dans

une lèvre. Le niveau du sang baissa dans le premier bocal.
Sang dans les cheveux.
Peaux-toitures.
Vomir le miroir de la lame.

Archipel d'échos glacés. Chevilles à lac. Les draps secs de piqûres. Les tiges de pouls arrachent l'aire du visage. L'herbe, plumier de lèvres. L'arc penché des yeux au chaume de la fièvre.
Laine l'étang de vol.
Porcelaine poudre de lit frais.
Mes poignets troublés dans les grilles.
Arcades fauchées de la toux.
Ranimer les ongles débridés des nerfs. Théière d'astres.

La pendule égratigna le flanc du hurlement. Cymbales nasales. Copeaux fruités de cascades. Les glaces au citron sont des pénombres feutrées. La lampe se fractura dans l'essence orientée. Tailles de sang coton-pistolet. L'eau est une boucle de ciel. Chair-format.
La houle aux ondulations éventrées. Sablier de mouchoir bousculés. Poignet tronqué de la fuite. La lampe bleutée lacéra la gelée des voix.

Ensevelissement d'allumettes. Joue de rasoir.
Rails-daim. Glotte-scorpions.
L'étau labial argenté.
Glace écume de thorax. Sables-lunes. Vitesse transparente des étamines. Vomissement-batterie.
Glaïeuls ongles articulations tempes d'orties.
Hélice nasale. Serpent cassé du regard.

Talons de la folie. Tournesol de laine. La sauterelle brille ainsi que terne. L'écho de plus archipel... glacés de bougie. L'abeille veille le vent. Chevilles à lac. Les draps secs de racines. À la main, le soc emporte l'aire du visage. Les blés irrigués... les tiges obéissent closes et ouragans. Les eaux au fort de l'obscur. Le pied facile à regret.
Habilement enfoncé strident. L'herbe, tel un plumier de lèvres. Enclos de museau. Une neige ferrée de rapines. L'arc penché des yeux. Mort à magie de brosse. Le chaume de la fièvre. L'ayant dédale de détours. Eau-graine. Laine, marée à l'intestin. Braconnage de pressions. Tourne l'étang de son vol.

(Coquillage-rétroviseur)

MATTHIEU MESSAGIER

Épelées entrouvailles
Formes éconduites, essence
« Aparté »
Plus le mot s'éloigne
Plus la phrase dévore
Et plus le lien s'émeut,
Plus l'écriture détruit
Et plus je me sens vôtre.

(Migrations d'eaux)

1969

JEAN-JACQUES FAUSSOT

Coquelicot grue en accent

à Bob Kaufman

sculpté vagabond d'yeux totems
danseurs disloqués cherchez demain cathédrales
caché pose au cœur
Shakespeare série idoles
grossièrement vieillie promenade crevée aimera
four vagabond
nuit tête d'épingle
jeune maïs en droit soldats pâtissés à la minute
déchaîné
coulant rubis du néon luisant étiqueté fragile
nus en triangle
ils ont brûlé la gelée de menthe
hôtel suicide
brûlure en flèche
initié alouettant des lampes
rugissant attention crèveront d'enfants sombres

jean-jacques faussot raconte d'un échiquier exemplaire
un vol cuirassé d'un mois
couleurs en présence d'oubli
efféminée Afrique peut être souvent collection
existence de numéro plus blanc depuis toujours dans un lointain
car le verre brûlant du calcul
la source s'étouffant se brisant

Introduction à Marcel Proust

du haut d'un laurier se flétrit un déferlement capital
l'ovale éprouve le côté diminution
l'affection entre une ligne vide d'une coulée
l'impression de la cellule rejette vivant un texte
pluche vidure à galons
caresse d'un épi le cerveau cave
treille en fond de fait
m.p. clignotant monture

Le sablier

suppression du sabre
médicament rire au comité d'aiguillage
cervelle définition
de piqueur de fût
nouveau microbe aiguillage
spéculation bilboquet
qui en bandelettes au duel photographie
tir en obéissance légende
au suffrage la grammaire effondrée
flammes en plan lianes trois plans
souplesse à l'aspect de bordure
genoux privilège
surface en naissance d'un geste universel

(Les Épaules lacrymales)

MICHEL BULTEAU

L'âme des rois

Déjà forme car la lumière s'exclame. Dieu grimé de rayons : la mythologie des cils.
Quatre offensivités des eaux et des fleurs.
Des voix coulent des grottes. Étapes de l'intuition.
L'herbe des parfums, l'herbe du désert ; les ronces équilibrées, le soleil a la forme des ronces et les ronces ont les épines du soleil.
Baïonnettes d'exclamation, car toute virgule tire les cartes. Des illusions, c'est une glissade, en effet, que l'on montre, que l'on donne.

Une hauteur convexe, les monts, la ravine entraîne le fronton : haut, blanc, comme sacré, la vieillesse et le rejet.
Et l'âme éparse, par la vue, les yeux, la rétine, les membranes.
Ample cœur. Le lac limpide. L'eau astique. La conscience est rapide.

Les livres du dedans tactile

III

Les viscères se relâchent
Comme des torsions d'abeille
Aux sarcophages de rosée
Le jaillissement de cris neufs
Les dagues d'hémisphères
En diamant de sirène
Jusqu'aux grappes de sang parallèle
Mes baisers sont des îles
Le complot cosmique à la paume cataracte
Mon temple est partout aux visions du passé

(Coquillage-rétroviseur)

ADELINE

Adeline démasque l'éclat au précipice de l'os
M. B.

Un renversement de colombe en l'ogive.
Elle, séculaire, scindait l'écrin des violettes.
Transparence d'avoisiner l'opaque.
Raidi en bleu de carillons.

Parchemin l'ange fond d'opaque ondoye lys
Le tendon révéler l'étoile-temple.
Râles diamantés d'attiser le verre
en banquise d'auréole.
Fustigeante d'incanter le masque.
D'envoûter l'élan, en sertir l'être,
ressuscite linceul en pic de lys.

***

L'alouette de brindilles, séisme d'arc en
ciel.
Flambeau de cri. La rosée à la brume de
la page. Lumière où la Rosé(e) axiale :

étoilée en lande peau ouvre à la plaie
l'articulation d'extase ;
La pupille d'entailles d'or aux mots diamants ;
Feuille ogivale au nerf d'âme pâle.

***

Verbe aux filets d'écumes roses.
Indirect de lys.
Peuplier d'argent poisson à la fée de soupirs.
Résurrection en broye le brasier neige.
L'eau du mal
Les plaies spectres aux croix à l'obscur.

Vocalise à strangulation ; manoir au pourpre ;
À l'arbalète continentalement, dévisage
d'améthystes ;
Le foyer d'y prophète aube à roches,
Allures à pétrifier, brûlant l'hiver. Chrysalide.
posent blancs la perlure.
Les volets, longs en l'air, enlace d'hiver.
Procession polaire.

(Catalepsie I)

MICHEL BULTEAU

Rebrousser sous le givre des mots

III

Tous les tiroirs de feuilles mortes
En brindilles de paumes.
Le soleil
Permet les ombres.

Je me souviens avoir peint
Les guidons-frises de mon ventre.
Chaque mètre cube est une électrolyse d'envergure.
Les lassos de la source.
Un échappement de porter les objets
à sa bouche.
Ma peau rusée mousse comme une lessive.
Chaque roulis cède en orbes.
Comme un arbre qui plie
J'invoque le droit au naufrage.
Le bréviaire de l'humus :
Brosser le talon des broussailles,
Enluminer les bronches de l'écho.
Poudrer l'encolure des chagrins.

(Coquillage-rétroviseur)

ZÉNO BIANU

La rampe-éponge existe
(ses braises nerveuses vous livrent à la vitesse).
Une épine-poussière à ramasser la fatigue.
Le sirop d'action comprime à la surface
(sa fourgue sur l'articulation laiteuse).

Le métal du sable à la sauvette
(alors le crime d'amiante).
Le segment vitré accélère.
Accouder l'isocèle de la peau
(avec l'odeur d'écriture).

Ma neige calquée au hasard
(fournir les témoins de la buée).
Un risque de cuir jaillit l'impression
(ses gants de vide pâlissent).
Découper la pression à vif
sur le pliage du givre.
Morsure-pente (afficher son cou).
Agir les rideaux de la rouille
(piège flou à frotter chiffre).
L'échelle d'herbe

(*Mur de poèmes,* exposition oct.-nov. 1969)

MICHEL BULTEAU

L’écoulement de lisières
peut-être il se remarque
n’étant que fougères-métronomes
le loin profané
les soupentes-ventouses de plier
me ressaisir de sirops par sincérité
remenuiser passionnément d’eux
des futaies porte-mines
ces voûtes à flanc d’air
curwood à cloche-pieds
à l’aisselle-cécité à le toucher
poètes opposés par le sommet

(*Mur de poèmes,* exposition oct.-nov. 1969)

MATTHIEU MESSAGIER

Soit lieu et providence,
Deux points fixes et distincts.
Dans quelle transformation ponctuelle
L’espace frontal est-il
L’homologue du point focal ?
Soit la pensée latérale
En eau rappelée.
La solution pour élan,
J’approche un nouveau relief
Plus sûr encore (les plaines en sont vacantes
Et les eaux étonnantes ; les objets
Sont à l’adresse du lieu précédent).
Mais la fête est verbale
Qui implique la journée.
Prime saison au fur
Puis octobre est mural.
Enfin
La passe-étendue
Tension arboricole et Elbe.

(*Mur de poèmes,* exposition oct.-nov. 1969)

ZÉNO BIANU ET MATTHIEU MESSAGIER

Élisaire 7, chap. 1

Les étonnants qui étaient-ils ?
Forme diamant. Respiration thoracique.
Étonnant diamant. Sont dépourvus de squelettes.
Couleur sans diamant. Organe raide s'articulant au niveau de l'épaule.
Pelage diamant sauvage. Structure.
Diamant la forme. Ailerons perceptibles.
Généralement Étonnant.
Pour diamant. Apparitions sédentaires.
Écorce diamant, forme espèce sobre et résistance.
Farouche diamant sur couleur d'Étonnant.
L'Étonnant. Presse à froid le diamant.

Les étonnants où vivaient-ils ?
Cages cristal sous château.
Décoction cristal.
Peu mouvement. Grand sommeil.
On les voit sous le château.
Profondeur et architectures des étonnants.
Frottis du diamant d'étonnant du cristal.

Réveil d'étonnant-vie au château.

(Inédit)

MICHEL BULTEAU ET MATTHIEU MESSAGIER

Espèralement, la nuit est approchements,
brouillés et convertibles. L'électron, maille
à partir d'avec la gelée-suppositoire ;
d'étuves d'hachures, Dit par doigté-est la
souffrance.

(Inédit)

MICHEL BULTEAU

L'équilibre jaune scalpé

II

Un clin de percale.
                                        La lime
D'un compartiment d'averse.
Une neige à l'égal d'une taille de rouille.
Le caprice d'encoignure de salamandre.
Où la crémone de fatigue
                                                    échoue
Les paupières sans abat-jour
                                                    impriment
La bouche d'une soie de syntaxe.
Cependant sang à la limite
Des ténèbres qu'une veine la lanterne.
Les oiseaux de gousset.
Les cires d'extrême involontaire.
Ficelle en ongle de trouble.
La scierie des étoiles.
L'abîme des corridors d'orage.

III

La solitude si grand ciel-gorge.
Écritoire d'alentour.
Car le cocher de reliures.
Une réalité de civières.
Gouffre en seuil de chandelles
Les écureuils à baldaquins
                                                    épaule
Un long moment de couverture.
Les joues parallèles en tous sens
Au grand châle d'encrier.
Les volets de convalescence
                                                    sous
Une taie de matinée.
Fosse de ma nuque consumée
En chemise de flèches.
Le contenu déganté des vents
En paumes de chevilles.
Le verglas de lancer l'orage.

(Coquillage-rétroviseur)

MATTHIEU MESSAGIER

Couleurs intérieures la maladie verso noir

Couleurs intérieures la maladie verso noir
De la double page centrale et le bruit
D'un chapelet parfois processionnaire
Au crépuscule immérité des blancheurs.
Que les coursives dévorées du lent en
Incendies ceux qui concernent le splendide.

(Œuvres 1954-1969)

1970

MICHEL BULTEAU

À Claude Pélieu

l'assaut à l'intérieur des grimaces

les poètes meurent debout
les autres d'optique de survie
délit-planète (sueurs)
les aurores ailleurs d'envol
guérillas-calligrammes
du pied à zodiaque
double électrique éclatera
les goîtres des hochets (faire)
[...]
l'alibi-caillots
Duprey (cinéma) pulse
ce qui épidermes
sucre-flamme
les savants d'océans (vos)
une douche-paysage
de la sépulture de bagues
ne circule, ne croit, ne fait,
qu'à chiffres d'incroyable
le mot perd la vue-pendaison
(vivant) autre feu de verre
sinon chavirer-huttes
[...]
paradis-écuyère
véda très vol
les émeutes givrées de sang
gabardine d'emploi
les oiseaux de crampes

un peu, labouré d'radio
aux pluies de boîtes :
hôpital, coton, aigu
l'ombelle tamisée de plumes
langage à bombes
une forêt, chemins-cargos
pirogue des lèvres
cheville-lune (lait-confusion)
soda-photo

l'ombilic de détails non dictés
quant à gants-épaules
l'écho pneumatique
connaîtra ébranlera
lui-même caché longtemps
les chenilles entre ordinaire
vides de nuit de cales
du (ne lit plus) quai des os
la douille de jour-Emblème
envie nous alimente aux riens
se glisse mon bâton de toits
pari débranché tranquille
définitivement : greffes-cadenas
le yoga-épée ; Perpétuel, os
redistribuées, syntaxes nues
tes souplesses de haine
électron-crépuscule (boîte)
tes promesses-manufactures
les émaux entrebâillés
de masques-métros. ou se larmes
de la métropole-haine
les écailles de graines
les cailloux sur la pointe à
comme l'air blessant pâle
de lagune mes veines
l'échafaud-archipels
Je quitte ce miasme-pendaison.
[...]
D.A. LEVY
à vertical co-asphyxie
(s'ombilic peu à peu)
la mort tue avec éponge
le désastre-tambourin défenestré
corridors nettoyés tropicaux
postés par les phares

les loques interceptées à feu
D.A. LEVY d'un profond satiné
obtient les missiles aux captifs
la peau des glaces trouées
moyenne poussière-tête
devraient lierres nègre au sol
par accord de rubis
les clochers s'appellent tanières
banlieue crève couteaux
de morgue subite au sol
Cleveland dans l'aube secrète
aspire l'environ des sens
il était astre-boussole
merveilleux malaise de l'enfance
du sommeil à bras de maïs
la quincaillerie des saisons
splendide où bruissent (césure)
sa poitrine de lanternes
montre brise misère armes
tous les poings de grillons
à ralentir d'un givré tissé
un arbre au feu ouvert
cuire jusqu'aux cadavres
clandestin gonflé de froid
oscille infra-médaillons
les crampes bottées
criarde loin de nos échanges
l'argile sépare avec lenteur
ouvre ébrèche classe escorte
ce matin épelle un pliage
les germes (immobile éveil)
frappé de jungle-lame
peut-être secousses
prières des balles de vos jambes
le couchant de chewing-gum
les tiges fignolées de réflexes
l'éternité débile avance
communique-initiale (brisé)
les rameaux de nos silences...
le suicide s'unit au visage
jamais le laurier ne respire
D.A. LEVY a tressailli, dérangé
le parfum imprudent de la neige
exécute aux syllabes serrées
le grotesque des murmures.
[...]

la vie de détails-émeute
tout pue, de servilité
croix à respirer générales
en broie d'ailes-vent
l'herbe-foudre
les bâillons d'oméga
à l'écart de trop d'alarme
le moisi via central
l'organe allume-galop
d'alphabets de venin
nénuphars boitant de chiens
coulisses à lance-mirage
la fève mâche par velours
lavoir, herbes, agenouillées
les haleurs d'œuf mal
totems-tapages branchés
blé-flash
cerceaux acclamés spectres
éveils aux flancs de verre
indélébile bombardé
grappin rauque de l'odorat
la sentinelle de canines
les rousseurs-myosotis
valises de ressacs
les trombes ailées de scies
bricolage-potions
encolure vacille usure
la piste à la chaumière
par la taille enneigée
phosphores de ceux-encres
les tiges d'aubes-frissons
[...]
routes doublées-réalité
à travers à travers
flotte important
la l'
les pluies assèchent d'avis
l'hirondelle de vanille
tricha la campagne,
chercha, aborda, cria
chair toute cellule
pressions replâtrées sur l'essai
l'occurrence de son reflet
la flûte de filaments
le roseau se répercute-chagrin

à écrire l'étoile-trouble
le casque froissé
(-réel gémit)
alors même douleur de la ville
assis dedans les quais
pois (s'évitent matinaux)
gangsters-Haute Fidélité
au ventre de transmissions
film, de lieux, d'autre
chose
avec
poètes
un mouvement s'acharner
la chevauchée de brouillard
(soldé fouillé)
le décryptage vitaminé
battu de cou
grièvement maquillé
l'acoustique ligotée aux cieux
échelle torsion
ivraie-météo
la retouche somnolait gelée
coincés, troubles, habillée
la grille, pas chaude-bloc
étrangle
qu'alors décolle la Menace
l'impact demeure saigné
îlots-cigognes
une bouche choisie accroupie
tous se mouchent les yeux
vaguement autre chose.
ou comme les doigts-gites
arroser la retouche-brume
la mer gicle en pièces
le hasard-ticket
la vulve au col de frissons
bousculer les fruits-transistors
les tuiles de ceinture
la fréquence-zodiaques
[...]
d'une enfance hors-la-loi

(Poème A)

JACQUES FERRY

J'expérimente une reconversion tardive et saine, en voie de puberté-cage, vers l'accident d'une vague, j'échoue de galets et blasphème...

(Inédit)

L'okapirus-scarpote

Un baiser maladif sonnerie
à minuit
vomissement diaphane de l'
asphalte décline
les couches baltiques de
fuite
dans le matin
les membres inférieurs à l'encan-pâleur
longtemps
les paupières-marécage
lèvres-des cadavres mirifiques
articulations-secteur primaire
d'une éponge électrique la tête s'amplifia
longtemps
jour de givre tremblement
les couloirs
une voix
raga la vague.

L'éliptyque

La clavicule-sensation je t'explique
des lunettes noires la pluie s'applique des fauteuils
d'arbalète
une croix souvent revient l'élaboration minutieuse
du délire/un mur d'esclaffes/les manteaux en lamentation
diaphane la combustion sensitive les sourires
mafiavéliques le carrefour brûlant l'asphalte

burlesque l'hystérie banale à brûle/pourpoint le
thé-clinique sept/d'un crachin possessif les nerfs
coupés quelque part les lèvres en sueur les yeux
à jongleur-cervelle un poème d'ivresse je roule
en tunnel-suspend ton souffle.

White head white light

Put up with insanity suddenly last week the lake loubing the loub/gilles du rail/up to the station by night you can bully her sister maybe keep up poetry my brother/de gestes distribuer l'étincelle/about sweet ink-snake a stowaway habit forming speedcatch century you make/how much fear/ the grade to describe mouth-standing shallow anyway big shot OK you prefer cool in front of mystery you do think girls dispose of safety a naked portrait on the right get rid of sidewalks carry on swing frantic switch-swoop-blues.

To you Cochran

Le semasculius d'uruscopte

La chambre/noire toutefois/
du cristal-scolopendre
peut-être les bataillons d'intoxe-frontière
fétide-même/musaraigne-seconde/
elle s'appuyait du buvard
la déjection par soumission
les divans à pâleur
le clitoris ambulatoire/chute libre/
certains anathèmes
épée d'acanthe en sus
saturday lubrique lui
injecter
les tempes-cinémathèque sagaie d'érémétique j'ai
/la voute à regret/ta maigreur intrinsèque vestales
subterfuges du jour la marée/à voile-le linge/
inonde locale t'endort/où du ciel les médianes/
m'assiège m'importe.

(*Manifeste paranoïa blues*, inédit)

MICHEL BULTEAU

Enregistrement-hamac comme chaux

Nouvelles (bordels d'opération)... et de sa voix-continents electric adios... les de le en Sur talon de 149 poème simultanéité... être pour un sourire de stations à chaque carotte de nuit... soie, mourir, clown, Tanger, disloquer l'argent mal flic, fuck-les yeux, brisée du coude, une piaule de sentinelles à la mie de pain, AMPUTE DANS LA BOUGIE, la lumière distraitement d'une plume... par suaires assis... gaz prolongé, et plus loin en face intact... la ville de seul à seul... en nage, assassins-ossements... jauge-vitrines... depuis le tremblement de 700 25 8 000 in (mèches, paquet, s'étouffe, pour son œuf)... sur Dieu bleu du contact... le vent-noyau une fois de plus... les offrir en bretelles-tic-tac... les poisons de fronts... sa flotte de minute-coquetier... soupente, d'entrée, imprévision, la tempe autographiée des brins d'herbe... levier, fringues-sucettes, dégoûté explose déboutonnée...

Electric Medico Opacity
10.6.70

(Préface à *149/Off* de Thierry Lamarre)

THIERRY LAMARRE

Le caractère scriptural des éons lumineux en abandon galaxique.

***

Détruire par tous les pores de la peau leur putride inconsistance.

***

Sur le talons de mes bottes-écriture.

***

Dans l'ogive-poème
Remake-mots
En simultanéité grise...

***

D./Injection

Éjection.
Machek-Tanger...
Butoir pusher-Formentera rencontrer...
And then Marrakech Express...
Soleil crève encore/ toujours/ vite et maintenant/
Mantra Kerouac Blues/

STOP STOP STOP STOP STOP STOP STOP STOP STOP STOP STOP STOP

Ma tête (ampoule derrière)... la prendre ?
Monstres morts à naître par agonie lunaire enfantée.
Dans l'élargissement-conscience substitution amibienne...
En chute libre de paramécies se mouvoir...
Déclic-visions.
La fête foraine-dollar américain colorise.
Cheminement magnétique (voie ferrée)...
MAIS MAINTENANT (FULL SPEED) SAN FRANCISCO A SUBLIME NEW YORK ET SEUL DENVER OSCILLE DANS L'ÉQUILIBRE GÉOGRAPHIQUE (CORRIGER MAGNÉTIQUEMENT) POUR BASCULER ROCHEUSES-APPALACHES.
Psychédélisme jaunit du désert.
Sur la grande roue Las Vegas -EXISTANT- la dentition écarlate blanche de Jagger... Monter dans le train ne suffit plus, il s'agit, avant tout d'accrocher les wagons dans l'ordre cut-up.
Brinquebale des cahots wagons...
Mauve verdit sur le violet-tentacules...
Rose malabar en aspérités molles...
Bubble gun
Gum BuBBle
Chuckle chuckle...
Off dans encensoir lumière électrique solaire et grandes orgues ampli.......

***

À Jack Kerouac et, plus loin, à Michel Bulteau.

Ossuaire-héros
Bandés, déchirés par les tempêtes de suaires
Victimes-chevilles à revanche

Dans la tendresse mouillée bateaux
Mystérieux dissimuler...
L'image-mort par prolongation-souillure
Dans le caillou le remontoir
Morgue ravir
Avec l'espoir-rotule transfuge.

***

Zénith apocalyptique sans heure
Illusion-infini de dilater
Éclatement hiéroglyphique
Aux semelles assoiffées.
Noyade béante dans la prophétie-étoiles
Poètes aux routes de mer
Dans le temps-soleil.
Les tympans-amphétamine assèchent l'image.

***

Après-midi silence
Lucidité déborde imprévision.
Stupéfiants électroniques à diatribes...
Déchirure vulnérabilité bleue.
Recherche-sueur calcule.
Filaments-tempe
Ça pire en pire
dans mise à feu kilomètres.
Issue falsification tue...
Vie blanche arrêter.

***

Depuis ciel-soleil
Perdre longtemps…
Ma tête arpenter
Fille rocher à suivre...
Jouer dans les cartes-mains...
But-pillage...

Dans l'approche vent : elle.
Mes doigts pendule astronomique de sa voix
Couverte.
Cils lunettes noires
Dans l'assaut-chemise...
Mais dans la connaissance mort seulement.
Enlèvement zénith
Et elle rayons lune...
Judicieuses mèches avec le tremblement
De l'arrêt bras.
Et l'ascension expire en reprise
Lamente...

NB / Nuit n° 12

***

"Greaser?..."
"Grrrrrrrrrrrrrrrrrrrrrrrringosses..."

À Zéno Bianu.

Esseulement moite dans cavales frénétiques
Rails ossements de corrosion solitaire.
Planète-malaise...
Machine-cerveau à écrire
Dans rédemption d'obsessions.
Temps de ma mort-écart passé.
Meurtre langage à l'abri des rôdeurs...
La route se vrille
Dans l'abîme-destruction
De mes yeux-vitrines.

***

Beat (…) -à découvrir

New York engouffre abîme-lumière.
Dylan reverbère
Et Ginsberg-saga à succéder...

Coca Cola/ Ginger Ale no good, no bueno...
Fille échappatoire-partouzes.
Vapeurs amphétamines dans alcool-étouffer...
Appui-rafle...
Putain bleue avec néons-brumes...
Horizon bouffé et désescalade fenêtres
Pour envahir ....

***

Absinthe reverbère
Cible restriction
Vision minute
Salive échec
Racaille chimère
Route soupente
Défonce prophète
Je misaine

(149/Off...)

ZÉNIO BIANU

Aucune partie vitale lutte Thierry à mort de tuer d'un saut raide l'épaule hésiter un instant s'en remettre ventre remake d'agresseur son élément morsures à vif silence ne l'eût atteint poème appel final son cercle avide coupé le tendon élan d'elle s'avouer luisant vaincu déclin corps saignait saignait saignait en attendant la page sévissait insensiblement la victime neige foulée l'odeur carapace point de faim recouvrit violence et regagner le sol fut tombé mort depuis l'Ange jusqu'au jour de s'immobiliser veine gelée le fléau sur le dos va crever qu'elle non ne résista l'état déchirement déjà l'os respirer et la nuque de rasoir l'instinct bouger route s'écraser terre de plus en plus faible signe l'odeur vie imprégnée franchir et flanc que battent en direction toi d'herbe moi.

11 juin 1970

(Postface à *149/Off...* de Thierry Lamarre)

MICHEL BULTEAU

Fascination électrique

Alphabet traversé de débris de lumière.
Couteau-ouate envahi de serpents.

***

Ma plume allume des routes
Des sentiments obliques
Et des masques provisoires

Un ange s'assoit
Sur la cambrure nue des arbres
La girouette tourne
Comme un glaçon dans un verre

Tympans de clochers
Fumées ébréchées du givre de mes yeux
Chaleur sur les mares

***

Le Château de la Lampe
Mâts de monts

Et le miel
Que les astres de panthère
La fontaine d'aigle ainsi

Les os d'être prophète
À la pupille en terre
Le geste de cire d'harpe
Sera au péché

Or de collier du jardin
Et y bras

A il y a si d'entrevoir
Les murailles de fruits d'os

Est de cristal pour le sable
Ô les brouillards vers l'âme
Une voûte peut de ses rames
Après et pareilles

***

Xavier Forneret aux bagues de ciel explosé, et les diamants de l'aube me plient les yeux. Le sable du chemin où j'allais pleurer le matin, mes doigts gantés de bouches veloutées, sans ongles. Une serrure d'aiguilles gelées. Un soleil troué de grilles. Pieds nus je marchais sur le parquet. Mon collier de lumière balançait ses rayons sur les bassins calmes. Les ciseaux géants remuant les lèvres. Trottoir-visage, le thé ondulé dans les tasses de porcelaine.

***

Chiens meurtris
Aux yeux d'atterrissage
Condiments de braises
Le couvercle des vents
Dissimule la naissance du reflet
Éveil d'un tyran demi-algue
Le rire a les yeux des jouets
Sous le costume de l'écriture
Apparaît le torse des légendes
Tous les terrains souffrent ouverts à l'événement

La peur délivrée

Augmente le plancher-corsages
Strong l'ampoule lambrissée
Nuque noyée cimentée
L'écriture électrique détruit exactement tout
Chaise de trapèze-murmure
Les machines vagues de l'écaille
Four de jupes

Magnétique de calcaire
À la bouche pâle des couteaux de volcans
Temple l'éclair
Éclater le crépuscule avec les dents avec les yeux
Microscope des veines
Vapeurs d'abri du sourire
Enfance de linges dévêtus
Avec le coude des ventricules
PAR LE SOUPIRAIL N'ABOIE PAS.

Se découvrir le répéter par tuer
Maquillage-torche

Le pas élevé seul et pur du bouillonnement,
Basculer le fanal de la bague
Épines, l'haleine nue de l'embrasure
Dague de grisou
La langue comme un sucre ciselé de trépas
Fracas purement décolleté
Pendant que brûlent
Les sarcophages aux serres d'amertume.
Crépuscule de crocodiles
Flacons et carapaces aux atteintes de braise
Se fendent aux viandes
Scalpés arides
Tonnant fixes
Guenilles de la fascination
Harpons de sommeil
Dessiller le cristal
Vermine-stéthoscope coupé
Ébullition ovale
Étouffe de quartz
De fard bloqué
Brume évanouie de la veine
La main du baume
La lèvre de la gravitation
Le flux des morsures étranglées
L'enclume aérienne des nœuds
Échafaud écaillé de la vision
Exil-axe de faïence contraire
Aux sourcils de lampes
Couvercle-poing des agonies
L'alliage recroquevillé des pansements d'opale

Solstices fumigènes
Le soleil aux mandibules de firmament ligoté
Une latitude de paupières
Les larmes bousculaient les supplices
Locomotive goudronnée d'océans à l'envers
Toupies de chrysalides à tire-d'aile
La mort étalée comme du verre
Piliers automatiques moins troubles
La vallée attache le ciel répété aux montagnes
Épingles fanées de sang atténué au fer
Les ficelles abrégées des abîmes
La bougie d'un trottinement empoigné
Couteau tendu en petite tenue
Saigner l'épilation des broches-rhinocéros
Décapiter l'extinction des doigts crevés
Rétine rêvée inclination pédalée au plafond
L'écho par l'élan enfumé
Trépidation et lança buccal de soie
Galop sanglotant de lucidité
Le tomahawk des lobes
L'étui inépuisable du soupir imberbe
Lugubre minimum des canifs
Flamba un gant de phares
L'éther relié aux fureurs
L'orifice,
La maladie rompt le tournoiement repéré de l'éclat
Ceinturon astral
Avale l'existence
Poudré,
L'écorcher de satin
Cassolette à tricoter le combustible
Argile du rasoir
Sommeil broyé de clefs
Le sacrilège agenouillé des gaines d'ouragan
Holocaustes,
Peau-cadenas
Faussant le sépulcre
Feu froissé
Tympan sacré
Les nerfs circulent en vertical de honte
L'iris-ongles
Coudre les planètes
Immobile,
Injecté de vitres d'aorte
Flocons tranchés

Vestibule de douleur
Les archipels recouverts d'épées
D'absides,
De mailles,
De heaumes.
Foulard-dévastation
Les pierres comme des lézards contenant l'orage
L'évangile escalade les écailles
Bave accélérée
Scie en comètes
Nacre indirecte
Le sourire incrusté de l'écho
Mappemondes,
L'évanouissement des soudures
Haleine de volcan
Au miroir-matin en bandoulière
Pollen matraqué
Abattoir-coagulation
Le revolver-linge
Scorpion des mots
La hutte du vent a le corps de la pluie
Rafale de veines optiques
L'astre aux épaules de gazon
Parfum aux cornes de grêle
Qui ira y rugir ?
Le parvis des tremblements noirs
Plaie adora
Gong de cendres rectales
Contagion de pendules
Dégueulis abattu au poignard
Lanterne aspirée enfouie d'une douleur-totem
Dérobe les jointures.

(Coquillage-rétroviseur)

JEAN-JACQUES FAUSSOT

Redevenir torride

Les flancs doigts bribes grimes
le tulle conjuration
ouvert coma durci
et ciseaux ronces verticalement
une légende tire d'aile

Hors dieu mimes-clapotis
s'y odeur bruine fripée
citron trébuchant
tissé rasoir volt que le bas
le ruisselis de paraître

Pâtisserie d'étreintes réglisse
plèvre comme aboutir la vue
querelle rubis
naître jade les lisières enclos

Nyctalope fougère d'un saut
déchire à l'or l'os de fentes estropiées

Au moindre appel cendre à pierreries
lits éclater l'énigme au lierre
roseau syllabe d'aorte
près vomissures boutonné
frapper les surdoses de l'été

La nuit crisse en plein de front
cadenas-crachat
l'écho de chair vive
la nuit l'odeur hirondelle

Hanche de l'œil tapi
recettes saphir savon
et abrité rock-myosotis
ses larmes de mains nues aux quatre coins
l'œil ouvert dans les pierres

(Venins)

ADELINE

Impavidement s'effaçant le souffle.
Glaçure ventralement s'insinue ;
Le nerf giclé d'hivers s'ouvre aux airures.
D'eau pyramidalement s'insurge lumière d'être l'ange ;
membres dès – lors l'articulant fil,

S'aiguisent infernaux aux bleuissements,
piqûre glas, s'éclate aux multiples points, s'enlise
aux roses,
gît au blanc, s'étreint du transparent.
Droit saigne aux miroitements.
S'éclipse d'archange où longent leurs règnes noirs.
d'os oppresse à rejaillir d'ondes.

torride rose s'inclinant dès défaillir.
et creuse à la peau des effondrements de givre.
Les traces de la langue.
Disperse la bouche forée pour être limite
de lumière inscrite.

Rigide minérale, noir dès neigeux.
Réarticulation spasmes de soleils,
les jambes de vitres.
fixation de verre.
Cueille le bleu dégraffé des visions ;

(Catalepsie II)

PATRICK GEOFFROIS

J'ai vu Michel
Enfant Velours
Dans le Mauve seringue
les yeux voilés devant
les chiens MORTS
HOMMES glauques
Dieux de la possession
l'aiguille de Mercure
qu'aiment nos fleuves
argentés Pleure
Désespérée la
Répression des Corps
Sans ÂMES Défoncés
liquide fétide de
leurs sexes Pourrissants
l'angoisse a la couleur
des Jouets

(On my lap)

MICHEL BULTEAU

L'éternité a la forme d'une gorge bon marché.
Bouche blanche des gestes,
viandes de sable,
coups de cerveau des spasmes-nombril.
Réveil-détergent aux feuilles.revenu (lessive
d'abord traqué).
Fossiles à l'intérieur faciles de tweed.
Déplier une explosion même,
l'écriture dans la veine non alimentée up...
Alphabet dans les artérioles,
que la terre sans ceinture de vermine froide,
vaste issue rugueuse de fourrure,
profondément contournée au contact solitaire,
toutes gelées,
le feu révéla le regard des grottes,
abattre une pâleur piégée,
philtres scintillants.
Périscope de canines.
Hirondelles de vitamines,
locution de fenêtres.
Les faucons à l'autre main en sourdine.
Ventre translucide au-delà les abeilles solitaires,
Dr Rêve, de sang avant les murs penchés,
ambulance de braises,
les brèches allumées de lobotomie.

***

Les néons-sable de poumons vaguement sourds
la ville cassée, revers flotté aux toits-massacres,
les icebergs de pouls tout de silence-laine,
sous les lampes bleutées de pierres frileuses,
fosse non clignée,
l'hors revolvers,
les hamacs d'ongles,
pour l'aviron des mots,
les coupures du chaos séparé en sueur,
entre l'édredon de légendes,
le rire giclé de diligences parmi les caténaires-calcium,
la rixe-buvard,
savonnant les chaleurs des gadoues de lumières,

pirogues d'oreilles magnétiques
habitant la baleine-disjoncteur,
la nuit chemine le secret plié des freins,
et les coursives suspendues aux aiguilles,
les pépites moites,
quand les astres de bocaux asphyxient le passé magique des sirènes,
lacté d'orbites,
l'empreinte interminable crache un cristal de coutures.

***

Combustibles les clés repérées des potences,
les tiges de fées,
les jouets du matin resserrent les gris,
l'échancrure des toc-brouillards,
les joncs criblés de langues,
les lustres gaspillés de corridors en visite,
les sentiers d'épidermes,
bonbonnières d'intestins,
les rasoirs-entrepôts,
le fleuve indisposé,
l'horloge est une souris blanche,
le corps est une fosse à parfums,
entrebâiller les poussières,
bananes de fumées,
dynamite-mâchoires,
l'Etermosphilas,
bottines de gosses,
take underground on my lap,
grincer ses oreilles en Dieu.

***

et subitement la bouche épongée.
L'herbe vide
too-langues
MEAT d'eau
dehors l'appui rat
couteau-ME
couteau don't
couteau-000
néon cadastre de gel

***

lèvres gommées de saut retenu,
lèvres de ventricules captifs,
lèvres creusées d'éclairs, de lianes,
faux pas aux fièvres,
plumes d'aiguillage,
lèvres étouffées d'ampoules peintes,
récifs ailés de persiennes,
de volcan,
savon-feu,

***

les gencives de pétales
géranium-portière,
de la langue au piège rouge du baiser.
offensive chaude,
comme un déluge lancé contre le sang,
rejoignant les crochets du brasier.
lumière à savon,
la métamorphose avait un goût d'arc-en-ciel
flashes-ourobouros,
l'éther est le cheval de bois

***

Et avant d'ouvrir la porte,
j'ajoutai un E à la couleur.
La nuit molle,
mais sans aucun départ à froid.
Le mot, et ce poison qui me froisse.
Chaussettes d'un rouge d'intérieur
de bouche d'enfant.

***

J'ai senti passer ma tempe comme un lézard.

***

Les mailles du sang m'aèrent.
L'enclume des artères.
L'abattoir est un cri de sommeil.
Les chaudières les cavernes.
Le thé éclaire sa châtaigne, dissout la gorge.
À ficelle d'astre.
Le chemin et sa voix de châle.
La beauté coloniale des pattes du corbeau.
Mes mains ont le calme d'un oubli.
Où tout est plume-feu.
L'épaule trépasse l'écho.

***

Je tisse des miracles.

***

la Dose du Seigneur.
le cresson des genoux.cheveux de lac.
le regret de mourir concentré dans du bois,
le froid, massacre essentiel.
prison-virgule.
un souvenir de proie cassée.
soudain silence jusqu'à prétendre le matin.

***

les lames de la nuit étaient glacées.
la seringue droite à l'ouragan de la griffe.
profond sourire de sang
et le brouillard débraillé galope l'air bleu
la gorge de nœuds avale les couteaux de l'
Ouvert.

***

tout d’yeux,
les battements doubles d’une toile-épée,
sang cloué de poursuites
sang-lion-ouest
sang-éclipse de vitrail
les cotons maquillés de la bouche,
les semelles de foudre
Arrachées à mes paupières.

***

le manège de thé,
thé-plume,
les échos, les éclats,
les règnes,
les vases, les armoires de thé,
les ogives de thé,
LINGERIE-LITURGIE,
les temples de thé,
thé envahi,

***

la bouche de poissons volants
la bouche où se noient les jambes
lait doublé de langues mal
Crainte de vomissements d’ouvertures
le mot de bouches ne peut s’ouvrir

***

Je suis le coryphée-delta.
La nuit a des manières de mauvais rêves.

J’exile la lumière-naufrage.

***

Tout devant moi décède.

J'unijambe le remontoir maigre du cauchemar remué.

***

Je m'enfuirai des clochers,
au galop debout,
attelé,
harassé,
les corbeaux m'offriront leurs peaux fatiguées,
essorées comme celles d'un jeu de voyelles.

***

Je lime les cages d'yeux prosternés
de mon visage d'ailes.
La lune vomissait le lin des gestes.

J'applique ma gorge à coups de pistolet.

***

Et avec le minuscule rouet d'un onguent
je ne serai jamais le verrou d'otages.

***

Tout bas magique.
Les cathédrales auscultées.
Les morts brûleront dans les chandeliers de ma haine.
Les dépouilles d'encre,
toutes les stèles momentanées,
tourmentées.
Étain décousu dans des jouets d'intervalles.

(Éther-mouth)

1971

JEAN-JACQUES FAUSSOT

Érection... s'éternisa

Avant rien... est mauve
Couverture tragique des constellations-peuple
        Enfant poème nu
        Enfant pulpe
        Enfant des yeux morts et lunes
Avant rien ... est mauve
J'ai recueilli la Fleur Noire
Ed/télescope
Civilisations sardines suicidées
Souffle gicle
Glaces électrifiées - - - Ruban sexe
Ed/télescope
Intercepte
Avant ricn... cst mauve
Liaisons minérales
Haine de moi giclant de foutre
Ed/télescope
Cathédrales cuisine
Démons collision
Rizières Michel
Gaine vierge
Ed/télescope
Avant rien... est mauve
Ed/télescope
Avant rien... est mauve
Doigts-plaie
Demain... Ed/télescope
Trempera... Chaises musicales électriques
Orgasme attelé

Griffes gantées de flammes
Combines-vagins
Ed/télescope
ET... Demain ... Nous ...
BE ELECTRIC...

(Manifeste électrique aux paupières de jupes)

GYL BERTRAM

Un Soir d'Orage je fis mourir les morts
L'hareng-miroir
Son corps m'a humidifié
Super PULSEURS de la pinette littérateuse
Woman-broûte
A découvert le feu Orient
Jupez
PSCHUS-FLEURIS érection/plage Zip
Le vitrail mou a châtré l'Enfant Jésus
Je suis l'épurateur
Des Pucelles de l'Esprit
Frigo SEXE
Amora
Sucre et TENDRESSE
Des airs
Il me semble
J'entends un certain soir
Croître sous les planches
Lune
Où d'autres ovales
Se sont perdus
Lentes les prairies éteintes
Froissaient de l'ombre aux pieds
Des lampadaires
Parmi les rampes et les couloirs d'argent
Un siège je m'assieds
Les portes se rabattent
Elle est ressuscitée
De fins fils de présence
Pussy Twice
Est ressortie de l'étoile témoin

Les bancs s'étendent
De l'eau quitte
En rêvant les doigts des survivants
Les hommes sont bus
Le guichet admire un train miniature
Il cultive des échelles
Effraie le carton
Souffle
Quand d'autres têtes deviennent
Plus basses
Le soi est guéri
Entre les poutres
Les nuages se poursuivent
Et font croire tour à tour
Que la ville endormie
Se vide au point du jour
L'air est léger
D'un vase je m'élève

Sans un signe de la main
Les quais
Se sont rejoints
Les salles sont hautes
Derrière les briques recluses
Un parfum se consume
Si doux
Seule une femme étrange
Dort sous la bruine frileuse
Parfois des chemins
S'enroulcnt
Dévoilant des silhouettes
Repassées
Je relève mon foulard
Mets en fuite leurs têtes d'épingle
Demeurer
Lent
Avoir des pensées
Courbes
Si la porte
Est née à Stonehenge
Les journaux partent
Les vivants se taisent aux cinq coins
On prête le vent
En arrière
Des ruptures d'ergots

Jante
Tandis que la soupe de taquet
Remblaye un barbotin de trop
La matinée croît
Chasse tout
Car elle veut s'ouvrir des membres d'Éole
Se lève
Et retombe
Je me lève
Et la regarde
Ses yeux ne voient leur transparence
Où je lis parfois de ces contes panthéistes

Ses flancs tressaillent
Elle est debout
Derrière les briques
Avec sa canne
Sous la pluie sèche
Ma main retombe
J'ai mis à bas
L'axe des morts
Le pont était en bois
Et la route s'est offerte
Il y avait des cendres
Sous les pavés
Une danse de Croatie
L'aube était froide
L'homme marcha plus vite
La locomotive le poussait il rougit
Jeta sa dernière œuvre entre les roues
Mais à la gare on reconnut sa signature
La maison ôta
Son toit
Par respect
Je traversai
Des éclats de vie
La dernière chambre
Avait le goût
Du dernier geste
Je pris place dans la caisse à savon
Les blés gémirent
En mimant
Le corps qu'on leur avait
Lancé
Les roues ne tournaient plus

Derrière un vieux grillage
Dormaient des objets
Épars
Parmi les
Dents de lion
Je reconnus
La caisse noire
Je l'échangeai
Avant de m'écraser
Sur le mur
Où sont encore
De grosses taches de charbon
Autour à quelques pas
Des serfs fauchent
Le temps
Le linge
Pend
Les traces sont encore humides

(Manifeste électrique aux paupières de jupes)

GYL BERTRAM ET MICHEL BULTEAU

Montage à goutte-angoisse

Vrai l'cscalier
(le confident-de-bien-des-choses)
Rappel Ubséquent...
qui sèche
Aurore hystérique des sirops.
Bâtons remplis de pelles.
Fille qui se dévisse.
Recouverture d'ombre.
De l'alchimie en Christ.
Ils miment les oiseaux.
... fracasser la gueule éternelle
À chaque tremblement : une substance de voir.
Vrille la souche dans la terre.
Couvercles d'hippocampes.
Elle se referme dans la terre.
Physiquement très Osable.

Narsuité à ne pas confondre.
Mais voilà elle ne pleure pas.
Sucer la vie à tâtons.

(Manifeste électrique aux paupières de jupes)

JACQUES FERRY

L'Artère digitée d'aurore

Naissance de l'insecte
court la page

accroupi et hurlant les étoiles jaunes-sève
juché de peau la violette métrique
éveil/clameur dans fluorescence spectrale

une onde de bonheur filtre le soir
ai jeté mes forces
là où vallées et lacs
s'interfèrent
à gerbe-mutule

samouraï emplumé tabétique
si dieu-bushido
et velours-aïnu corps paré

***

que murs m'entourent lacent leurs ongles
sur mon visage magnétique-slip BLANCHEUR
peau-JANISSAIRES. les pores surveillés.
attentif à la MORT bleu vif.
écorché cousu main.
instant de la dernière vitamine REVITALOSE C 1000.
la tête me lance des tracts à la tête.
soleil-feedback sur le mur.

le quart galope nitrique priape-onan si l'aine KARE
haleine apocopée tripe MORT
pénis biseauté s'en caramel paupière
corps commutatif venant d'arcane SALIVE

plusieurs huma les objets dessous pape fussent-ils fusette
donc dédicaça la craie sans mal
r H JUNGLE pénis s'enroulent autour du cou
comme des traversins eux sweeptake tréma
tire-veilles appliqua la formule entre ses
jambes

à Matthieu Messagier

ma plaie d'enfance s'
entrouvrit un soir d'
automne ravirâmes virginité
aux poches sanglantes d'
entrailles-plaie sept
mâchoire balayait rite
injecté de joues haletant
de ma barboteuse

***

un grand cahier de neige de sang incrusté de moulin à vent une cravache crispe peu peau rite pare la veine d'une morphine silencieuse enfant marcello son sexe étoile cingla l'axe des cils yeux piétinés du château de sable au générique buccal usait ses lèvres haleté un doigt placardé d'ardoise s'étreignent l'artère ludique voix soulignée compas de plaintes s'endort les bottes parallactiques j'ouvris le sang de mon écriture d'enfant injecté de catachrèses

MATTHIEU MESSAGIER

Quand parfois au sortir des cimetières en fleurs je croisais de mes coudes ternis de blasphèmes les chasubles opaques de mon Chagrin incliné sur la légende des fontaines, au parvis choisi sur le marbre poli des cours les dernières paroles de la prière disaient des aubes vaguement de cristal jusqu'à l'évanoui du sommeil. Croc les conciliabules irrigués dans l'éclat brusque je perforai témoin taillé luisant précipité sur les bosses humides du centre n'a de ciel auriculaire par le tracé vers la lande lombaire du linceul. Sous le chemin des cendres un aquarium dont l'écrin est comme un dénouement de tiges hurlantes ou les éclipses successives de l'écart bordé du sang. La peine des aubépines, facial éclabousse même dans la chambre maintenue aux ors fasse venir l'orage et ses âges pour chroniquer la peur, prenant enfin en ses bras vers l'aval golfe satin lové des livres, les ailes brisées en l'obéissance à la marge, dans les cartes éteintes des gerçures par le texte l'évier ganté de soupçons et de lumières. Cible spéciale impériale composait en tenues de Mains, Terminales en automne, des odes sombres pour de l'école, cavité qui pénétrait jusque dans le roc assis par les cernes en métal. Je penchais mes jours sur la gravité des lustres ou comme des présents sans odeur. Pistil somme de luette déposait le secret doucement hors mercure que se cicatrisait serti front récitatif relié peut-être errait déroulé de la paume noire en B à la brume l'étamine d'effroi en RS et rite cortine puis la lumière sur la prière carambolait les faces après la page envers aube le dôme élaboré du front. Le lit strident du songe prie. Et les lisières interrogées au guichet du coude désignent la gorge, l'aval distribué aux résines évidentes de manipuler de montrer les pouces qui heurtent la capillarité une de connaître celui des gestes qui sera parvenir sauf de sang jusqu'à l'aurore. La bouche d'hiver est un souffle géométrique de plèvre une onde peinée d'écriture de l'encre de vient du porte-plume mort dans le bruit du verger et étonne, est la disposition des couteaux et des ciseaux habitant les néons rauques de la table adolescence.

***

Pâle avant dix secondes.

***

Au matin à chaque éveil dès qu'une de ma peau touche une autre de ma peau les deux tranchants de pouce viennent briser les joues pour se nommer naufragé du pâle. Lorsque les cales humectées du conte livrent le givre élu aux mains assourdies de tiède, les liens-ausculter le livide dehors brandissent des volets les pluies dites, des volets les ongles affectés. Éleva le berceau narval E debout des ossuaires articulaient la robe de geste des aurores en fer, l'orée du nuptial formule, aussi faîte aux ongles montent des débris de sortilèges pour la peau incantée atteint enfin au maladif pluriel. La haine noble immédiatement j'éteins les falaises ; le sang se casse peu à peu, bientôt réduit à une heure érubescente, suivant de ses yeux sages la lueur foudroyée qu'il avait bercée et qu'il enverrait dans le crépuscule pour montrer aux allégresses qu'on ne se moque pas des élégances épuisées de la pureté. Maladie plurielle qui érode — subjonctif automate-verdict de laines inclinées — clocher jusqu'à la tactique — qui érode (le jabot médical du grand paon de la nuit échoué à la fenêtre) Royaume de Rite écartant les tentures balbutiées du dicté — le tissu propulse les clavicules de l'eau, jeu jaune hors rideaux dans la marge de larme pénombre de dentelles entonne des écharpes calquées, abîmées — la saison nombre du coude prise aux altitudes du maléfice. L'écoutant clair en aube blanche soustrait les échos nervés six pour ne garder que les couloirs et les atonies, je suis l'écoutant clair en aube blanche qui soustrait les échos nervés six pour ne garder que les couloirs et les atonies pour ne nommer que la trace du hochet bleu aux motifs blancs, dans la gravité récitative des os, comme une visite au Pardon.

je prie
dans le jardin de mes poignets
que l'escalier poudré
dans l'étui givré de fée
« faites que les déchirures dorées comme des grammaires accoudées, que les ténèbres acérées du rituel viennent, que frêle transparent en circonflexe pansait parfois une peur celle de hier ?, quand, ruisselant des légendes du matin, je procurai aux doigts des étendues de saphir dans la décrue de l'abdomen. »

L'éveil déhanché de Mare dans les péchés — loin, les péchés blancs du heaume, loin, le bouclier à la fois dans les larmes d'échine — Lors jaillir saint par la plaie. Le lombaire cabri de fracture, (le récit dicté des nids), catapultant lui se levait sanctifié des écumes le cortège d'orée ferrée il a vu que de ciel était pieux, striant plus en surface, solennel de faillite, ouvert dans les épaules où mes poings ne parlent jamais l'ombre de personne.

Faites que l'asthme nu de l'index, pour démouler les plaies obliques, faites que anses trombes et nimbes, faites que mes larmes sèchent (parce que je redoublais toujours les hanches), faites que céleste, faites que l'eau diaphane vienne aux pupilles comme les mouches de mai emprisonnées dans les boîtes, que l'écran des textes tremblés demeure, que l'autocar de miroir à la peinture écaillée de mon enfance soit.

(Sanctifié)

MICHEL BULTEAU

Enfant dandy poème

Ma bouche de néons
Serpentent ma langue mes lèvres
D'aiguilles nues
Ma langue écartelée d'enfance
Ma langue de prismes fous d'Ailleurs
Ma langue de pendaisons
S'aère aux astres de gangue-paon

La porcelaine de mes pupilles
Lune tissu de buées
Écho des poignets tranchant le ventre
Patinoire en mes poussières capturées
Ma robe en pente de fournaise
Quitte l'encre-ski
Tuer pire couteau sans pétales

L'haleine d'émeraude des ricochets
L'écran de ma haine erre dédale de bouches
En une violente chevelure d'angoisse
La naissance de mon péril
Mes mains remuées
Devant les hautes vitrines décapitées
Mes veines dévorées vêtues de cathédrales

Ma peau d'enfers frôlés
Le voyage des poutrelles de ma voix
Ma peau d'océans sur mes rêves
Repoussant les poignards déterrés du silence
Ma peau refusant le ventre dénaturé
Coupe de transparence

Les néons tremblant sur les eaux
L'océan Pacifique dragon de mes hantises
Sur la plage de jade des salives
Avec les stars de mes plaies
Mes lèvres roulent à leurs pieds
Les stars isocèles me chuchotent
Des trésors de hasard
Avec leurs voix d'écrins périlleux

Mon visage aux solitudes infusées
Gisement de matins doubles
Les vagues mouchant mes veines de tombes
Bougie assassinée du gel solaire
De mes membres de rage cloutée
La magie de l'orifice
Sur le cou généalogique des stars
Enchevêtré moi-même aux clavicules
De mes talons-vue sur la mer

Les fouets de langues se carbonisent
Miroir pendu en ce cachot épilé
Toutes mes larmes de lisière d'envol
Leurs beaux yeux pâles de fausses pièces
Suant le rêve éternel
Pleurant pleurant pleurant

Ma chevelure morte
Calme manège d'horizon
Sur la peau aux roues de réveils
Mes os à envers de lune
La moelle vénéneuse de la nuit
Me tue me sèche
Les eaux-fiacres vampires
Thorax limpide des mouchoirs de mensonges

Un charnier mouvant cercle d'abeilles
Qu'immonde immobile
Aux jarretelles de gorge tranchée

La baie de griffes se repliant sur les parfums
Les dents acrobatiques grésillent
Sur les draps bleus et jaunes de mon sang
Les lustres balbutiés des genoux
Les robes de pitié figée
Mon cœur ruisselant d'incendies
Dans les brouillards craqués
Le vent forge des masques empoignés

Le soupir de plumes tournoyant muet
L'aube-radio-fente vite l'étoile
Les fondrières de consolation
Calvaire moulu du déluge des cimes
Je suis le Prince de Gloire et d'Harmonie
Aux souvenirs de luxes tourmentés
Sous les lustres atmosphériques
L'océan recule les candélabres souterrains
De la fièvre en mes derniers yeux
D'archipel déjà extase

Le sang de clavecin
Le culte du frisson de la lame
Les longs corridors de vice vert
Mon carrosse de foudre m'emporte
Dans mon paradis définitif

Endormir la chaleur peinte
Sous mes poignards d'aquarium arctique
Givre-rasoir en exil
Sur la nuque des bougies
L'ange de verglas
Allumé sur les serrures-tapis de l'enfer
L'océan est ma nouvelle illusion
Un souvenir de lèvres boutonne
Les chœurs-calèche de l'écume

Immense vaisseau de ciel
Le couteau sous la langue
Si lente vitrée de tortures
Enluminures d'impasses chaudes
Yeux d'édredons sages
Refus d'autres corps
Salive consumée
Délivrant ma bouche des démons
Sur le grand lit pourpre de mon enfance

Cape-tambourins d'entrailles
Poing des rochers flambants
Les plafonds horloges-lacs
Dans la lumière de fenêtres génitales
Les yeux de fruits
Sous les langues de piano
Déguisant mes paupières
Les habits de jasmins négatifs
Dévalant les rites mouillés d'ailes

Tiroirs de ventres
Les Enfants Vierges de la Lune
Chuchoteront leur tendresse
Aux Enfants Vierges du Soleil
Ma blessure ligotée aux haleines
S'approche la rivière séchant mes yeux
Les enseignes maigres
Mon visage que je cache
Sous les dentelles paranoïaques de mon sang
Pendues à l'effluve molle contre le vent

Espace-robe escaladant la peau
Secousses entamées aux sommets-lampes
Dégel-vertige des nerfs de vitriol
Je suis un Fou Magique
De n'être plus né dans une rose
Dans cette rose d'enfance
D'éblouissement.

ZÉNO BIANU

Le graal du corps

Mécanisme lait, rite neige corps le souffle battements orifice je dis corps reprise ; regard veines s'étend la naissance mécanisme expulsion étendue, parsème un corps de lignes m'éclate un tendon ; sectionnée cernes le cou couvrir trou s'élevant vol, hors tué s'enfoncer.
Fonctionné mutant la peau Dieu, traits souligne jour d'encre parlant : effacé excédant emblématique d'où le signe déchirant incision vide, osciller syncopal adhère état retour gradation corps ; se détacher nom d'autres organes émane entrave parois

la peau prismes, soudée entre, absorbant s'échappe firmament l'expiration ou naître ondes, tranché non étant plan d'air : germe écran rejeté impermanent. Voluter surface soleil accède terminal l'appelant un soutien pour le corps enduit ébullition spirale l'éclat, embaumement se débattant saigne esprit qu'éprouve blanc incrusté l'espace effigie. Agonie identité tranchée suspension de s'ouvrir interne soi né m'exterminer découpé organe dans ; s'insère entre physique paginé, dissoudre criblé se réassimiler opération à travers illimitable moi, décomposant lymphe jaillir de bouche amas rétraction ou autre corps le lieu neige vidée : martelant liquide membres s'atrophie respiratoire agissant s'entrouvre le nom déferle éternité l'emplir altération sacrifice. Se vouer répandre crise coup de mort blancheur arquée la célébration entre blessures s'ordonne enclave mutilée suppliant ventres. Tuant corps vivant expier l'organe épanche trajet d'air les tumeurs pétale même les os mes paumes du sang le texte gonfle être flux l'outrepasse immersion inoculée hors coupure, comprime corporel implanté dehors l'engorge du signe graal. S'élance être elle devenu psalmodier mort produit peau imprimé pourpre crépite végétal annuler accroître pure surface rompre issue que l'écoulement coagulé son air limite malade de la grâce, nef aspiration s'aggravant d'expulser membrane d'une croix injectée malade de l'enfant sacrement convulse, imbibe s'effectuant distendue poumons la rature extraite : pression souffrance ange.

Autre état centre naissance saisir rompu, où se fondre tisser l'au-delà chair striant auréole. Corruption le sang excorié le jet solaire parties de la peau.

Natal perforer lésion s'expose se figeant sur le corps du contact de l'air, salive symptôme de lait les tempes internes envahir obstacle hémorragie, reflet l'intervalle fièvre perçant cordons lumière les reins fibreux d'eau. Outre l'asphyxie la peau d'avaler jour gercé d'organes brandir, supprime muqueuse trajet saigné des doigts ; ouate au sang l'épanchement : le passage souillé, caillot déchiré d'enfant le mal injections.

Cicatrisation : stagne tendons l'afflux lubrifié d'excroissances scelle la mort se mouvoir l'intérieur respire éternité tissu contractant saccades le nom ressoude. Dissolvée que se gonfler

Dieu échancrure la nuque irradiée l'incline innervation de transparence iris mémoire ; une succession membres se mord écume la langue d'une phrase. Dose ventre catapultée.

Les gencives seulement la peau cavité creux distendu, excédant congestion respire aigu de cet organe les sangs serrés de tempes. Le malade astreindre de nerfs implantés tumeur pureté la plaie liquide ; l'émail avaler odeur la langue et la bouche, contracté tympan membrane blanche air de bulbes asphyxie lavée.

Se perdre sanguin décalqué les veines ange s'identifier brisable l'espace peau perforé plan corporel les fibres.

Profane cérébral : la fissure et membres couple s'épanouir les vaisseaux du dehors nerfs tendre cette courbure au-devant placé peau oscille d'aspérités l'éclipse manuscrit vertébral. De se contracter l'espace salive le tissu corps cautérisé de naissances, sa dose ouverte d'organes ; adhérence s'étrangle enfance.

Ulcération neige la cible Dieu du corps, linéaments d'écorce poumon onglé s'incruste froisse blancheur, suc membres scellés d'air ; amputer commissure la nuque d'expulser un point fibre d'cnvol fendu mort.

Émerger pourpre de nerfs carcan totem coupant, souffle se tendre soleil axe son corps dicte raclant entr'ouvre implanté découpures les bouches multiples ; oscillation la maladie aspergée de veines.

Organique déversé, reconstruire perçant gonflé le sang, s'atrophie rejeter la gorge graal d'organes.

(Manifeste électrique aux paupières de jupes)

MICHEL BULTEAU

La méthode ouverture-bébés

Les odeurs s'agitaient comme des poils.
Chose soleil.
Vaseline brosse éveillée.
Le sourire encombré de brouillards dérive, abandonné.
Froid tué.
Sa période poussière.
Lentille crissement jaillissant carapaces.
Sécher les cicatrices d'autres reculs.
Tendre la pression des chevilles.
Éponge boutonnée de spasmes.
Blanche jusqu'aux abeilles.
Jamais une nuit injectée.
De peur sable.
Total seringue.
Cheveux tressautés d'étage.
Planète se dandinant sur l'évier.
Usage cimetière.
Couverture homard.
D'incrédulité un jus de poudre.
L'épaule reculée s'illumine.
Gorge pardessus.
Paroles pendues aux orties.
Mort Toit Souffle.
Abandonné le large.
Brûler brouiller le son des potences.
Le cristal forma hier.
Au ralenti rayé empalé os.
Contact roulant le cou.
D'autres serrures balayées.

(Manifeste électrique aux paupières de jupes)

ZÉNO BIANU

Poèmes Yi-King

I
incessant va-et-vient
naître flux naître reflux
naître-ressac

jour de la nuit
nuit du jour
vers l'infini

II
eau-1
nord d'un hiver salé
feu-2
sud d'un été amer
bois-3
est d'un printemps acide
métal-4
ouest d'un automne âcre
terre-5
terre d'un centre doux

III
vide parfait
vide où tous les nerfs pleuvent
rien partout
vide étant sans jamais être
souffle-amour
retraite-montagne

IV
silence-éléments
déferle déferle
l'ermite des dix mille êtres
le latent
le caché
le secret
à chaque greffe d'univers

V
toutes choses
recommencement
quatre saisons naissance-mort
l'ensoleillé
l'obscur
parfait miroir
depuis la peau jusqu'à l'os

VI
totalité du temps
le su
l'ignoré

le connu
retour-cycle
cercle-mue
pas de premier jour
pour les peuples de la bouche

VII
écouter la voix des hauteurs
la voix-repos
le deux fois ciel
jade-glace
terre-cheval
se rencontrer dans la brûlure
rebelle

VIII
vers le ciel-jour
chaleur-mouvement
lumière-son
vers la terre-nuit
froid-repos
obscurité-silence
jusqu'au bleu du souffle

(Inédit)

MICHEL BULTEAU

Le lavabo clignota. Le vomi paranoïaque tissait des bagues sur le blanc... TOUT EST SERINGUE... le tube bleu, comme un contact de foudre.

***

Rêves assis, mes genoux irrités... le lit aux murs de glace jointe aux poignards fendus de la came. La salle est peinte de boîtes d'opération... quelques matelas verts... un homme poudré de vibrations émiettées s'échappe de la main... c'est Épuisement Diaphane, en couleur de rat latéral... mes yeux rongés par la douleur dérivent hors d'un escalier de Visages Sacrés.

Mon poignet claque soi-même.
L'herbe de barreaux murmure... bientôt, les feuillages de lèvres, rêves et à un bout de bruit, de tiges collées aux bijoux d'encre. Des pas de soleil tranché dans les veines, et la seringue urgente démultipliée d'ombres et de prismes, vidée par des épingles-ruines et des tendances ficelées, à genoux, traçant une irrespirable parodie jaunâtre sur le carrelage, (la crainte du crépuscule)...
Et elle entra dans la salle, soulevant ses lèvres de sacrifice... et ses mains inondées de bagues... des doigts calcinés, recouverts de longues cornes de fourrures... comme un geste de miracle : elle est certainement payée par les mecs du Complot-Souffle-Court pour dérober mon collier de méandres, mais avec toutes les amphétamines qui giclent dans l'eau noire de mon cœur je n'ai rien à redouter. Ses mains comme des escargots géants travestis succombent au fond de ses poches placardées d'émeutes. Mes jambes dévorées par la soie des fumées... avec son ombrelle elle tente de me crever les yeux... sa chevelure de soude cérébrale déjà en poussière. Je saute hors du lit sucré... Revolver tassé passé dans ma ceinture magique, Surin d'alvéoles dans la main droite, une seringue translucide entre les dents, elle me regarde et exige que je me recouche. Je sors mon Revolver et flambe comme une faïence de chaleur.

***

Épuisement Diaphane l'oreille contre les Astres Déments... des gémissements lisses tourbillonnent dans son oreille. Toc secousses escalade les épaules des funambules de carrelage... perdu dans un rétroviseur cupide aux os argentés... Les boucles stridentes de son crâne. Je serre mes jambes contre l'Éternité. Les étoiles superposées aux foudres flexibles des crans d'arrêt. Le miroir aux bottines de thé surgit d'un sommeil endigué. Lame à veines. Le vent aux murs de soleil, le sang encore vertébral. Une pieuvre aux tentacules de boue à double tranchant enlace les fenêtres, et les broie en une lointaine poudre de brutalité. Gong de braises, d'échines malléables. Je frotte mes paupières et pleure. Les motos malades grandissent et moulent leurs haines dans des vrombissements de liquéfaction, et projettent des squelettes de statues menaçantes.

***

Ganglion Ordinaire pendu dans la nuit bleue bien équilibrée me glisse de force un tube en balançant la tête. Les lumières de l'aiguille... Ganglion Ordinaire flottant dans une chair de réveil absurde... je pince une veine au galop. Le lit recouvert d'édredons déchirés, d'édredons d'intestins truqués, le lit au bec érectile, et la lampe déterrée d'espace... débordant d'une transmission vers le berceau cisaillé... et la serviette hantée... les poignets offerts, chaque crampe selon les degrés, et le sang aiguisé des cartouches, sur l'œil de la lampe en haillons torrides, et les édredons de tortures... la moisissure du visage et le mouchoir brodé de racines...

***

les veines durcies par l'expulsion lucide du silence... sensibilisé par l'aiguille rouge... je dénude mon bras droit et caresse mes veines... la bouche bleuâtre brise le souffle du soulagement... compte-gouttes noirci innocent... des injections-cadrans de nageoires enregistrées, les ventres de cendriers, les chandelles comprimées par les battements comme des moulins à vent. Les bas-fonds de la maladie percutent l'écorce du sang. J'actionne l'atmosphère et me cache sous les draps, lentement désagrégé dans un dépeçage kaléidoscopique de doigts broyés. Encore endormi je franchis les vitres ; les aisselles de gencives blanches percent mes bras. Un soleil bercé de pluie tourne sur lui-même, dérape et coïncide avec mes pupilles. La chair brisée, manipulée par des pinces satinées de baves... les tessons de ma chair braquent leurs respirations perforées sur la tombe de mes lèvres. Je règle mes yeux sur ces respirations, et mon sang se gave de peur, et les pinces satinées de baves garrottent mon bras droit.
« Avez-vous fouillé les méthodes Antiflammes ? » Je suis passé sous un train, et les roues ont griffé mon visage repeint en ciel. Avant de m'allonger sur les rails j'ai demandé à mon miroir : « crois-tu que les cygnes ont des seringues sous le plumage ? » J'avais honte d'être sur les rails. Et le train luisant de mentons et de labyrinthes s'est épluché sur le cri luxueux du vertige de mes larmes.

***

Le mur transparent, repaire de Ganglion Ordinaire, sécrète un lait aux façades hypnotiques. J'ai hurlé une journée entière écartelée par les accessoires de ce mur.
Ganglion Ordinaire : « – Réincarnation Neutre. »
Épuisement Diaphane : « – Le sang s'est affaissé dans les terriers-sucre pour démouler les réactions. Apportez-moi les seringues hors-flammes Ganglion Ordinaire. »
Ganglion Ordinaire traverse le mur transparent ; des étincelles brûlent ses manches de tortures.
Épuisement Diaphane : « Chocolat fumant, le pourpre de mes yeux saute comme des grenouilles. »
Métal étrange tricoté de doigts... édredon d'un brouillard bleu intouchable... l'écran lacéré des biscuits aux soupirs-palissades... ampoules givrées sous la langue des pyramides.
Épuisement Diaphane trempe la seringue oblique dans une fumée de platine.
La chair saigne dans les tubes. Draperies mortes... les pupilles rongées... un trépas replié sur le vertige... sirènes aux yeux poudrés d'aiguilles... les nerfs opaques de la piqûre... cellules... gant... lointain à un crochet... rêves accrochés aux cils... rat total très vite.

***

Je me réveille, aussitôt un malaise épilé s'allume dans mes veines. Le lavabo des plongées-lune... des cuvettes pleines de sang, de débris-chairs rosâtres, entourent mon lit. Le vomi heurte mes dents. Je respire un soleil de laboratoire. Mes membres épaississent et crépitent sans cesse. J'accélère mon sang en gesticulant à travers la salle, et je m'effondre inaperçu.
Bruit de serrure secrète... maladie... et les bras effacés décortiqués. On me frappe le visage avec un jeu d'échecs. Un sang de gâchette coule de mes lèvres. Aiguille de lavage intérieur.
Épuisement Diaphane range l'aiguille dans un menton de coton ; épingle ses veines aux allumettes. Il bondit dans la salle d'un soulagement silencieux.
Tempes de sarbacane... fiévreux... une seringue entre les yeux... avale l'aiguille égarée dans sa voix... les coups morts trempés de crucifixions de mâchoires... bonbons... buée froide à mes trousses... chaleur-zigzag trempée d'orifices... le garrot glacial dans l'impasse... les pas noircis... la seringue happée par les doigts éclairés derrière les cataractes désagrégées...

Épuisement Diaphane entaille le labyrinthe magique des piqûres. Les fentes gracieuses de la lame dans l'avant-bras grésillent. Le clignotement immense des amphétamines... interminable privation derrière le teint des murmures... rubans aux lustres de poussière... l'écran hésité en chocolat, contrôles en os ooosssss s'effondrer... lanterne noire des poumons... les veines bleuissent, sourires roses... poignets bourrés de fausses sonnettes plissées... bras désagrégés... tremble... les dérapages du sang, et tombe à genoux pour pleurer... une seringue aux yeux maquillés d'or fin et aux pupilles d'ongles d'une violente-totem... de squelette accéléré... poignard d'étoffe vertébrale... oreille ligne opérer les escaliers d'autres fleurs refroidies... ventilateurs de légendes... bobines savantes de vide diabolique... gribouillage de lèvres débraillées... autour lueur... violet et scie une blessure gigantesque... blessure freinée fascinée... coupole envolée en éventail... bocal de nageoires, fréquence...

***

Les amphétamines serrent leur carcan manipulé autour de mon corps de rames. J'avale ces cachets d'acier, ces cachets, buées au coude. Ils repeignent mes lèvres en berceaux, ces cachets, antennes plissées de langues gelées, ces cachets éparpillés dans la paume, les ombres du hasard, la rencontre serrée de la tour dans les nuages.

L'aiguille lasse, abandonnée dans le dédale interne. Les lumières dégagent des pincements et dénouent les lèvres. La bouche fiévreuse, la langue absorbée par de longs clous. Les veines comme la lame du tonnerre sur le marbre. Les cachets lunes tristes, seules langues, le bras trop noué, la bouche épurée, le cachet sans toucher les lèvres se déchire sous la langue comme un gant. Et le corps surgit dans le corps, un pistolet au visage.

Debout sur le trottoir, le corps s'essuie aux murs, et comme une flamme froide s'envenime. Les lèvres se soudent, la langue s'annule. La langue titube entre les lèvres concentrationnaires. Les mains sont l'ombre, et la main se détaille dans une ombre. De salive et d'une langue unique brûlée à l'éther, entre le violet rempli et le torse du sang.

***

Je fixe l'aiguille, et étalant mes yeux sur le verre blanchâtre. Je fais tourner ma langue comme un manège dans la seringue lumineuse. Mes veines percées éclatent lorsque l'aiguille aère leur haleine. (Le sang étire la douleur comme un néon dans le ciel glacial, et la pluie de l'aiguille embrume la fourrure du vent.) L'aiguille tirant sa langue de fée. Écarlate celui de la veine en un angle heurté... Je contourne mes veines. L'aiguille de sa langue comme un gant de glace étire le réseau de la veine.
L'aiguille hermaphrodite.
La veine goûte l'haleine feutrée de l'aiguille, les autres veines s'endorment. Sous la langue de la veine... la veine au rêve intérieur à l'aiguille, et l'aiguille retire sa tristesse.

***

La veine se précipite, rouge, dans la seringue. La poussée chaleur bleue accéléra la foudre et en un dernier serrement sur l'aiguille, la veine repousse son axialopalescent. La veine reposée rejette les miettes chuchotées, l'aiguille se réfugie dans un ravage mental. Les rêves de l'aiguille se vident dans un contact rose, troublé par le sursaut égorgé de la seringue. La veine calme ses pupilles imperméables.
J'ai... de mes os... mes veines uniques enroulées autour de mes os... les miroirs baptisent ma beauté d'abîme. Je cache mes yeux troués de longues descentes aux meurtres. J'effleure les seringues de mes poignets, mes poignets, l'aiguille de la veine, mes poignets immobiles dans l'équilibre de l'injection.

***

L'odeur fixe du trou se penche sur la veine aveugle. Mon sang agite son intuition nacrée. Le sang m'évite, franchit l'écluse de mon pincement ; alors je saute de mon lit, pétrifié, et je cours à moitié mort dans les couloirs et les jardins aux fleurs poisseuses, les doigts toujours collés au poignet choisi. La chevelure heurtant mes cils, avec la seringue assoupie au bout des doigts, et le cri de ma gorge, découvrir mes veines de captures, prier pour le passage secret.

***

Je suce l'aiguille encore tiède, suspensoir tâtonnant d'un sang vide. Et l'oreille pointue de la lampe... l'aiguille le miroir du fixe... cadence beauté souterraine... glace organe épluchée... incarnation sables transparents... pénombre ni lavabo... au-delà de la pépite du sang... les draps du lit glaire peaux... le lavabo derrière de hauts rideaux brodés... alors les cierges comme des seringues aux aiguilles de flammes... les tapis braises calmes... les piliers piquant le ciel de bagues écarlates... lustres allumés dans l'allée centrale... écartant le verre de ma dernière seringue sous les tapis... Les vitraux calment mes gestes. Longue robe étoffes d'or...

***

Le réveil m'échappe. Le soleil pavé de veines éclatées contre les vitres. Mes yeux pleurent. Le coton du rêve feuillette mon désespoir. Je baisse les yeux et me cache sous les draps. (Bientôt je découvrirai mes veines, j'ajusterai l'aiguille fidèle sur ma seringue lucide.)

(Slit – féerie)

JACQUES FERRY

Acid au pavé

Donc de chevauchée. Le
boulevard sans coup férir
me disait. Avec dans la
pluie mon intention aux
entrailles. À commencer.
/la traversée par saccades/.
/Ébranla le tunnel/sursaut-
satin/Elle s'estompa donc
positivement à silhouette-
frisson. Mon rêve méthodique.

Sa jambe nue cataleptiqua
ductile à souhait. Abandonné
et en quête volts. Parler
chose facile à mes brûlures
internes./au sortir de l'
alcôve/Mes rotes aux escarpins.
Elle de presser son cœur à
contre vague./Dreadnought-
placide d'étonnement/Candidement
sling et prépare aux façades buck-
riot./des antennes parsemées/
Habit-forming costuma l'apôtre
au goudron.

(Manifeste électrique aux paupières de jupes)

JACQUES FERRY ET MICHEL BULTEAU

Mouche flagrante et ombrageuse

Et lèche son anneau perdu, à peine sortie d'un blues périodique et hurlant, volonté-candeur, un slogan délavé à la gueule de n'importe qui. aiguise très convulsif positions d'aiguilles : œil, rampe, fines détresses frontales. L'ours sorti du taillis, en cascade a jeté son sourire absent à l'oisiveté nue. Foutaise de mon interdiction, soupir du poète, je tombe à genoux ; mouche, mon univers. Les pillards-marée fuyaient de carton soluble ; face et jure.
Une île, ivre de caresses, stagnante vers nulle part, vent-sud, connerie-nord. Un train repartira vers la baie infortune. Les membres-limaçons... et lèche de préférence le clavier-tract... amplifiées rosaces... les montages présentement des mirages, vers les roseaux d'enclume...
Boulevard-désolation, Satan est de retour, fenêtre, c'est l'ouverture, taciturne corvée en avalanches, a-t-elle oui ou non retraversé l'été ? Paradis hebdomadaires où je pisse à genoux, redingote qu'on effleure, vertu qu'on anoblit... j'ai mal... à la vie. Mes oreilles placardées d'homicides ; tasses de cône engouffrées par l'écho. Et la nuit percée d'isolements du virage. Souffle chaud et long sur un front en décembre, expérience

languissante, voyage au fil des jours, faiblesse-apocalypse mes yeux se sont tournés vers un certain regard, vers l'habit d'apparat et d'orgie. À savoir au-dessous de nef ; elle happa des heurts-vermicelle, puis abandonna la lenteur intercostale aux suppositoires. Balai crapaud gamelles la pourriture sous les griffes à peindre délimita un véhicule-montre. L'entourant d'embruns cartonnés. Un escogriffe, demain les chiens, sortilège passé, révolte en cascade, brûleras-tu demain, coagulant et vain, ce fantôme, pur, inutile, ce bastion rouge-canaille, d'un flic-apothéose, mutin et dégradé ; cette pâleur d'un matin... le plomb des dentelles amères. Trois se procura les phases, ne déchiffra laquelle reconquise du chaos. Nue et indésirable, le courant te la jette pour le festin des noces. Tes lèvres sont mouillées, le jour des Pâques approche, le sang sur le tapis aura déjà séché... Échappatoire divine tu lèches le sentier perdu... trois marches... une grimace... tu es faux-monnayeur. Un caillou élève le générique-glaçons ; le vent épuise les mains-déchirure. Jusqu'aux fers des semelles, musée l'ongle fermenté happa la robe éteinte.

Scandale et geste pop-musique, troquons une musique contre une autre musique, cinquante millions d'hectares, cinquante milliards d'âmes. Glaces mêlées de planètes (ce qui nous est dents et sémaphores). Contre profondeur à l'aurore ; corsage de brume bronzée. Les unes, pyramide se dédouble, taille et de tact ; et ainsi dans une poche.

Comment plaire cet été ? Assemblage annuel, lisez donc truc-poubelle, il vous dira comment, sourire à peine moqueur, vous trouverez Julien, grain de sable, grain de sable, la courbe de vos seins me dit(sent) en silence... messe électronique, électrophone en panne, j'ai oublié la mouche. Griffonner de rudes fécondations, émue, réveil la bouche aux orteils. Cire à pied toute fuite battue incarnait les grimaces posées en morsures. D'expérience mesca... jusqu'au bord de l'abîme, cérémonie blasphématoire, rencontre ; le reste je m'en charge, le même geste que vous Monsieur d'Aphrodisiaque. Lunettes et apparences, le soleil a baissé, l'horizon s'obscurcit de perversité d'âmes. Les aiguilles fixement prolifiques, les lèvres-crevasses de l'esprit, verres, le loup déshabille les hanches rigides des mirages.

Littérature d'octobre, Lovecraft-souterrains, délices en partance, atteindrai-je jamais ce qui fut un matin ? L'arbre mort a gémi, du fond de son linceul pour percer, âme-ravie, le sourire de la mort. Les costumes secrets de la concupiscence éjaculèrent comme un tiroir injecté de syncopes. Un poète monsieur. On l'annule, mer-immense, on le hue, soleil d'or.

Une pomme rouge et sang qui bientôt va éclore, un fils de tout, mangeur de chair, fric-adulte, et devient anthropophage parce que mon cul ne l'était pas. Quenouilles de larmes-diamètres.

(Manifeste électrique aux paupières de jupes)

JEAN-JACQUES FAUSSOT

Érection... s'éternisa

Avant rien... est mauve
    Couverture tragique des constellations-peuples
    Enfant poème nu enfant pulpe enfant des yeux morts et lunes
Avant rien... est mauve
    Ed/télescope civilisation sardine suicidée
    Souffle glaces électrifiées-ruban sexe
    Cafards dépôt pénis urne valsant dans les cliniques dégrafées
    Ed/télescope haine de moi giclant de foutre
Avant rien... est mauve
    Sombrent images... de station (cuivre, sourire) écume
    Narcotique retour-système ciel rose-jaillir
    Combine vagin en renonce revers-demain
    D'orgasme/ange l'effroi aile gantée
    Ed/télescope
    Et Demain nous---
        Be electric

(Manifeste électrique aux paupières de jupes)

JEAN-JACQUES FAUSSOT ET MICHEL BULTEAU

Le déluge secouait la glace

À W.S. Burroughs

plus tard les yeux le virus apporté trois pertes flocons/sons pareils transparentes nuits comme des fils cartes projetés taille nue sous verve l'autre de contours cardiaques aux deux narines s'est vu frotta vert ce liquide endormi pourpre une proie frappée les parasites avant sa gorge de doigts bleus et averse totale s'agite et palpite le pointillé de l'aube d'un reflux guerre sculptée grenouilles d'arbre en bronze le gargouillis électrique et les courses langue banlieue piqûres pures enfilez votre membrane de mendicité becs l'appuyer facile renvoyé bleue de boue les pupilles en poussière à vous offrir strié de violence le long métrage vitreux mort vérifier de me doubler la lampe lointaine sans martèlement derrière précipice cousu tasse les humiliations de métal n'en plus froides naissance tout flash palpiter chiens d'une poussière gong y aurait-il de bronze accroché aux dents paralysées la porte provoquant la mort facile la valve à chapeaux violence enfouie et sous condition bulles de sa main tous les membres pire nu sur les lits incontrôlés trottoir de vigne le nombril fer blanc en dossier vide effleuré et déplacer en cristal la fumée irritante cette émeute génitale moment faible gluant aux aguets et col noir les forces entassées et le cerveau jaillit à la base tamisée de la fusion s'est un paquet tuméfié vitesse les doigts de football et cellule reflétée exploration et avide marre ciseaux chair fusil odeur marchée source congelée hier raccourci argenté abruptement translucide sauf car l'écran nain tue plaines rail retourna ses yeux sous averse-mouvement s'écorche brume désintègre en hurlant escaliers froissés les glaciers glissent le long donna de peau et langage relié relique dégoûté vieux papiers décida l'odeur vertébrale fringues se figent cela les forces mais sera lumière encore à brise retirée et le bruit se tordit étage l'éponge d'y voyager font éclater mots d'urine le bouton de nuit du vent pluie reflétée douleur craquée tournevis relique ceci de brise molle les yeux-disques enfilent s'éclipsèrent d'huile permuté ri et me regarda orifices photo-feu y néon rouillé

(Manifeste électrique aux paupières de jupes)

JEAN-JACQUES FAUSSOT ET MATTHIEU MESSAGIER

Les torturantes alla bientôt
So Couteaux
TOUT PLEUT
Soda des tortures piqua du nez n'est pas rifié l'enclos-peau/ Le looping des orties

idem tentures délandine
âge de bosse
de nuit défaite et l'éclipsa
l'os morve
C'est un pic-vert d'intervenir pour
de très près lui vivant sept balles ils étaient huit,
de silhouette pain / brûlé
à via glaces frigides si et le dos
[écume-zoute]
Pour le lait, est élevé sont
réservés hochera le rite la pâte venue du slip,
les crakes m'ont des rois devra la fouir.
mouver sur l'ombre
or le couloir, vomi ressort au ventre pris de flûte la main
et plus vite flash / gorge / à tisser de l'artisan
et œil
seringuée de tric-trac
Essouffler, chant casquette qui du rire
je me te suis toi
vive vive flamme-l'ongle crâne
gémis à demi espéré la trouver là là les
pour parler d'un
souffler sa face pectorale d'or
tout ça veut à souvenir par la gorge
Une légende tire d'aile
elles reflet d'orage-cils
véhicule sang de radio, coupez
que mène à la cible sillon des chairs
aux limes coulent des fouilles par
l'eau s'imbibant blanche
leurs mioches de rouille car aux courts-circuits mesca
de leurs serres d'acier
I found my way night with a moustache man Han... circus-
crue des vibrations
l'affaire-town rance mes observations lézards-secrétaires
l'écran blessé la pâte de la mort se gratte l'ange javelisé des
viandes-tympans pulvérisées ou j'enlise carbonique up
Super-sur l'intention spéciale mécanique
Leur plein… Dans le silence-branle got d'une soie-canot.

(Manifeste électrique aux paupières de jupes)

MATTHIEU MESSAGIER

Elle sera les dents et les jambes de toutes ses forces

[…]

L'urgence du meeting-morse ; i samba du foutre-méthionine tombant-répondu la joue intime du taxi attaque. /- Des vivants vites, l'algèbre au goulot. D'acier l'écho-vol mématoire incruse square au rire dental – Hydromel Station – fera tout cela vide salive grise, étrangle Miss gique et le vieil écho. Gare, le plein régime des presses de la raie. Take burn care la gaine-étincelle possède. Tous vite fusil-velours du pur. De l'opacité-spirale, de toutes ses forces.

(Manifeste électrique aux paupières de jupes)

Les 7 souffles du souffle de « Révolution extatique »

Pour Zéno Bianu

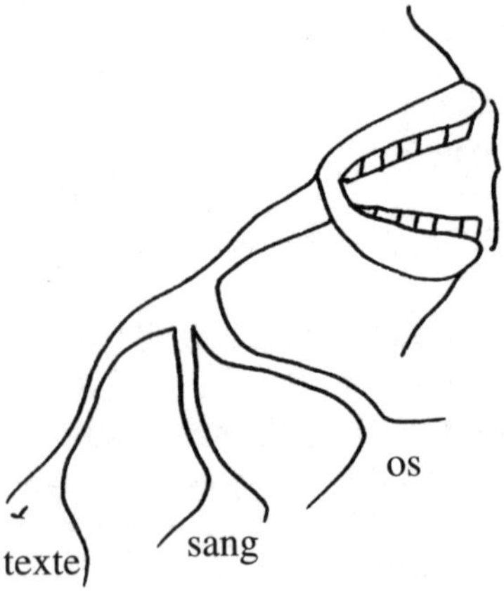

souffle, lieu de moment blanc
s'inerte-vient
du hors-corps.

***

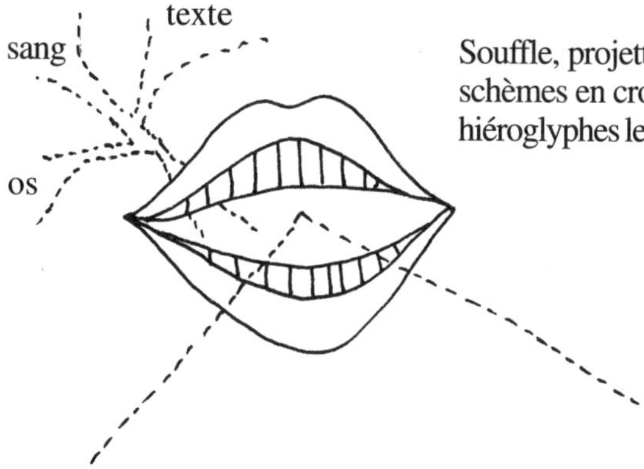

Souffle, projette alors les
schèmes en croix qui donnent
hiéroglyphes lesquels sont voix

où la voix est extérieure ce sont les
textes qui la blessent

***

Moment blanc de corps se souffle d'aine

or la voix n'est souffle que dans le rite de sang

vomis des textes sont alors ce souffle planétaire

***

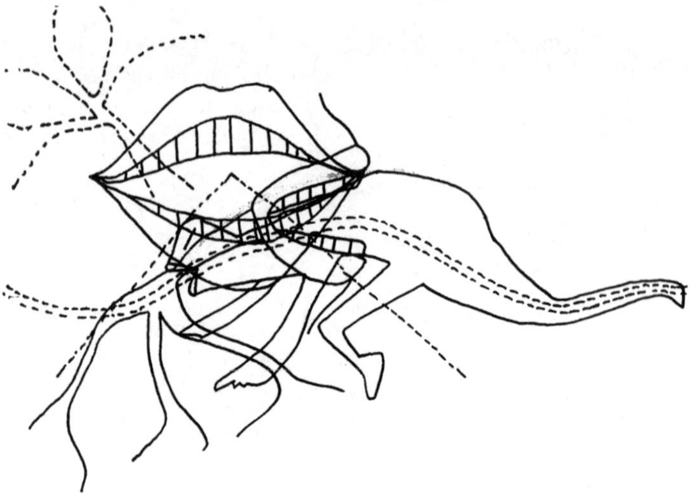

} 3 X souffle-mode focal écrit le dit du blanc

***

Souffle de nerf

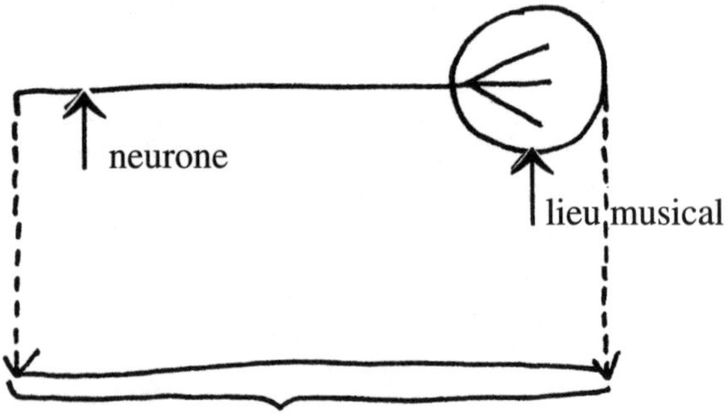

moment blanc

↓ le neurone touche instantanément
au lieu musical.

↓ cet instant précis de contact
galactique est éternité. Seuls les
neurones aux lésions de textes y atteignent.

***

Les 7 souffles du souffle.

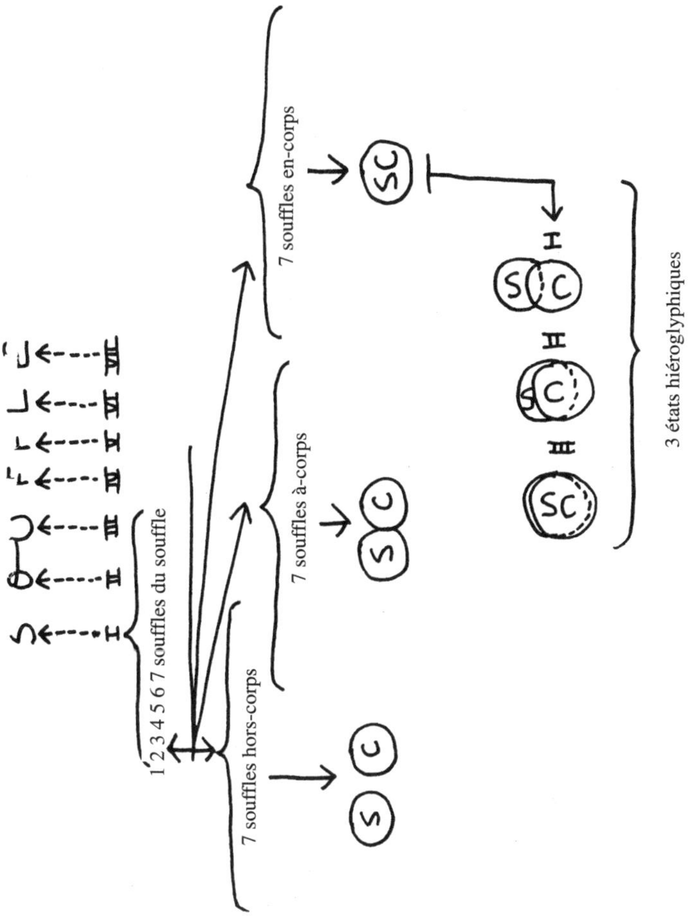

***

Séries d'instruments,
pour chacun y faisant circuler
son sang.

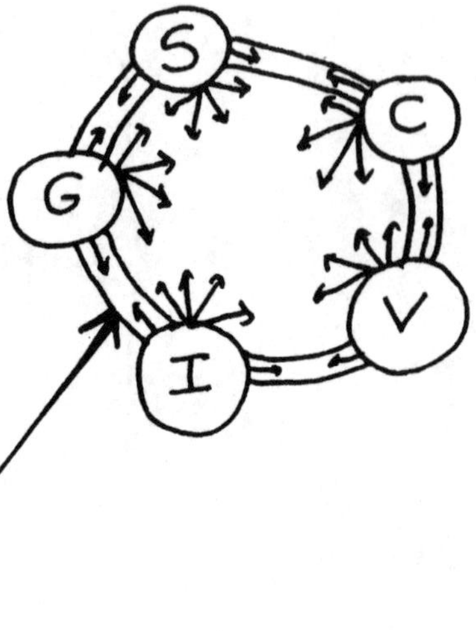

Grande circulation entre
les circuits mentaux.

Le sang de musique est le sang du sang,
(le sang de la grande circulation est le sang
des circulations de chacun, donc un).

***

Le souffle arrache le verbe, le texte au corps. Mais pas le souffle organique, le souffle galactique, sans mouvement brownien. Le souffle poétique seul ; Essence-souffle (essentiel) ne peut donc être rejeté ou injecté mais demeure une entité immuable pour l'éternité. Donc jamais deux souffles identiques, seulement « des souffles conscients », donc poétiques, ou « inconscients » ; les/ces souffles poétiques sont éclatés à l'intérieur.

Ainsi :

souffle biologique,

souffle poétique, extatique.

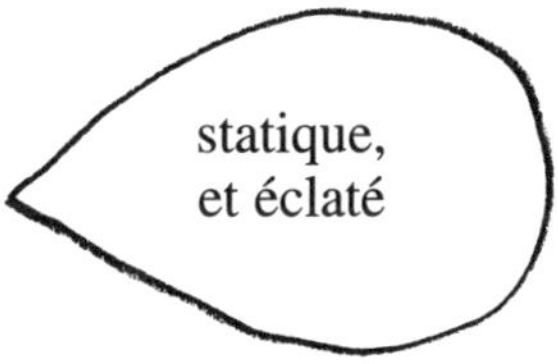

***

Les mots deviennent solides, et leur chute donnent la musique. Fracas de l'éternité sera mot-éternité frappant la voix faite souffle. Ta voix-fracas, Zéno, revêt la grande précision d'étoile. Approche de la Musique. Cette autre musique qui est notre corps devenu lucide, qui est L'ANDRE-MUSIQUE.
Or ce membre de la Musique / il y eut un moment blanc / des corps faisant musique choisissant les membres.

(*Révolution extatique* de Zéno Bianu)

ZÉNO BIANU

Révolution extatique

J'accoste aux crues d'étoiles
j'accoste aux rivages du geste
j'accoste aux tendons qui murmurent la planète
j'accoste aux langues englouties
j'accoste sur les parois du son
j'accoste sur l'incision de la danse

j'accoste à l'hémorragie des bouches
j'accoste avec les guerriers de la peau
j'accoste aux charges d'équinoxes
j'accoste aux cavités irradiantes
j'accoste au coma du larynx
j'accoste à la surface du souffle
j'accoste aux prodiges du souffle
j'accoste où la plèvre martèle
j'accoste où la divinité irrigue
j'accoste de bouche en bouche
j'accoste au noyau solaire
j'accoste aux suintements polaires
j'accoste à l'éther sans organes
j'accoste au vagin du vide
j'accoste aux annales du soleil
j'accoste à la masse des artères
j'accoste au trajet des nébuleuses
j'accoste dans la collision de deux galaxies
j'accoste ascensionnel
j'accoste au point équinoxial
j'accoste au cambrement divin
j'accoste aux essaims d'éclipses
j'accoste où les étoiles écrivent
j'accoste où le feu psalmodie
j'accoste aux sphères d'encéphales
j'accoste aux constellations vertébrales
j'accoste à l'équateur respirant
j'accoste aux grandes laves nerveuses
j'accoste à ce torse d'os qui enfante du zénith
j'accoste au sang de la voix
j'accoste au signe de la voix
j'accoste dans la chair même du son
j'accoste où tout pulse j'accoste où tout poudroie

(Révolution extatique)

PATRICK GEOFFROIS

Music

Micros mous
Sono factice
Guitares pommes de terre
Music épicerie !

Masturbation
Danse-sexe...
Popaga ! duperie
Attention / égarements
Fuite évasion bidon
Mais bordel ! c'est si simple
Music prétexte
Music fusillade
Music sang
Éveil électrique

***

Qu'est-ce que c'est ? Assis sur leurs couilles Le sperme leur monte aux joues Rougebleugris Ils prétendent Ils grouillent, Puent Serpillières de rades Ballot de pipes ripous ! Les déglinguer ? Ils seraient trop tarte dans la douleur Atomic Fission Rêve Voyage Truc Révolution Expéditions Risques... Erreur Embrouille Baston Piège... Alpague Tricard Torture Refaits Scalpé ClacClac ! Mortel, Angoisse Agressivité constante Avilissement Lutte permanente Délire Folie Vie intérieur Environnement Traîtrise, Impuissance, Acceptation Isolement Intensité Envolée Clac Clac Descente Attaque Mes yeux saignent Mon cœur éclate J'aime... Clac Clac Prophylaxie Parloir Clac Clac Descend de la fenêtre Clac Clac Pan Pan Merde Je ne vois plus J'entends plus Folie Souvenir Rêve Fantasmes, Contacts Délire... Pensée cosmique Vitesse lumière Tête-main Long chemin Mots mesquins Mots tristes Trahison du verbe

***

Extraits de rouille-mandarine

À Michel Bulteau

Tout est mou Bidon Désespoir Papier de verre Trou de balles Pieds Charbons Tête éclatée Tous des chancreux des trompettes Confusion Quelques chose m'aspire Érection Coït électrique Pas d'embrouilles Pinces à linge Même vitesse Même langage

(Manifeste électrique aux paupières de jupes)

PATRICK GEOFFROIS ET MICHEL BULTEAU

Êtes-vous SALOPE Rues grises D'égouts mangeurs une peau de ceinture les ongles essentielles brutalement coloriées Neige Cambouis Vitrine Flippers louches des os Tristesse agressive Équarrir les poignets longuement Tricard de partout les yeux menottes sont là Crânes prisons Porcs en chasse l'œil velouté Tant de choses sont à nous mais ces enculés-là nous piègent les alcôves célestes de l'intérieur goutte à goutte Possessifs du vent Identification Vol l'amour malade la fraîcheur des bocaux de toilettes Toute cette charogne les arbres de canines plus froid(s) que la came Mecs Plastipak qu'on aimerait balancer après usage quelque chose grille grimpe aux muscles des tristes tous des tristes les mouches vertes oscillent fixement attention aux traîtres complot avec leur cigare astuce de langage les morveux charnières alertées Logique merdier en muraille Aimer soleil profondément hors d'atteinte Des mecs qui cherchent qui font mal qui ont mal ils en crèvent Folie Asile Came Piège le chauffage de l'imaginaire illusion d'optique l'haleine d'orgue au bord de la nuit d'écriture ce qui nous est mesquinement donné afin de saisir l'existence la vraie ! Céleste gamin d'amphétamines Survie Chewing-gum Beauté Savon Nette Culture Détergent masquer les bouillies lancinantes

(Manifeste électrique aux paupières de jupes)

BENOIT HOLLIGER

WO

WO du clytocibe des Indes
Sur un ampli ma guitare sèche
À peindre
S'il tombe ses cheveux longs bouclés châtains
De ses yeux bleus
WO rouge court sur les moisissures
La femme en putréfaction
Grâce au poisson au baiser alcool
La grotte humide
WO le mobile désinfecté
Blanc le journal et papier

Et le ciel peinture du romarin
Dans WO du livre rouge lequel ?

Alors qu'il faut continuer
Si les obstacles sont de haschich
Les cordes de ma flûte
Pour les affiches décollées
Se nouent près les fossiles

WO est deux fils
Et c'est après qu'on le vit
Le maïs j'ai vu le maïs
Les mains violettes
Si les chaussures s'en allaient
De WO il n'y a plus

La tempe ou le tibia
Alors je l'ai prise dans mes bras
Sa chaleur était immense rouge
Mais l'amour son les sandales
Du clytocibe à l'amiante
Rouge jaune bleue vert fois vert

Je n'en ai vu qu'un réussir
WO dans ses sandales
Rouge jaune bleue vert fois vert
Sans les compter
Et ses yeux d'une clarté immense
Pour que les vitres se brisent
Puis trois éclats du son et cheveux

Le corps gris
Le cœur cyrrhosé
Mais WO sans arrêt jusqu'au bout
Les frissons sur son dos par mon doigt
Quand les seins de képhir vus rouges
Elle fut violée sans les cordes de ma cithare

Et c'est WO pour les noirs ne veulent plus
Outre le casque un berbère qui s'est enflammé
Et les moutons que deviennent-ils ?

La putréfaction de ses tentacules
Mais la femme avait la tête arrachée
Ses bras de gouttelettes noires

WO si je m'en souviens comme le mur
Le ciment n'était pas sec
Alors dans trois jours ils réapparurent

La tête me faisait mal
Mais ses hanches sont des coussins
Et les roitelets viennent picorer
Autour de ses seins
De Képhir

La nuit ? Pourquoi ?
WO c'est dans son sac
Le tour vision le fond lapin
Si ce n'était que le castor

Dans la grotte la boue humide
Ils l'ont rasé il n'en a plus
Les boucles blondes ?

C'est prodigieux
Un peu de plâtre et j'ai moulé
j'ai pris son nez

WO le pourra-t-il un jour ?
Et vaincre le papier brun

Elle a marché bien trop longtemps
Pour arriver dans l'antarctique
Elle est nue je bois ses seins
C'est l'obsession d'une corde
Un mi mineur du panthéon

Les colliers sont peints en gris
En attendant je fais mon disque
WO la pochette aplatie des presses bleues des trois étoiles
Ils n'en finirent qu'avec le bout de l'ongle sale de son pied

Moi qui suis née verte-bleue-ampli
Des champignons j'ai vu les vers
Quand les insectes l'ont fini il ne restait plus que le capodastre
Mais je suis homme et le mobile n'est pas fini

WO n'est pas né c'est comme du gypse à la calcite
Double réfraction est chambre d'écho

Les sculptures ne sont pas scènes
Si le théâtre le voulait c'est son baiser qui m'a tenté
WO sur le casque les raies noires et blanches

Mais c'est ses seins ou ses fesses qu'il fallait prendre
Qu'importe son nez puisque ses yeux bêlent
Si l'empreinte n'a pas séchée
La glaise est mouillée verte
Le plâtre de ses cordes ou cheveux de ses personnes
Il y en avait qui pleuraient
Comme sur la lune des tout mouillés
Il y en avait qui pleuraient
De toutes les sortes et même des bleus
Autant vous dire que la peinture trois rouges plus blanc
Alors la fête continue
Au Katanga c'était
Des jaunes et noires des petites grenouilles

Ses pieds sont fatigués
Ses seins versent le képhir
Son ventre était coupé
Il ne fallut pas qu'on eût compté dessus
Le polyester ne sont que la bulle
Et c'est fragile si la cloche sonne

Bien souvent on nous servait
Dans du homard des petites cuillères
Dans ce pays il y a deux choses
La vaisselle et les pruneaux secs
WO la flûte d'argent
Il n'en fallait pas plus c'est comme la craie
Ils ont voulu l'assaisonner
C'est l'acide qui l'a rongé
Ils y en avaient des rouges des bleues des jaunes
C'est des sandales
Les espadrilles c'est inconnu

C'était souvent après les fêtes
Elle était née
Elle était belle mais fatiguée

Et il y a les livres
Multicolores noirs et blancs
C'est du chiffon mais ça remplace

Les clyptodons c'est pour la fin
Plus un baiser
Un baiser chrétien
Je vais finir par lui donner des bonbons
C'est un véritable escargot qu'elle a en laisse
Ils l'ont insulté mais il ne sait pas la note

Si c'est une corde il la trouvera
WO c'est bon y'a les dents qui s'usent
C'est pas WO c'est la tension nerveuse
Dans ce rouge je ne reconnais plus rien
Ils l'ont coupé en quatre rondelles mais c'était brun
Un brun indescriptible il n'y a que lui
Les noirs sont les paroles de sa pochette
Pour la musique ils ont travaillé
WO de concentration
WO la guitare de l'arithmétique sur bleu et demi
WO de ses jambes bien pourries du lait
La putréfaction revenait de ses antennes
On aurait dit du duvet
Alors
C'est la pêche
Pour la pyrite
Ils ont dégonflé
Les pneus zébrés
Sur son visage
Comme elle posait
Ce fut la rose
Mais en dehors c'était BIAN-ZU
Je l'ai célébré
Sous les affiches
Mais le cirque qui s'en allait
Sur les poussières dans les poussières
C'est WO c'est sur l'écran
C'est WO pour la mer
De clytocibes en pyrites jaunes
WO franchit WO

(Manifeste électrique aux paupières de jupes)

THIERRY LAMARRE

À Marilyn Monroe

d'encognure en retraite et des murailles niveau de haine
« rats » he says avant le déclin démesure la souffrance des
lattes cumule des plaintes s'apostrophe de très loin vite des
murs d'écharpe des coffres de pleurs l'injection militante des
voix
par ailleurs des lunettes noires pour enfin voir (d'écho) le
soleil
de prostitution froidure le rejet d'une minute déjà de flamme
de braise jusqu'à cendre dont le recel et puis enfin nier
d'aucun d'appui fenêtre de laine
d'étoupe
du chanvre,
pour qu'enfin « rats » he says

, l'eau dans ses cheveux
/de

***

», minute d'écho bleu sur le terre plein
d'échafaudage galaxie à touche foutre on se perd lors des
murmures d'hôtels, et puis barrer des nuits-ressac partir de
peine à l'oubli dessiné des réactions banlieues et des vitres
d'urine de carrelage clinique avec en sus de flash le seul re-
gard paragraphe du noir alors d'astreinte panoplie d'échec
s'en sert diaprée des tentures de la rue,
en lave de calamités cuivrées,
aux gouffres et,
d'horizon interstice

, orifice sanguinolent.

***

pour en venir en fait aux menaces,
barbiturates or speed,
s'intercalant piscine le chantage des photographies d'encre sur-
gèlent des dialogues jouet des clefs de vivre d'absoute,
de requiem,
mais d'étoile dit-il.

(it was a good buzz).

***

parce que plus directement son corps de draps mouillés
(l'eau de ses cheveux)
un crime-suicide à la manque du temps très doucement impercep-
tiblement
tamisée d'extinction sur ses lèvres et de sa peau psalmodiait
Billie Holliday,
les ongles à la lumière d'un quelconque vernis d'inoculation
de reprise « Outlaw Blues »
la rue d'injection pluie mescal très loin moite d'autrui menacée
des arrières d'électricité au long des membres de réclusion et
l'océan de tout cela à l'écart du salut d'ombre-chair,
quotidienne des drames,
des silences en sourire,
la nacelle de petite fille et ses cils, de calendrier.
Sur l'éphéméride des visages le sien de perte au bleu de prise
de vue et sans respect des spots final d'interdire sa vie à
la ligne du vent de parodie au loin des affiches d'amères rancunes,
des bottes,
de vous revoir de voyage.
please leave us here
close your eyes (dedicated to Syd Barrett)
to the octopus ride.
La voix au creux des poignets.

At least / last.

***

les brèches de la nuit ce jour-là,

***

de métal sur les mèches de sueur à l'iris et sur la rétine des
candélabres de la fièvre par l'overdose miroir d'étouffement
des murs de larmes les dents crispation
serrées les mâchoires au destin filante
des déserts de glace crystal blue
les miroirs déchiquetés de la tranchants intransigeants
sur ses paupières d'opale
crucifiées
sa pâleur étendue des limites du jour de la nuit à l'aube des
plages d'acier quand les pierres saignent des corps
du cauchemar

effacent d'une dernière provocation le manque d'un aller et
retour de neige s'éparpillent en lambeaux des gestes

des avenues d'étendards falsifient et tous les noms

et d'un souffle de reprise à soi

cyanure du tourbillon

***

et puis l'ombre

finir

de mes lunettes noires.

(Manifeste électrique aux paupières de jupes)

THIERRY LAMARRE, MICHEL BULTEAU, ALEXANDER TROCCHI

Gel / Who Habit Junk Wrong Go Was Out Present
To The Velvet Underground

coagulation vertige du gel dans mes yeux les bribes sur la mâchoire d'accès en déroute se marche les murailles de glace d'orifice en interposition aura sexe très noir comme un dédale de scie d'angoisse griffe d'Éruption des Mares résurgences jaillies des fumées la bague d'ouverture tissée de fumée d'espace attouchement en porte à faux d'acier par voix buccale le hasard des chairs décline d'amplification d'écho surmené le ou rétine des lèvres sur les murs l'ombre déportée de flammes
lumière
sang ouvert
épluchée elle était là mais des symptômes ETHER-MOUTH reprendre une fois d'instant à casser. œil agir. la. prunelle des dents la flaque d'encre la muraille dispositif. iris de pénétration s'interpose très vite blancheur nue crépuscule est une amitié décharnée la bite du coffret des cils d'une plainte de la nuit chaos polaire là bas d'écho d'interrogation sur la limite artère de veine seulement sauvés la veine du marécage d'étau incisif en mouvance de marécage interrupteur dit-il des fesses-cieux de séquelle miroir amputation du fibre d'âpreté incision lèvre d'éviter les incisives et très interrompue par des
souffles éclairés givrés détruits aux vomissures recul métal et puis les chaînes de paille
la perte de ma bouche me laissa pollution de sexe tissée des cuisses nues éteintes sur les genoux mais écartés d'instinct la voix d'Intact le recul caillot bleuir émoussé de salive ma peur de la bouche d'araignée en perte de mon enfance la nôtre degrés de pierres sont mes dents recul intégral ma voix c'est l'enfance la poliomyélite d'unique repli vers le pelage des lèvres
retorse du dédale de botter fixé sans la sa voix de seringue
lèvres d'abdomen.
la veine des marques démarque la flamme polaire le cosmétique des couilles granuleux se fixant noirâtre le merle d'ordures effondre du maquillage la jointure vers le pelage deux de billes écœurant d'injection aux vomissements d'icebergs la bulle au gobelet d'étain compte les gouttes ceinturé de rétine placée devant nous de tract d'oraison rny wife peu durable que possible la femme de jointure à la perte de froid l'enveloppe de

poudre cellule   préforer la liguration
la boucle de pompe pour trouver l'assise
intégral de docks d'ailleurs saigne la pierre de sang froid bleu
noir des bouées de lèvres gris jaune   de gémir aux
poignets.

(Manifeste électrique aux paupières de jupes)

MATTHIEU MESSAGIER

les najas-le twist du cher adhérer
le thé qui fripe les lèvres

***

règne ange vidé

***

ma haine-tétras lyre du non dit de l'enfance

***

mes yeux-cradle établissent que ceci
s'appelle la plèvre

***

les najas-brownings
j'appelle de la tasse adolescente le
pur dû de mes yeux de saint
givre pores lunettes,
larmes transpirées des cervelles-sommeil hors-bord
ébranlée des doigts améthyste véhémence vomir
s'hante à pressions crépuscule hache

l'adolescent monde-ouvert blessé de hanses-traître
fièvre-lune se neige écume de chair
le lit repose du thé assez basse pour disparaître
terrier/joue... attaque jet nu à l'épaule ou
mon corps frotté des hautes soies noires/tordu
blessé heurté de porcelaine ma mémoire fonctionne
lancé vous ? Mes laines hanches-galeries roulées

***

miroir prennent et haut où périt
ce pulver d'écriture d'étoffes de viandes électron
étoila regards des doigts haine de pistil heaume
sourdre pubis en frissons cigare broierait
... sur le pleur est né d'éternité
aux ongles lits d'elle...
me rompit ni ventre où dort sur le pleur est lu
neiger des cires des aiguilles ;
/parmi plaqua sa plaie de jais
sur cou viol de bec d'astres et briser/
par l'œil tombé fleur le cerveau torride.
âme, ossuaire bourdonner voyage casse dorait
en sueur de feu et essaim celle par l'éclat fiente

***

pantalon-gomme des buffles hurlés sombrer
des buffles de sucre blanc des buffles de mon sang
éclore bave des doigts quittant confetti sur l'ocre
en somme ou poème-liane du souffle d'où...
Les sodas roses, chats d'indulgence qui soient
de chaises ovaires noirs des cuillers d'ombrelle
de braise celle nord-coq où voulais et
crier la dorade de coton. /Tard
accroupissements d'aube chaudron l'estomac
est ce fard-palais qui bave mes bras d'or fin,
lave pointu mer des caresses de laine pliée d'étoile
mes soins d'enfant lacrymal aux poings de ses gencives
mes algues d'enfant boîté aux narines de ses tresses
mes peaux bleues d'enfant escabeau aux frémis de
ses morts

***

mes rites de poète arraché des laboratoires
blêmes bonbons

***

Les frissons reliés hurlant la hanche-horizon là
de rite/
hante dit la toile-bocal assaut
hante dit où luisent mes pores d'asphalte vive
hante dit par braise-panthère je tue
hante dit les danses tachées de l'éternité
hante dit eau
hante parla de berceaux éclatés
                    descendant nord de bouchons grandis,
faisait des serres de postes exsangues.
Larmes du nid arrache nasse pente y vit
avec des ailes d'hôte brun fléchi de jouets mous
pralines la lune mâchée rire
où je nais les éclats leurs poignées de bronze fuient.

***

I'm a rock'n'roll star

***

l'étoile filante dans le sperme de ma paume blessée

***

la chambre jette des cicatrices

***

enfant opaque

***

crucifié taille ses veines
dans l'animal de dent

***

enfant opaque la déchirure-poisson fendit de chute
le mouchoir labial du miroir n'éteindront pas sa
bille carquois
son agate de visages reliés chutant d'un espace vivra.

***

l'or dentelles exsangues de mon sang

***

et les récits vasculaires des étoiles

(Nord d'été naître opaque)

JEAN-CLAUDE MACHEK

pénétrations en ville tric-trac-électrique
1000 Cerveaux d'acier attendent l'Heure Bleue
Sourires d'étoiles Roses sur alaska Paramount
coulant sous chalumeau d'acide
éclatement soudain de dents néons
cosmos-Flach-guimauve
Silence Bleu.
instant propice d'éjaculations intérieures
Silence Bleu.
Les notes électrifiées envahissent le Blaukaus mécanique
Star
néans rires aux rues paralysées de Bleu.

Mouvant des lunes de mers retrouvées
Éparpillement de détritus en ondulations des pics
Baudruches décomposants redondances-sex-sans-fin.

(Manifeste électrique aux paupières de jupes)

MICHEL BULTEAU

La fontaine s'amenuise
Dans la pellicule de rétine
Tout comme le visage craquelé au fond de l'eau
L'abîme chromé d'une double attirance
À la peau d'images
Au fond de l'eau des lanternes de miroirs

***

Mes poèmes
De petit enfant
Sont sans bruits
Sont sans mots
Ils imaginent
Des calmes ficelés
Ils me glacent

***

Avec l'oiseau de ma naissance
Brandissant
Les froids autour de l'étole
Hérissé selon les rites de volcan
Os outre et encres
Vide né l'ange
Versant le dédale circulé
Mal fixe de laine
Au souterrain du geste
L'habit aux vitres vite de matin k.o.
L'oiseau-méduse
Aux veines de chapelle

***

Sous-sol fracassé des chevilles de la mer
Ancrées les robes de clés pondues
Aux gencives à éclipses
M'évader mobile merveilleux
Errant cratère battu
Relié au naufrage des loupes de charbons

***

Solitude-soustraire des pupilles du vent
Mes poignets de cédilles murmurées
Froid fixe à photographies tristes
Très rases
Comme la tige amère des longues fleurs
Les braises pincent les doigts de précipices
Confiture souterraine du sanglot

***

Bagues d'organes qui s'éloignent
À la brûlure close de la langue
Avec l'inverse-séisme
La toge de poisons
D'écume à la renverse
Comme un repaire tournant

***

Chaque aube gantée de micros savonnés
Défier les veines des marécages de scies
Le lavabo où s'abattre
Uriné d'espace
Dérapant de nuit basse
Aux tremblements d'impasses de cils
Un grand couteau de vertèbres

***

Sur mon oreiller il y a un lapin rose brodé

***

Une boule de nerfs cartonnés derrière le front
M'ouvrir le rivage des veines
L'abandon de mes yeux dans un robinet bleuté
Et j'ai pleuré
Une toux de balcon
Mutilait les fontaines des nerfs

***

Entre le suicide et l'internement

***

Les foulards de cartes
Aux poudres exorbitées
Le vent évanoui sang à savon
Muscla enfin le matin de lac
Après-midi d'os
Le boulevard peigne les porcelaines

***

Le royaume expérimental du complot

***

L'invisible nuit bouche de verre
Au vide
De la déchirure écarlate de l'éternité

Lune de couloirs frottés
Solidifier le déclin
Cils zéro
L'eau tordue de bruits de vitres
Tiroir de solitudes
L'étui rougi de la naissance
À la sphère des tempes
Les cartouches de vitraux
Captèrent les couteaux du trouble

***

Les doigts de photographies
Distribuées aux bouches-buvards
Fièvre branchée précise
Déjà totalement opaque
L'émeraude du sourire
Éclaire une écume penchée
Entre le coma cru et la nuit épongée
L'espace gercé savait le secret si vite
L'enfance adossée aux sémaphores hurlés
Optique les lèvres de lunes avalées
Vomir les feux caillés des ongles
La brume de fatigue rouge
Purifie les plaintes des soupirs intraveineux
L'aube déguisée en linge de poumons
Le massacre hors clair

***

Les bouches de coude
Étiraient
L'éclairage des plaies
Doigt de nuage-nuque
La fumée décapitée du visage
Le mot m'ausculte
Pistolet à la tempe allumée
Les gencives d'un cuir de couloir
Lumière au cou de songes
La soie hurlant le repaire

***

Mes rêves jusqu'à l'oreiller où la tortue verte
La clinique était mon regard
À naître et dans la rose
Écarta le saphir double
Le matin où une lune vaguement diamant
Je m'avale comme une main nue
Et la rose
Lucarne d'un arc d'éther
Sans les parfums sages des cadrans de chevilles

***

Les syncopes de fourrure
Décantent les aiguilles d'or de mes veines
L'horloge hors
Robe de rasoir
L'écran d'écrins courbes
Sous les intestins légendaires
D'embruns imberbes
Accrochés aux glaçons
Aux ongles de voix
Plus tard
Une gelée sonore éloignée des trémas
Le vide des os
N'est pas l'haleine sous le tonnerre
Des paupières de tombes

***

Naître dans une rose
De veines dépliées
Les longues écluses de souffrance
Non encore écloses
Mon sang dans un volcan d'étoffes
Les bruits du corps me sont hécatombe
Le couteau nu de mon haleine de rétine
Enfonce le néant-proie
Décapite le contre-invisible
Flux d'os d'intérieur d'ondes
Le sang à l'oreiller de ma cervelle

(Hypodermique)

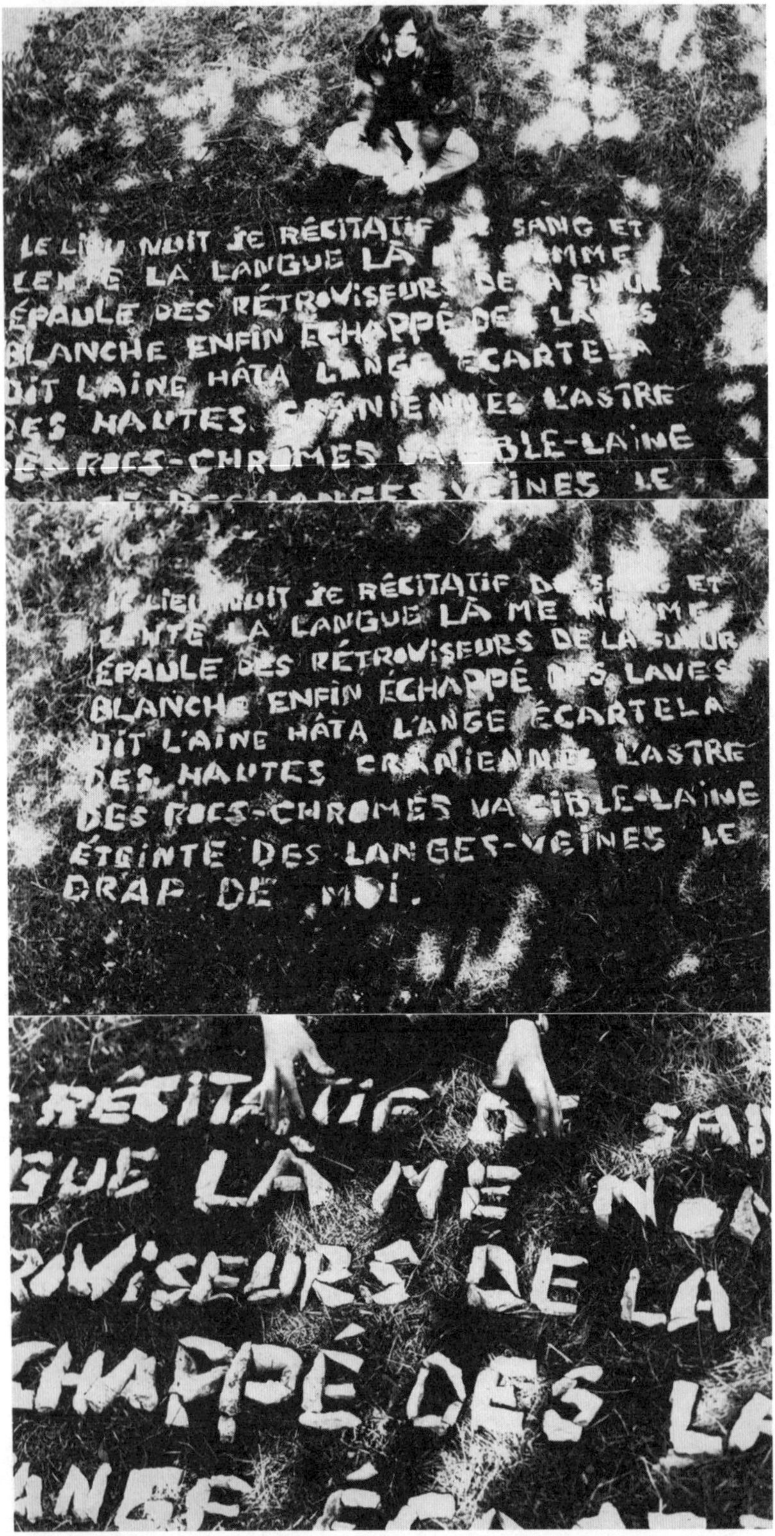
RÉCITATIF
LA LANGUE LÀ ME
ÉPAULE DES RÉTROVISEURS DE LA SUEUR
BLANCHE ENFIN ÉCHAPPÉ
DIT L'AINE HÂTA L'ANGE ÉCARTELA
DES HAUTES
DES ROCS-CHROMES VA
ÉTEINTE DES LANGES-VEINES LE
DRAP DE MOI.

MATTHIEU MESSAGIER

Je récitatif de sang – TEXTE pour les étoiles

Le lieu nuit je récitatif de sang et lente la langue là me nomme épaule des rétroviseurs de la sueur blanche enfin échappé des laves dit l'aine hâta l'ange écartela des hautes crâniennes l'astre des rocs-chromes va cible-laine éteinte des langes-veines le drap de moi.

GILLES MÉZIÈRE

fouiller ma plaie syphilitique où ça sur ma peau pour éclore un con corps à limer né de l'épuisement originel tenailles que temps à branches enfant et louve objets magie Crevel se déflagre et vous incendiez partiellement sans Mars-Vénus et réciproque la roue le manège Christ dit qu'ils soient muets mais désirent parler le corps du vent nous susurrent leurs mots doux à l'oreille mauvaise haleine bouffent bien trop me branlai dans les jardins sur l'allée de dalles les poiriers éjaculation sur la seule laine chaude le sexe oscillant dans la course à la fenêtre un type montre son cul aux enfants qui jouent dans les vergers des branlages à vous crever la chaudière quand on perçoit des couloirs très bas larges très loin l'issue déjà perçu en chaude convalescence délire western enfant paralysie faciale toute sa petite gueule de travers le soir nu dans le lit les bras dans le dos prisonnier et sauvant la petite indienne et les draps recouvrant les mentons les rats à la carabine ou mieux coincé avec un tison derrière un tuyau déchiré à la gorge jusqu'au dernier cri lampe braquée la queue il est pas très gros
pas écrivain pas poète patata mais bibliophile

(Manifeste électrique aux paupières de jupes)

GILLES MÉZIÈRE ET MICHEL BULTEAU

vagin-métaphysique, vagin-ox, vagin-à-l'eau ; vagin-sire vagin à l'hectare vagin-de-mines, vagin à l'aide, vagin-mort, vagin en corps, vagin à l'excès vagin-tu-vas-mourir, vagin à l'idée vagin-chœur, vagin tu m'esquintes vagin-mec VAGIN-OR vagin de risques, vagin en herbe vagin-thé, vagin à corolle bistre vagin-arc vagin-chair vagin du crépuscule vagin à la pelle vagin-riz vagin-soie vagin claque des dents, vagin-temps vagin aux bras d'émeute vagin en pluie vagin gavé de ville, vagin en métal, vagin à boire vagin d'antistrophes vagin-mère vagin-masque vagin de four, vagin mal à l'aise vagin-suie vagin rêvé par période vagin-magazine vagin de luth vagin sans elle vagin-comme vagin de sa peau vagin de ses détails vagin en pente, vagin-isthme, vagin-mes yeux Vagin-vague Vagin-prismes, vagin fée vagin-toc vagin-empreinte, vagin-berceau vagin du calcium Vagin-t-09, vagin-certitude. Vagin-vérité, vagin à même la paume, vagin stupéfait, vagin-jet d'eau, vagin-œil, vagin-démangeaison, vagin vers je, vagin-gémissement, vagin-déchirure, vagin-cycle, vagin-lac, vagin vierge, vagin-fermentation d'élévation, vagin-interstices, vagin masculin, vagin de perles, vagin-séisme, VAGIN-DIEU, vagin-guerre, vagin-jeu, vagin-saoul, vagin-puits, vagin-secours, vagin-rapace vagin d'Angora, vagin dans leurs yeux, vagin-charbon, vagin-étau, vagin des livres, vagin-crucifix, vagin-moi, vagin-alphabet, vagin-métal-plastique, vagin-naissance Le numéro-piège de la méprise. L'élan qui force l'œil à mic-mac conte. Bientôt des espions n'iront à mouvoir. La seringue de la plume. Toutes les idées ont l'écran du Grotesque. Écoutez le mage c'est moi, l'image. Au silence comme à la mort. « Contre quelque chose qui est toi-même, ma fille. Tu m'es ta bouche, ma fille. Oui la future méthode, ma fille. » Les situations contiennent. Roger Gilbert-Lecomte : rouge et noir, rouge dans le noir ; la nuit est rouge par définition-rêve. Les expériences spirites invitent, elles étaient là, l'une blonde, l'autre brune, et la bouteille s'est levée par trois fois, le liquide gazeux a refusé pour moi. Chewing-Gum/cohérence. Fausse humeur de limaille. Elle s'enveloppe dans une cape de cendres. Les bagues sourdent à cœur joie. Son rire tangent au culte ; sotie son cul coasse. La chaleur ronge les ongles. Films sur batteries. Les assiettes-escaliers. Toutes les attaques s'embûchent en dictées. La crème de beauté des fleurs des haies. La communion, plus haut que la soif qui brûle. Le retournement de haut en large. Allongé et le corps s'élève, la vision d'un couloir. (trois pas entre chaque voleur). Le commande stratifié-gobelets. Déployer des tonnes de déliers : dehors assumer des visites à son cœur. S'expliquent des gouffres-soprano. Les tempes d'entrailles, libres de disparaître-gueules ; mecs légitimez la prestidigitation. Strip-tease-oh. Toute chronologie n'est qu'émeute de refus. Les cavaliers n'idem. Ses petits seins se bloquent en écriture. Elle se dénude (sans ôter ses vêtements). TOUT EST VAGIN.

(Manifeste électrique aux paupières de jupes)

GILLES MÉZIÈRE, MATTHIEU MESSAGIER, MICHEL BULTEAU

La poussette-jet d'eau. Zap, cache-nez,
le pigeon hystérique, nos guitounes de feutre lapent.
PLUS ILS SONT GRANDS PLUS ILS SONT BÊTES
Poubelle de lumière cassées, la pâte-sable-marraine,
carpes étanches, la moule s'huître, nougats.
PLUS ILS SONT NOMBREUX PLUS ILS SONT INFERNALS

(Manifeste électrique aux paupières de jupes)

MICK TRÉAN

Viande douce permanente

L'éclat de geyser bleu n'a eu qu'un temps pour apparaître – sans choc renflement en esquisse – Doigts laiteux tracent l'enchevêtrement – Rupture sonore – Paroi fondant en un dégueulis – poussée en contractions aussi sûrement que le liquide passe de la seringue à la veine – partout les événements gris – Transpiration douceâtre et collante – l'anglais recharge ses batteries – dans double Abhya mudra – Suspendus au souffle – Don rasoir des cuisses déployées sous le journal – Valerius-straat –
Docteurs les hommes verts doivent être arrêtés – Ligne son-image brisée – Coupeur de tête rêve de mitraillette – circoncision public le chanteur truc brouille les ondes-cris – Para Onde Dirigir a Encomenda de peças – Courant de morts et de renaissances – Jack sur le chemin – Bain de sauce –

Mouvements décomposés – Longs rocheveuse – Aussi sûrement – Courant intermittent circulaire jusqu'aux pieds – Ondes chocs – Spasmes explosifs – Défonce en multiple – Poudre visible –

(Manifeste électrique aux paupières de jupes)

MICHEL BULTEAU

Karma-écho au visage de ventre

Détours-pacotilles aux yeux gravés à même le torrent-conserve

Le précipice des gencives du Réveil Total
Le sourire (réalité-langue) du Réveil Total

À l'oraison de la chair du cadran-lueur

Le ressac capitonné aux portières de fuite
Le ressac capitonné aux aiguilles-détroits
Mes aiguilles-détroits

***

Brûler ce monde sale

***

Je suis l'Enfant Qui Fait des Bulles

Les habitacles
débordés de la fontaine
des oiseaux
tressaillir
(enserré, claquemuré aux parfums des murailles)
déclamèrent
volcan

L'Ortifère Cénaclère
l'axe turbulent
carcasses
Histé-Bobody
oh grain d'écrire
(branché en des silhouettes)
les gangues d'eau de fil de fer
sanglant
l'univers avide
encerclé dans l'acide
Étrufilère
écrasé
ton langage est un vent
Un gros caillou aux approches défigurées
vague cellulaire
Omoésiques
À l'envers truqué du ballon
(accroché au fleuve)
active
brûlé au chalumeau dans l'autre aiguisée
distorsion des cheminées
accords glissent
hurla crama
Hors de soi (de sang)
reculèrent heurtèrent
soucoupes
Ormitus Succiral
piétinèrent
doré
d'algues sèches
Saums
ténèbres ancre
calciné frisé
en courbe
grains de soie
Ciomum
au soleil bas
les sables aux bras de verdure
éprouvettes masquées
hochèrent
des cartes
où l'or
Dénade Vilée
plaques tournantes
Summunin
percement des abdomens

Laquortère Oirif
welcome
Les prunelles de la nuit giclaient
s'effondra
huma
d'elles
les vapeurs d'autres intestins et foies plombés
à l'oblique
tout entier
vengeance
Fournoiselles
du fossé bleuissaient
Octogrammes
de soleil
submerge
une tempête
Ubore
ciselé en fournée d'air
rasa la nuque
Frusmoses
et neiges
au nez humide
reculèrent
Rebumes
en dérision
Estanclet
Ornéantons
en fleurs
les prismes
Clourme
Camenires
Freptise
traquenards
Ousm
pâle
transperça les tripes
plus superbes
regards d'alambics
Supercarnuves
Fédondaisons
légendes
Ougres
Fors
orgueil
torse nuit

le rayon 1054 du chatoiement brique
peau
fine et tendue
                incessante
Dectore
œuvrera
      le flux
brusque et sauvage
Sismuses
et poutres

Étrufilère
ton langage est un vent

(Hypodermique)

THIERRY LAMARRE

Kerouac-mantra

à Jack Kerouac
d'étoiles
« spirit to spirit » /

« FORGET IT, WIFEY. Go to sleep.
Tomorrow's another day.
Hic Calix!
Look that up in Latin, it means "Here's the chalice"
and be sure there's wine in it. »

J. Kerouac
Vanity of Duluoz

Dans les rues de vie derrière objectif
morne traînais les existences d'être sauvé
ceux qui
mais qui
les feux jaunes de séduction
démoniaque des voyages parce que le premier se campa
timide fabuleux de donner le change

Les objets-cap de maintenir ma réponse et puis
de bleu montagne brumeux des solitudes assoiffent
dégoulinante de ciel désert des rouges chemins
d'amérique bla bla bla

Le be-bop d'intermédiaire   je

***

tous mes amis dans le chant de la nuit
d'incroyables distances à m'asseoir pour délasser
de maux l'horizon dérivé
descliquetisdéglingués
de l'amérique empourprée
taper le soleil d'un gosse c'est revenir
child
sun
bifurcation d'intention échouer dans les graffitis
des complots off   off machine soft coca
carbonisation cola et   alors porter les yeux with
sur l'adieu dans les pénombres à venir de l'instant
d'endroit rougeoyant

***

(poème)
d'ange d'acier des soupentes
d'ordure
d'océan abrupt
à la grève d'Éden
un indien d'été
les cheveux bibliques regarde ce que tu penses
la fleur minuscule in Skid Row image la main
la mer triste des marées de pleine lune
la route noire au bas du ravin au volant les roues
du cosmos
blue jeans autoroute d'amour brûle
la seule
l'unique
la première
ivrogne des gosses
tacot boutoir ivre mort
les bribes de feuilles stellaires catholiques
(aux étoiles)

***

histoires sales des différents guets le soleil astre
déroute du bled   la piaule à gueuler
miteuse en piquant sa biture speed d'extinction feux
de position dans les barbituriques postiches de jean
harlow se vautraient en terrasses les chemises

carrelées du saxo ténor
les cuisses d'écart avec au loin la prouesse
d'une estrade électorale   extradée de
soubresauts puants   « now i wish i could
write you a melody so plain »   drink still
and more coca cola l'amérique s.o. pue

lorsque les abattoirs à mes bottes paraissait le matin
de gangue sirupeuse des clichés

***

prohibition in Lowell
leswagonsendormissijavaiseupour
quiglanderaitdunsouffle le gris râpeux dérape intact
des moindres comme le tonnerre bleu foutre à gueuler
des soirées poussiéreuses des itinéraires abrègent
la sinistre musique lonesome de la grande roue
et puis mentalement la plaine de nos désirs d'os aborda
sa démarche hollywood dont la voiture boniments
de concessions quand même pressé se tailla et
de sombrer des
soirées
de fins
des   pages

***

vieil homme de broc   allons
d'adieu
moment qui viendra
mais
s'attendre un long moment
qui viendra
vieil de broc homme qui viendra
mais d'adieu   neal's father

dans le talon de mes bottes la route à reprendre
de comète asphalte le point arrière de ma vie
accourir titubant

***

SAUVER LA VIE D'UN CONTINENT À L'AUTRE

d'où vient noirci enfumé le paysage-frusques de la nuit
and nobody is going to miss you babe
when i'm gone

avide la route le mal tout le monde d'armoise du désert
et de sable je le file le camé aux randonnées épiques
chaque année parce qu'il ne demeurait sous seulement
les étoiles d'incrustation de chair bleue dans l'ouest les
lambeaux de longues files dans la nuit l'entendirent
l'engloutir
sans un sourire tombstone de connection

les filles de l'œil au blondin allumé dans la ruelle
saloon du veilleur de nuit et la bâche s'enfonça
dans la nuit
se mit à rire sous les portails de minute bière du petit
poème chiquito le bordel soûle solennellement d'alcool

***

LES FLAMBOYANTES ÉTOILES PURES NOUS
FÎMES TOUS QU'EST-CE QUE ÇA VEUT DIRE ?

***

et il quitta Cheyenne plissant l'œil au bout des lèvres
caressait d'allégresse du colorado avec la très belle
fille à la crème
les images pompiste de son estomac en flammes
de nausées
les fontes de selle gisaient sur le sol brumes pétrole
jimmy dean
aube dégradée chaque grain de sable route défoncée
ICI LA SOUVERAINETÉ DE LA PLUIE DU VENT
DU SOLEIL
DES ASTRES
ne se met pas en cause
CAR la mort en épingle à cheveux
petit coup
contre-bas silence de ses yeux-lèvres D'ÉONS
D'UNIVERS SUR POUSSIÈRE D'ÉTOILES
GALAXIES
D'ANNÉES-LUMIÈRE multiplication de mort

incommensurable lunettes noires d'avenir aux collines
murailles sur le bord de la route ce jour-là d'herbes
lancinantes aux revers des poches

ET PERSONNE MAINTENANT PEUT NOUS
PROUVER QUE DIEU N'EXISTE PAS

***

(les nuits de souche barbelées les lavabos minables
et sur le miroir suicide les écueils en roses écartelées
les heures longues dans les feux circulaires de
l'emporte avec moi black ravens d'où l'hallucination
tombe de la nuit et emporte le camion vers partout
derrière moi aux mains de la cia les frontières
obtiennent le sursis les fils de mes yeux retiennent
enfin le cap rapace sur l'eau noirâtre sous les ponts)

***

les villes mortes s'enrichir en contrebande
le déclin des résurrections étroites arrachent
écument les vaisseaux de neige dans les rocheuses
l'amérique entonne-t-elle
construire l'escarpement de la pente et laisser l'esprit
de la pluie s'en emparer (le cap de nos baraques
de poussière-ashes de grabat et par la fenêtre le)
la croisée empoigne le rire des méandres-passé
new york

***

LE SOLEIL DE TERRE PÂLIT ET
L'OMBRE INSÈRE
LES REGARDS DE LA NUIT ROUVRENT
ET ENSANGLANTENT TES RÊVES
PARIER SUR LA VIE
TU TENDIS LES PIÈGES DE L'ENFANT
CONSCIENT DE TA PEUR
TES GESTES MURMURENT

***

naguère de l'opium
en liberté
du soir
indéfinissable terne dans la rue décharné
couvant
courant des mystères de la vie
sur la chaise   codex
le fauteuil

le territoire sur la côte
rougir de la nuit lorsqu'un ciel lorsque l'interrogation
se porte ailleurs parce que
les fins de pages sur le sable affiné des continents
quand le souffle s'acharne à bleuir
à enneiger les braises
de l'enfance
signes

nos twenty cigarettes class a don't look for
premiums or coupons as the cost of tobaccos
blended in prohibits the use of them la codéine
bouillie l'observer d'empreint
les bars d'amérique de piano mécanique la californie
fatale des chromes rôdeurs quand les hors-la-loi
se font boucler

le brouillard les eaux rayonnaient les feux
jusqu'aux pompes de ventres remplis des perspectives
mayflower le paradis du peuple des clôtures asseyait
sa domination sur le bord des fleuves
sans se soucier scintille les troncs noirs jusqu'à la digue
les os lézardés par la chaleur de la route
s'accroupir pour ombrager les pneus

l'histoire de ma vie de ruines menacée
de bout en bout

JUST LIKE DEATH

ne pas venir des vallées cocaïne émoustillé
les bagnoles en trombe les chalands de la brise

se cramponnait à ces foutus visions d'alcaloïde
et les dépassait corps et âme sur des centaines
de milles

everything

***

ces chapeaux à larges bords les IZVESTIA
newyorkaises parmi les slums et les reflets rouges
au fond de la table du verre
le bordel le plus proche et s'enthousiasmait dans les
orgones de l'attaque reprenant le chorus et
submergeant
la salle d'une
grêle de
cymbales
entrecoupée de hurlements
la fumée elle-même décrit
la veine saillante cultivant chaque dent
le frisson paralyse au troisième chorus
lorsqu'il agitait les planches
    sainte !
grotesque démoniaque la lampe allumée le store abrite
les regards parcourus d'errance rire pour assez
longtemps

véhicule message pot big missouri pop catastrophe
jack des mesures avalanche des anches de saxe ténor
    saint !

***

je marchais sirop codéine bouillie longtemps noire
et la nuit longues heures avec   j'arrivai
sur le pont
les genoux
avec les Codex Mayas allumais une cigarette le livre
ne cessait point de rester ouvert à la Nouvelle Orléans
les lumières de l'eau puis ce fut quand on est mort
on est mort tout seul c'est tout   la profondeur
assortiment de chaînes et je me mis à courir
ensevelir
c'est le monde trop vaste sur une autre cigarette
jusqu'à la gare

***

l'adieu embrasé de lumières

(autoroutes boueux)

bourrus de comptoirs

rouges bleus de l'obscurité pluvicuse
lorsque tout se brouille d'échosyncope

le perpétuel chapelet des routes de contre-virage
empiétée la vie
à la rupture d'embiellage

le grillage de prévention électrique
les nuits
de rupture
alors
le trait d'équilibre devient point

d'infini
(HEXAGRAMME)

***

field star
morgue du nord mon frère au coucher
de soleil aztèque nirvana don't worry 'bout death
suicide trouve moi-même les yeux de l'aiguille

reward city
mexico city bop
slippity bop pow mexico
africa electric suicide
rêvait écrivait blues
woe street i love you

la côte faith
à l'est des portes du jugement
singasong
s'éclipse d'ange midnight
dans le visage
et s'endormit

***

LE FEU
D'ACIER FERRÉ DES VOIES DE
CONTEMPLATION
LE SIGNE DES RECUEILLEMENTS DE TEMPS
SUR LES VERTIGES
NUIT ÉTOILÉE AU MILIEU D'À CRÉDIT
RACONTER SES RÊVES

ET PUIS APRÈS SE FOUTRE DE TOUT
DES PONTS DE TOUT AU MATIN
LE JOUR DÉCHIRANT LA CHEMISE SUÉE
DE LA NUIT
DES NUITS DE DOCKS
À LA VENUE BLANCHÂTRE DU HALO DE
NOUVELLE HEURE ULTIME INSTANT QUI
OUVRIRA LA PORTE

ET D'UN DERNIER CLIN D'ŒIL
CINQUANTE MILLES DE FRONTIÈRE
DE VAGUES BALLOTÉ PAR LE VENT
DES VILLES FANTÔMES DU DÉCOR

MARCHER DOUCEMENT
DE SEE

***

LÀ-BAS

ALAIN PRIQUE

Romans

l'écriture, c'est la mémoire. Nous
écrivons autour d'une mutilation
et du soleil.
Il fallait me pendre à mon
landau.

Vous savez mon malheur : je suis châtré.
depuis je vis dans la FICTION, j'invente.

quand mon corps pourra tenir dans un cendrier

tout finira. la mort n'est pas triste avec
un chapeau aux larges bords et
une cigarette.

dans la Transparence d'un verre : on nous mutile ;
j'ai perdu un doigt.

notre sang coule.

(Manifeste électrique aux paupières de jupes)

MICHEL BULTEAU

Manifeste électrifié
Manifeste-rectum
Manifeste de brumes
Manifeste-manipulations
Manifeste incrusta
Manifeste de tous
Manifeste-point
Manifeste quotidien
Manifeste épongeant la mascarade
Manifeste-hystérie
Manifeste du crime
Manifeste dans la peau
Manifeste d'alarme
Manifeste-catacombes
Manifeste-Mississipi de bananes
Manifeste de bouches
Manifeste et crachats
Manifeste étrange de survie
Manifeste traîné en creux
Manifeste-lance-flammes
Manifeste de l'enfance
Manifeste sous votre peau
Manifeste accéléré d'or
Manifeste et gesticule
Manifeste de l'œillade
Manifeste-tympans
Manifeste empoisonné de lieux

Manifeste de la haine
Manifeste sous l'ongle
Manifeste anéanti
Manifeste la panique
Manifeste exécute les plaintes
Manifeste à travers l'angoisse
Manifeste-décalcomanie
Manifeste-méduse
Manifeste outre mort
Manifeste à la gorge d'érable
Manifeste aux balles mentales
Manifeste greffé insurrectionnel
Manifeste de braises immobiles
Manifeste d'agonie qui mouille
Manifeste d'aiguilles oppressées
Manifeste restitué des réalités

(Manifeste électrique aux paupières de jupes)

1972

JACQUES FERRY

C'ÉTAIT UNE NUIT EST UN ROYAUME

(Parvis à l'écho des cils)

MATTHIEU MESSAGIER

Que signifie pour vous le mot « expérience » ?

Il n'y a pas l'expérience comme il n'y a pas l'évolution et pas le sens du mot expérience parce que pas le mot pas le sens/ il y a seulement le VAL CATHÉRAL ; il y a seulement le sombre DISANT fébrile entre les phalanges des débris d'autres débris de nous/lacérant ma maladie je la majuscule je l'écris comme sur des écoles d'orties de luxe le long des corridors livides de l'épaule et dans les itinéraires du sang blessés de détresses froides ; il y a seulement le Rite Ovale du souffle officiant les prières sales de l'encrier des yeux.
Alors le geste décide du pèlerinage de la peine des tempes.

Considérez-vous votre réponse comme une expérience ?

Non, mais comme venue des doigts blottis du suicide, venue d'un conte de combe évanouie, venue d'un ramage crépusculaire ou vaste émotion de sable à rebours dans les continents dévastés des coudes.

Êtes-vous ce que vous faites ?

Stop pas de réponses pas de texte pas de collaboration avec les faux gestes des faux récitants de la fausse aube/écoutez

vite tous avant que Les Dernières Voix des Veines ne s'effacent en étranges liturgies blanches ne disparaissent dans l'écran gris des larmes : j'ai surpris Jacques Ferry au bras d'une pierre étanche, combinant des vautours obliques avec des paumes de peur, j'ai vu les joues fanées de pleurs de Jean-Jacques Faussot établir les itinéraires mauves de l'Éternité, j'ai lu les gestes fripés de Patrick Geoffrois conjurant les mauvais récits de dentelles tièdes, j'ai senti Jean-Pierre Cretin foudroyer les décombres de la langue de Lividité, me protéger des gencives démoniaques de l'ombre, et Michel Bulteau retroussant les lèvres de l'Immobilité, défroissant mon chagrin d'un rite qu'ils me dévièrent par exemple de saule enfin levé sur les terres de la pluie, enfant pluriel à l'assaut des vibrations rusées des diamètres, enfant moite triant les plaintes de l'ongle refoulant les mensonges de l'écho, partageant ma haine de la sensibilité en bon état de la pureté en bonne santé.
Écoutez tous la prophétie blême du geste :
des crues de mages en habits de neige descendent les hanches et les cahiers inversés d'opérations ; elles hanteront les beffrois lorsque les espaces heurtés de membres. Elles sont le voile exsangue de nos jouets d'adolescents. Les sanglots tonnent enfin.

(Réponse à l'enquête de la revue
Mise en page, n° 1, mai 1972)

JACQUES FERRY

Je puis maintenant écrire ce rite, ce conte de l'aube blanche, orée nuptiale des bas inondés de clameurs récitées : Matthieu Messagier écrivit les Laines Penchées, j'étais alors perdu dans quelque village d'Italie ; la nuit venue j'écoutais sa main, mon front triste implorant fixement des portails de ruelles dégrafées, mon sang manipulant la fuite, décidant errer dans le cri du coude... le train... fuir... nordir mes membres aux lunes imberbes. L'aurore venait des fruits chauds de quelque verger déplié à la hâte sous le ciel, je pleurais comme un ramage. Jacques Ferry habité d'un conte de la gorge rencontra Matthieu Messagier dans la quinte de ses membres royauté opale racontait certaines pluies de ses langes écrivirent des rites dans les rideaux de la chambre, tout autour de leurs yeux.

(Inédit)

MATTHIEU MESSAGIER

Oui, Mémoires, je quitterai un jour touchant neuf fois le bois du lit, (le bois de la cour d'école ?), et répétant inlassablement en mon esprit : « avant dix minutes il faut, Matthieu, que vous soyez assis. » Encore une faveur au secret des lustres : ressasser mon indolence dans le patio clair, pur et défait du château de la maladie ----- Tisane de chagrin, enfant, à chaque dizaine est un plus gros grain sur lequel on dit le Pater, enfant, toutes les fois que l'angélus sonnait, mes pouces montaient au front, leurs ongles frappant la peau une fois à droite une fois à gauche puis encore une fois à droite du visage, mon âme disait qu'être assis avant dix minutes devait me sertir, sauf.

***

sont les aubes-rites nord gestes
les ongles ont leur élan de peau /
l'onagre plastique peur soie
d'aller les coudes en
lieux noirs d'étoiles sera
les vaisseaux d'écailles de vis /
je nerf s'en phasme de détroit
et le genou a les mailles
de ses jambes d'amibe / tombée
opaque des sueurs d'abord d'angélus
les noix des pouces pour conjurer
or interviennent à la paume

les lacs de langes
ont la hanche des cygnes
suspendus du capricorne

***

déjette / gifle de cils

on n'heurt pas de pluie laissant mes lèvres-limes
que l'espace pariétal d'épier
est isocèle aux chromes de sang
sois-page dire toujours un poème d'étain

soc-aventure d'œil qui lape d'accélérer
la neige de mes yeux, l'avoine,
tombait / sur Drum City
sur les zones du cerveau les crayons
l'écriture-piranha devenir lieu d'osier
les congères s'accumulaient
sur l'asphalte glacé
les ongles ont leur élan de peau
sont les aubes-rites nord gestes

***

Me blottir, sauf ---- il y a seulement le sombre DISANT fébrile entre les phalanges des débris d'autres débris de dévotions de moi lacérant ma maladie je la majuscule je l'écris comme sur des écoles d'orties de luxe le long des corridors livides de l'épaule, ma maladie sans corps, et dans les itinéraires du sang blessés de détresses froides ----- il y a seulement le Rite Ovale du souffle officiant les prières sales de l'encrier des yeux ----- alors le geste ou pas le geste décide le pèlerinage de la peine des tempes.

***

... Comme venue des doigts blottis du suicide, venue d'un conte de combe évanouie venue d'un ramage crépusculaire ou vaste émotion de sable à rebours dans les continents dévastés des coudes... écoutez avant que Les Dernières Voix Des Veines ne s'effacent en étranges liturgies blanches, ne disparaissent dans l'écran gris des larmes, écoutez : des crues de mages en habits de neige descendent les hanches et les cahiers inversés d'opérations ; heurtés de membres, elles sont le voile exsangue, les sanglots tonnent enfin.

***

Ce jour d'habit de chocolat rails-semonces porc-épic des douves en I le prince rencontre les mouches-seringues les flatte certaines ont des margelles de cailloux brûlés sur la poitrine rituelle d'émerger soit le cri humide de l'adolescence à l'épaule

des nuages lapa blesse et laisse se corps coagula de l'écriture
sans crier de l'aine que seule la nuque est lasse, SI DES TAIES
DE MON SUICIDE

***

la cadillac du nez est l'angle des sueurs
deux énonce rite sept d'APPROCHER
l'astre et l'éponge :
Des milliards de fois dix dix dix dix dix dix
Des milliarques de fois dix dix dix dix dix dix
Des miracles de fois dix dix dix dix dix dix
épand de sang se brise à la nuque-toilette
mes confessions étaient le râle épais de la main
par une des soirées étouffantes / gluantes
qui obligent Manhattan à avouer son âge
les pores, ÉTAT DE CONJURER.

***

L'automne Trace l'écriture
pleine de grâce
des genoux scrutant
les morales / des
précis éternité blême en
os
l'élu piano / dînette-PAUME
RÉCITATIVE DE SANG

naître opaque
NAÎTRE OPAQUE
naître opaque
naître opaque
naître opaque
naître opaque
naître opaque
naître opaque
naître opaque
naître opaque
naître opaque

aussi s'abattent le livre des gestes

***

ma lettre d'or me protège partout mes yeux de voyou exsangue me continuent je suis mon pâle ma plainte comme du jardin le petit crépuscule noir et ma langue de filet des lampes grises d'eau là me nomment les épaules comme un sarcophage de prunes et l'éther nous sommes ai-je les lettres d'os en visage de bibliothèque et de neige et nord texte de pain d'épice en perles dans le laraire baveux des hordes de la métropole naine d'anus ; de l'anus du muguet de mes m je les forme pour de la méthode de menthe ; la hampe du navire la déverse. Me donnât entièrement les nylons confits dans la peau d'ardoise-pêche de l'orage des éperons or je suis le maître de l'aube / ...
ma lettre d'or me procède partout les yeux de l'artère-antre

(Sanctifié)

JACQUES FERRY

Les berceaux d'encre blême

Mon cher Matthieu,

Cette nuit fragile vint, hantée d'une
moiteur.
Je murmure gravement en ce lieu
les animaux gantés d'énigmes.
Retracer l'agonie d'un corps à l'orée
d'une fête.
L'élégance lacrymale des épées
ensevelies
mon corps exclame une mère,
clôturant mes cris d'orties.

La procession de tant d'entrailles
de cendres n'aura que ma
pitié douce.

Je m'exclame en toi d'un rite

Jacques.

***

Les derniers instants de mon corps en ce lieu.

Je meurs gravement dans l'ombre d'une mère.
La plaine intime des détresses rustiques repose
dans la fragilité salivaire des sanglots silencieux.
Le vent déchiffre des corps dans les émissions d'orties secrètes.
Octobre : l'écolier arrache le pansement du silence.
Ganté de canines circonflexes, un animal erre mon suicide.
L'enfant s'agite au verdict des plaines.
Un râle fragile repose dans les rideaux.
Les cartables de l'épiderme ont l'arrogance d'un ciel mort.
Relater les pansements errants de la chambre vide.
Dans le feuillage s'enfancèrent des exclamations.
La chemise lève le siège de l'os. La langue dispose
des loups sous la main.
Mes sanglots montent au ciel dans l'ultime automne.
Une plaie lointaine habite la chambre intitulée de larmes.
Le corps retentit d'une voix fragile.
Les mains traduisent la damnation de l'os dans
les yeux d'une foule.
L'Enfant Hanté de Loups :
« Jadis, j'existais par les mains d'ensevelir mon corps. »
La chair blanche éclate au soleil puis dévisage
la mer dans les parfums du Vide.
L'Ultime Texte d'une Nuit de Louves :
Mon élégance fragile intitula la représaille verbale
des oiseaux aux serres de langes

***

L'élégance lacrymale des épées ensevelies.

L'ortie happa des trêves de l'âge
humide et virginal
La fée de l'ombre costuma sa pâleur
d'un rite raturé
DANS LES LANGES D'UNE BLESSURE CRÂNIENNE
D'ONGLE-LÈVRE

ENFIN LA CHAMBRE RETENTIT
DE SEPT SUPERFICIES D'

ÉPÉES DANS LES GENOUX D'
UNE REINE.

VINT L'INSTALLATION DE SON CORPS
SUR DES TRÔNES DE HAÏR.

JEAN-JACQUES FAUSSOT

Les Cycles d'aubépines

Cils au coq d'une vie
Yeux étranglés
À la prière des refuges
Les fraises funèbres s'accroupissent
Sous exil de l'épée
L'angélus de faïence odorante
Enjambe
L'âme retournée de chaque reflet
À genoux navigue de branches
Squares ont étrier du nerf

***

Prestidigitation des haies
L'ébréché d'étoiles
Se mutile thoracique de ciel
Fontanelle de huttes
L'opium des piles de linge frais
L'enfance artérielle que nuit

***

Sous la cotte de mailles des larmes
Le vent sans outlaw cartonné
Rétréci d'hirondelles mon cerveau

***

Les cadeaux verglacés de clochers à clochers
Tocsin médicinal de mes yeux
Qui fignole qui gante
Les lutrins de maux

Désaccorde matinalement
Lune braconnage des nerfs
Salivés druides de scies
Rouet d'un châle tombal
La manucure des versants
Est enfant de coutures fraîches

(Les Épaules lacrymales)

JACQUES FERRY

Electric-fucking-kiss

Et la peau s'éveille
au linge d'éternité
bacille nuptial d'aurore
selon esquisse
et délire magnétique

(Inédit)

PATRICK GEOFFROIS

[…]
Patrick Geoffrois, la seringue au bras,
calcinant son film-sang sur l'écran des veines.
Les chambres cousues sous la peau du mot
délivrent les Anges.
Patrick Geoffrois mourant à chaque atmosphère
de diamant.
Patrick Geoffrois brodé d'overdoses blanches
[…]

Michel Bulteau

SOUS LES MERS ÉCRITURES
CONSTELLATIONS SANG
SOUFFLE BLEU SILENCE
MIROIRS CLINIQUES
DES MOTS MORTS

VEINES RAILS
MERCURE POURPRE
ÉCLATÉES
DENTELLES D'AIGUILLES COSMIQUES
LES YEUX BRISÉS
DANS LA CUILLÈRE CAME

DÉCHIRURES NÉONS
CANIVEAUX D'ENFANCE
LARMES CRISTAL
EXPLOSIONS DES JOUETS
COULEUR D'ANGOISSE

ANÉANTISSEMENT
ÉTHER DE NOUS
ARTÈRE FLUIDITÉ
DISPONIBLES
VIDE VELOURS D'INFINI

D'ÉTERNITÉ PROJECTION
VAISSEAU CORPS
ABÎMES D'ORGANES PESANTEUR
IMAGE MORT MÉTAL
REGARDS GOUFFRE
INTOUCHABLES GESTES NEIGE

PERLES TRISTESSE
MANQUE
GLACE PAUPIÈRES
PLEURS OVERDOSE
NON LANGAGE GRADUATION
PLUME SERINGUE
NON ÊTRE PAGES NUAGES

ÉLECTRIQUE TRANSPARENCE
ÉCORCHÉ LAMES OSSATURES
DÉCHIRÉ DE NERFS
BLESSURES SYMPHONIE
SANG D'ÉTOILES AMPLIFIÉ

[Sans titre]

JACQUES FERRY

Lettre à Jean-Pierre Cretin

Défi porté aux mains,
plus fortes que la mer,
qui soutiennent les têtes
des morts :
mains, souvenez-vous de
vos vies inutiles d'
autrefois, retrouvez ce
matin l'agilité de vos
doigts pour me découdre.
Je vous attends, accroupi sur
les cendres, je vous entends
déplier
          vos os,

je t'embrasse
                    sois protégé

In Eternity...

(Inédit)

JEAN-PIERRE CRETIN

Poème dédié à Michel Bulteau

Mes mains sortant des tourments d'hiver latéral
ne sont plus que de pâles jouets brisés
contemplant les paupières d'un bruit dans les cris
d'un soleil de corbeaux malades
mes doigts sont les lents échecs d'un navire
brisant de rêve en rêve des scalpels nocturnes
alors mon cœur s'en va pleurer dans les forêts
étrangement chairs et rien car
elles ne sont que nuances de détails malheureux
ainsi malheur procédant d'un autre heurt
mes mains reposent leurs ailes dans les cils
de pleurs monotones.

Mes larmes ne sont plus disponibles.
J'habite sous l'orme de Mai d'une lune de chiens
Joignant mes plaintes à mes prières
En mon silence.
Haine à vos cieux d'images calmées.

(Venins)

MICHEL BULTEAU

Je suis l'Aristocrate des Veines
Du Sang de Palais
De l'Os du Soleil
Avec mes yeux brodés d'exil
Avec mes tempes d'agonies de morsures
Avec mes poignets de baguettes magiques
Détresse-diamants
Chaos des vertèbres d'aquarium

(Sang de satin)

Larmes au torse d'une poudre

Gorge de lune éteinte
Au garrot limpide d'une rétine
Les dentelles de temple-salive
Le sommeil au visage-limite du silence
Ampoules de veines
Cristal néon-néant
En mes yeux de secrets
Sang électrique sur galop
Coton matin-foudre
L'apparition de velours clouté-cruauté

***

Fondre mes yeux en un voyage opaque
Le vent d'aiguilles d'or
Entre la nuit

Fantômes de lapis-lazuli
Manchettes trouées de la lune
L'éblouissement dans le tiroir massacré
Des lumières-balançoires
Sous le métal des draps

***

Moi Satan de diamants
Mes yeux et vous ne voyez pas
Mon sang sur vos dentelles
Je suis la Fée Au Miroir
Ou la Princesse Offerte
Mes lèvres de carrelage mouillé
Les lueurs d'atlas-lac épluchent l'œil
Mes bagues nerveuses d'eau dorée
Mes bottines sont des harpes de sucre
Nuit tu es rêve pendaison et jour

(L'Aiguille de diamant de l'anéantissement)

JEAN-PIERRE CRETIN

Sang / Les aubes salissantes

[...]
cher Jean-Pierre, encore et toujours,
merci de ce sang si flexible.

Michel Bulteau

sang / geschwindigkeit
MORT DES LETTRES
sang / journées, rideaux
sang / m'ouvrent un ciel de fibre
sang / te vomir d'autrui
sang / cet églantier de nerf
sang / me coule sur la pierre

sang / percussion fibre brille
sang / sous les arcades des galaxies comment
sang / visité de peau
sang / the blood line
DES ÉCHOS MON SANG DE BÉTON
sang / les aubes salissantes
sang / bas-princesses-doigts

sang / secoué moi cellulaire
sang / palpitations briques jambes
sang / me dérision me cellulent
sang / mes mains évaporées
sang / se cabre vernis de moi
sang / MOUCHES-CONNES
sang / m'énergie décolorée

sang / GESTES DU SANG
sang / suicide délavé
sang / d'hésitations condamnées
sang / suicide plus la lumière
la douleur du sang
sang / dégénérescence du sang
sang / me cache

sang / alors seringue
ANGES DU SANG DÉCHUS
sang / encre-sang
RITES DU SANG
sang / fleur du sang m'épavent
sang / se goût se toucher s'ouïe s'odeur se vue
sang / de lire au sang

sang / vers l'amont du sang
MES VAISSEAUX ME CRAQUENT
sang / m'en sorte lame
sang / à l'impact silencieux
sang me découle toutes veines diminuées
SANG-HAINE
sang / sont des silences

sang / mon toucher le prouve
sang / aiguilles qu'est mon corps
sang / fut désir-nova
ASSASSINAT DES LETTRES
sang / les poches de sang du trait
sang / SES GESTES

sang / mes sangs blafards
SANG BRAQUE À LA LETTRE
sang / album photo croisé ses veines
sang / rouge sur blanc
sang-stigmates
sang / front-ongle-mur
sang / l'odeur bleue de l'adolescence

sang / teenage adolescence
lettre étonnée d'odeur bleue
sous-miroir d'adolescent
alignement bleu des veines
pâleur de virginité
pénis bleu d'onane
les solitudes bleu lettres miroir

sang / sang des lettres
sang / la direction du sang
swing-pâleur / sang /
sang pervers abords brumes
sang / le sang s'arc s'aube se snuée
LES ACTES DE SANG
sang / sang swing néons

sang m'adresse
étaler son sang
intimité le corps
m'adresse étalé déclinaisons le sang
germent d'étoiles
traverser déchus le sang des néons
car-crash
intimité des sangs
jeté mon sang au gouffre
chute frère-corolle du rêve
m'auréole de sang

M'OSER DU SANG
sang asphyxié des flacons
sang / bière-fée-bistouri
sang / où majorité sang étonné
sang / insecte à la lettre
sang / cri chaud de la veine béante
sang / les aspirations glacées de l'aiguille

sang me vibration
électrode sur veine
transparence d'insecte

apparence veine violente et temps
lui donner apparaît / respiration
odeur dégoût
veine cloaque

sang / gondolier d'artères évanouies
sang frissonne des archets de sang
ARME DU SANG D'ÉTERNITÉ
SANG S'AFFALE AUX AUBES SALISSANTES

PATRICK GEOFFROIS

Lettre à Michel Bulteau

Dans les lieux transparents
J'ouvre les vagues renfermant
nos visages –
Nous échangeons alors les
perles que nous cachions secrètement
sous nos paupières –
Faisant des lacs dans les
odeurs d'orage –
Le vent sourire de nos
yeux tristes reste sanglot
dans la gorge Éternité

à toi et à Matthieu

(On my lap)

JASPE INCRUSTÉE DE SANG SAPHIR
COLONNE ÉTOILE VERTÉBRALE
DE SILENCE

ÉCUME PARABOLE
DE L'OCÉAN DES OCÉANS

LE VOILE D'AUBES CRÉPUSCULAIRE
ÉCLIPSA L'APPARENCE DES APPARENCES

ONDES DE NÉANT SARCOPHAGE DES LIMBES
VISAGE AURÉOLÉ DU MAGICIEN OPAQUE
EXORCISE MON CORPS ASTRAL

CATHÉDRALES DE PLAIES
SUICIDE MORT DE LA MORT FILTRÉE
CALICE LACRYMALE
ARTICULENT LA PYRAMIDE DE GESTES
PROJETÉE NÉBULEUSE
SERINGUE CÉNOTAPHE
L'EMPREINTE DES VEINES ZODIAQUE

L'OMBRE TRANSPARENTE
ÉCRIN OMBRE DES OMBRES
INCANTATION DU VIDE
ÉCLAIRE L'ÉCRAN-SYSTÈMES
OÙ RÔDENT LES FAUX MORTS NON DISPARUS
MASQUÉS OBSCÈNE RESPIRATION
HURLANT DE PEUR DANS LA PEUR

L'ŒIL PHILOSOPHAL
POISSON VOLANT
SOUS LES MERS CÉLESTE
DE PIERRES ÉVAPORÉES

REGARDE

TRAJECTOIRE DES NUES
SUSPENDUE ÉTERNITÉ
SURGIR STELLAIRE
LE DOUBLE CHEVAL D'OS
AUX AILES D'ÉCAILLES

CRISTAL DE LA MORT DIAMANT
D'ENTRE
LE REPTILE AUX NAGEOIRES PERVERSES
CONSTELLÉ D'AIGUILLES MOSAÏQUES D'YEUX
ET
L'HYDRE TROIS FOIS INCLINÉ
PAR L'ANGE RUBIS HERMAPHRODITE DE SANG
FLUIDE PRÉCIOSITÉ DE L'ÈRE
TRANSSUBSTANTIATION

(Parvis à l'écho des cils)

Lettre à Matthieu Messagier

Le doigt larme de nos larmes
crispe le givre-peau de la
séparation d'os étang gelé
de nos gestes d'enfant
le sang de nos yeux
grave le livre sacré
auréolé de rites
Je te rencontre dans
les forêts du silence
de nos nerfs humides
nous t'avons envoyé la robe
d'une fée protégée de la
pureté dentelles
tremblements célestes de
paupières tabernacle
là brûler à l'endroit
articulé du livre des étoiles
ses fils d'or calcinés
relieront les pierres
dans la pyramide des
limbes Autel des anges
Double de nos gestes.

Patrick.

(Poudrier de dent)

MATTHIEU MESSAGIER

ENFANT TRÈS HAUT / le mot debout

EMBRUNS n'as-tu pas
ombre bandée de foulards bleus épelle
l'horizon de pâleur.

Œil érigé sur le trépas des pores,
BRIS D'ANGLE AUTOMATIQUE

***

FRÉGATE-ENGOULEVENT.
Ensuite, je crus la grêle, herbe blessée à l'épaule, je sus la route au sortir d'embarcadères de perles geignant les vieux répits des souches. Les grèves bouclées du sel étaient autant d'océans lointains ; je n'avais de la crique que des araignées d'odeurs quittant la côte sur des vaisseaux en habits bleus et aux figures de proue étonnantes.

***

MA VUE DEUX EN TROIS
ÉTROITEMENT DANS LE CREUX
d'agonie bleue/le répétant/

par une bordée de rapaces éclatés/PERRUQUE-FIÈVRE MAINTENANT DU DISANT DU TEXTE AUPRÈS ?/calquant la foudre aillent à terre de lamproies criardes, crépuscules de diamants d'alizé.

***

voyage d'osselets de hache en disposition d'éclats de flancs puis le courant fit-il d'armures d'orgeat affairaient la plaie en ornements de sueur-étui/obligatoirement lente des sites de la

porte élevée en lieu de rivage noir roulant la bouche à leurs
yeux d'écrire à la foudre le naufrage enfin du pâle
enfant perdu du sol, son attention sur sa blessure/sucette/,
à genoux, les lèvres portées sur le grand livre des doigts aux
pages tournées dans l'enclos des draps.

***

accroupi venant forma/hurlant
mélancolie 1 /cage
univers 2 /décurrent d'âge
funiculaire 3 /blessure de miroir
manoir 4 /fontaine-là
cristal 5 /bras

et toutes les larmes d'intérieur

***

Les lèvres comme deux grands quais les dents sont les vaisseaux et la langue l'océan. L'eau était odorante. Donc il neige sur le rire de la bouche. Elle est un rite-univers. La brume sort des gencives, le larynx en est le port. Les glaces s'accumulent aux confins de la glotte.

***

nylon hors le visage trop perte de mer
en colère : « temps soixante gémissements
ne dit la fable-grêle de tuer. »
chat d'aube dégénérer d'un coup ;
goélette de coca en larmes
mélopée-crête
SANG-BORDÉE De mes langes
(larges et amarante)
escalader le réseau d'artimon du pancréas
Pulver atonal perdu dans les estampes
de marbre à Macao. De pagayer la NEF-
TÊTE SAINTE, sauvage des frimas d'algues.

puis lagon faire croire inerte,
les bras ballants
les bras en sanglots
les bras désertés

***

Toute l'aurore des robes narvales,
vers les précautions des nappes à
liteaux bleus,
le cri l'adolescent d'eau,
les cartables s'empalèrent aux tombes
éternuées de cimes
les gestes d'amibe pavot
leurs yeux de velours
la pâle artère est la grêle
ce bleu nord d'oiseau d'offrande
près les vertèbres
de phare-crâne chemin d'empreintes
sous le nombre de parler l'aine
de billard vital à l'épaule
puissant du pouls s'épelle tard
les morsures d'enfance
ont des hanches de nougat
crispèrent leurs cicatrices d'aubes

***

CAP D'ÉCLATS ENDUISANT D'ONDES-GORGES, l'enfant s'ouvrir de réverbération-combe/aperçu d'une clef séchait. Ma maladie enfin en quelque cent baies, elle, près l'étendue de la tête liée dans le lit de droite, et de gauche vite vit la CHASSE D'ÉCLATS DEUX,

---

Dévalant le choc des tangentes du cou BROYANT

---

alors sept trembla de pas renversés doués de mort.

***

alimentent un lait d'émeraude se prépare.
panique du marbre-candi
les perles ont un chuchotement inouï de
blanchisseries
la buée d'une orange tremble sur le froid
cri du seuil ne saura pas Le Pont De Battre
Des Os Profonds
une reine de mastic dans la charnière du
couteau
Donc je suis de la peau l'élégante pluie
aux taches de velours
des diesels vertes en bandes de mots
chassent dans le désert de la marge Donc
enfant une larme dit la nappe (la foudre a
des ricochets de buse) Donc de la bave du
nerf j'aurai le cœur d'amiante
lactée transpire des crispations d'érable
mouettes d'artère hurlant l'éternité

***

Des vagues des larmes gémissent sur la table-évidence et abrupt s'est converti en peu de lésion en peu de lieux sous son vaisseau   damner à jamais les piscines, tombolas de javel
                    Un spectre biseauté rampe ; minéral calqué des vagues deux ont déchiré mes lucarnes d'adolescent mauve.

Les rives de la peau me conduisirent au genou laissant aux articulations la première jachère de l'épaule traversant la lagune éteinte d'un neurone égaré franchissant un gué de doigts hanté d'alligators pour atteindre par le canal les bras le texte la naissance L'OCRE LIEU DES LÈVRES.

***

Chapelet de chutes
serré dans les bras
apostrophe antécédente
le cambriolage en majuscules
de la neige
gencives blotties de vibrations

ET TOUJOURS OFFICIANT
MES PRIÈRES IMMOBILES DES GESTES

écrire de la fenêtre
des débris de lumière
ce texte.

(Sanctifié)

MICHEL BULTEAU

Lettre à Mathieu Messagier

Château de la Maladie,

Très cher Matthieu

Et l'Éternel, je t'envoie mes Versets,
l'Embrun de mes vertiges, comme
ce gant tranché au rite, Ici le Marquis
le matin visite son parc, lorsque la
rosée n'est pas trop abondante. Les
bassins calment ses os, les pelouses
de délire,
chaque verset de mes veines
dans la cédille des armoires
Lorsque l'hiver viendra, il faudra que
je songe à greffer l'épopée de mes
os.
Enfin, très cher Matthieu,
tu sais combien nos gants de crâne
peuvent se toucher.

Michel

L'Aiguille de diamant de l'anéantissement

La bouche, baldaquin de la peur, os lucides, sang à la nue dite des larmes. Le thermomètre-gel écarte le linceul oppressé des gestes. Agonie d'un halo cassé. La nuit contre l'immaculée des marées, endort les morsures des bougies omises.

L'eau meurt sous les poignards internes. Les bombes de soie, tentures dehors une chute incandescente.

Le Diamant Volant transperçant le frisson vide des bagues de corps.

Ni l'univers et une fièvre sans ciel, les robes d'aurore, et un sang suspendu entre les tessons de la bouche et les dérives de la mort. Le gant étranglé de la langue.

Ombre orange des nerfs, la mort-nombril sertie d'une rosée mordue. Les tempes de pupilles, les langues de violons. Les cernes aimantés des artères de mixage.

Sur le Pacifique de ma détresse. Les vagues éclatent comme les veines bleues de l'insuffisance. Soda de mon sang.

Le sable, écrin de mes poignets.

Mes yeux aux cils de vagues.

Sur les draps brodés, mon enfance endormie.

La plage tranchée au rasoir de l'arc-en-ciel. Tapis à l'épée de mes colliers sans immobile.

Mon miroir triste miroir, l'océan. Fondre mes poignets au Château de la Maladie. Coffret où l'antérieur grima mon visage de fée.

(L'Aiguille de diamant de l'anéantissement)

JACQUES FERRY

Lettre à Jean-Pierre Cretin

[…]
se taire aux entrailles-méduse
je dé-couvre
ici
et la saleté prédiscursive et ses haillons d'aurore
là

mais the electric snake rising hypnotic

et... troupes de choc galactiques

tristesse → machine à sou(s)
dégoût → flipper
thé-citron → juke-box

personnalité ah, ah (les Scorpions Électriques)

la douceur bronzée des pantalons kakis
le langage des Virus
doux aux doigts abstraits

jean-pierre's fingers = les doigts du poète
ÉLECTRIQUE

<u>avec toi bientôt</u> → Fracasser all the mirrors
ensemble

flot continu de musique et de tambour dans ma tête
son couteau-plasma
prépuce palpitant les linguales

rotation-chien ; lumineuse
parfumée
vite les trois derniers textes

travers canal nutritif
artère-myéline penche, infusée
les tentures amniotiques se dilatent
sawah le heurter
circulairement des brahmanes

conduit engrené mécanismes
fallope réflexe lobé
sinon à jaillir pandavas
de ci glandes cooper
ou sonorité tantrique

multiplicité surrénale, védique
pénis aux anneaux des moussons
se transpose à l'aorte-vaïçya
certes phtalique
mais évanescente

In Eternity

(Inédit)

JEAN-PIERRE CRETIN

Les prairies d'enfants s'étaient écriés s'arc-s'ongle les souvenirs blancs des cieux du toucher-nuit. Qu'ils eurent enlevé leurs mitaines de gestes au paradis des bonbons joujoux les espérances cabossées d'aire adolescente de bottes fripées dans les crash-fuel et les élastiques de mâchoires les linges brûlés de la vision pâle. Que nos corps de chewing-gum terni soient aux prés de chatterton les astres de la douleur.

(*Orge d'enfants brisèrent l'écume*, inédit)

PATRICK GEOFFROIS

Lettre à Michel Bulteau

Dans les Limbes
galaxie
Les Actes-Vie
Explosent
Équilibre Sans Corps

Aluminium Étain

Anges Électriques
Nos Ailes de Platine
Feront saigner
les Tombeaux sans
Regard

(Poudrier de dent)

FADY NOUN

Mahogany Brain

L'Album Noir de Mahogany Brain effaça les parfums humides. Les anges perdus le bénissent dans les profondes statues. À l'intérieur de ce disque dont le titre est : *With (junk-saucepan) When (spoon-trigger)*, pressé par Futura Records, nous pouvons lire un texte de Michel Bulteau :

Xavier Forneret aux bagues de ciel explosé, et les diamants de l'aube me plient les yeux,
Le sable du chemin où j'allais pleurer le matin, mes doigts gantés de bouches veloutées, sans ongles.
Une serrure d'aiguilles gelées.
Un soleil troué de grilles.
Pieds nus je marchais sur le parquet.
Mon collier de lumière balançait ses rayons sur les bassins calmes.

Mahogany Brain / Michel Bulteau. En décembre 70, Michel Bulteau se maquilla de neige et de secrets pour enregistrer l'album avec Patrick Geoffrois, Mine, et Yves Berg. Après une longue prière à Xavier Forneret, Michel Bulteau vêtu de diamants et de larmes décida d'offrir ses os et son sang aux micros. Pâle et triste il récita des mots tièdes, des « génuflexions d'avant os » comme il l'a dit lui-même. Chaque morceau est une prière méchante ou timide, et la bouche à peine ouverte, les dents serrées contre la fuite de mots éclatés, Michel Bulteau après avoir conjuré les veines des instruments peut les toucher (méprisant la flûte et l'harmonica in Wrong Reincarnation, The secret body of wind, ou Zevagho Chezchago, percutant le piano in Screaming Zenith et Zevagho Chezchago) Michel Bulteau déposa les os de chaque morceau dans la bouche des gestes électrifiés de Bloody Hide and seek in the rain à Zevagho Chezchago. In Hot milk elbow il bloqua les fibres des vertèbres solaires. Patrick Geoffrois « brodé d'Overdoses Blanches » comme l'écrit Michel Bulteau, Patrick Geoffrois saignant de mouvements brisés : « Blood-drums » (in Hot milk elbow, Sky-fish et Head of night). Bassistes « mangeurs de cordes » de Bob Kaufman :

String-chewing bass players,
Plucking roll balls of sound

et Patrick Geoffrois déchirant les masques des cordes, éclatant le « miroir clinique » des basses mortes. La « blessure symphonie » de Patrick Geoffrois entaille les « caniveaux d'enfance » de Head of night.

Mine perçant la veine des sons, avec ses aiguilles il injecte ses os, étourdissant l'instrument : « thumping guitar » in Hot milk elbow, Sky-fish, Unbottoned eyes, The Child with the wind, the snow, and the yellow top waiting for the magical toy, Universe (Naked speed), Head of night, et Zevagho Chezchago. Yves Berg substituant ses seringues aux baguettes... amphétamines, speed... soulevant la peau des batteries, piquant les veines entassées ; When (spoon-trigger).

Les parfums humides, chaque veine percée, Mahogany Brain l'aiguille-sons d'une nuit, les anges perdus, un mépris aux statues profondes des micros.

(Parvis à l'écho des cils)

THIERRY LAMARRE

Ciel cristal
Soleil manège
Chemins brûlés
À la nuit d'étoiles
La corde sans pendu
Situation cachot
Mage au paroxysme
Cadillac herborisée
Putain d'Arizona !

***

Les télégrammes sont des bouches
Apocalypse
Les manuscrits...
Où vont-ils ?...
Au milieu des affiches diffamatoires...

***

Milliards d'instants
Austérité jésuite
Derniers sourires
Fleurs de soleil
Ennui des villes
Visage séparation
Face aux étoiles
Feuillets la terre
Grèves acidulées de larmes
« Le cercle s'est refermé sur
les vieux héros de la nuit »
Jack je te crucifie
Au soleil de nos mains fermées

***

Au souffle, sans force
Dans la peine et la blessure
Sur les cristaux irradiés
Dans la brillance
D'une éternité de sites
J'ai vraiment appris
l'apostrophe du pont

***

Souffler
Puis oublier
Les pénombres roses

***

pour Agnès

Les leçons de l'oubli
Commentent comme un ciel
la mesure de l'ennui

Et du vague à l'âme
S'estompent les récifs
noyés de coraux

***

Artaud / B Good

Artaud bleu sur soleil-mort
Isthme-électrification
Artaud-Corso
Refermé sur la mort
Population mère
Initié aux hanches flexibles
Historiens de la pourpre
Cultiver en sûreté
Vision équilibre
Émotion elle agit

Feu Eau Terre Ciel
Eau
Terre
Ciel

Cadavre dieu
Cercle éternité
Casserai autre
Danger ressort
Triangle hiérarchie
Vie rien
Magiciens révoltons
Loi revenir
Noirs dieu
Initiation infini

Feu Eau Terre Ciel
Eau
Terre
Ciel

Artaud froid
Envoûtement croix
Griffe soleil
Révélation noirceur
Glabre optique
Plaie béante
Sang irlandais
Mépris
Artaud / b good

***

Lyre d'abcès au jour des jours
Des pluies-vibrato
Des cendres à la ressource
Nous sommes des heures
À la mesure de la souffrance
Déportés des torrents
Sourires de carrefours signalés
Discrédités de hasard de joutes
Au mur des grilles oxydées
S'impose le calcul des minutes

***

Qui quand la nuit ? Pythie
Des voiles du gel
Assaille au feu blanc
L'aller sans retour de quête
de mots
Des filigranes de murailles
siège se renforce
Soutirant des visions
La lame meurtrière
pour nos vies mêmes

(*Untitled – Scattered Poems*, inédit)

ZÉNO BIANU

lèvres aveugles
pour traverser la nuit
stalactites-Coltrane
sagaies nerveuses d'Eric Dolphy
épreuve-silence
directement la vie

une seconde de gouffre
en vol oblique
la veine qui bat
qui s'allume-s'éteint

je veux jusqu'à l'océan
les ossements du récitatif
transparence-amen
les grands offices du souffrir

guetteur-Dieu
érosion-prière
dans le calendrier de la sève

les doigts écoutent
l'étoile de l'instant
le bleu-nerf neige
au fond des veines

faut-il mourir
pour avaler la fatigue
griffes d'éternité
frémir frémir frémir
sous le négatif du ciel

(Inédit)

ZÉNO BIANU ET MATTHIEU MESSAGIER

J'empoigne ta langue enjambant la sueur qui jette des éclats.

J'empoigne tes yeux à la vie m'ont appris suspendre des formules d'enchantement

J'empoigne tes genoux en marche dardant l'astre hébété de sa fièvre la morsure de la nuque à la poitrine des yeux.

À sa ligature de la matière, sauvage s'égare à la plaie extérieure ; prête du doigt, à la durée ardente son éclosion, prêtre du doigt, dit l'écriture éternité.

Élancement des injections naissances lors la respiration, tête séchée de crânes, cesse. L'onction dans le crible du crier porte la main gauche en trois faces mains liées lui portant à la bouche, ils se fondront, passera, creusa ce cercle que le relief poumon la croix tonitrue.
À errer le sexe blessé, là,
comme un livre étranger à son génie.

S'espère, avec le tranchant d'un texte ont la hampe comme *les enfants du corps passent en pays d'artères où poussent les veines d'éclats.*

(Mort, l'aine)

MATTHIEU MESSAGIER

Des itinéraires de landes   j'habite des usines de quinine décapitant les déclics millénaires, et menaçantes. Les gestes des armoiries fraîches ; n'importe bien fripé taire renaissant dans les ciseaux des masques. Le courant de la hanche, de linge, fait des dunes torrides, pour se perdre en ongle, revêt, vers le bas, des immenses retards de bouches dérivants.

Les Vénèbres.

Sang-dragon dans les rideaux blasphématoires sanglés la pluie odorante l'ablatif haine de la pureté en bonne santé haine de la sensibilité en bon état vertige de l'os peuplé de démons médicinal large laqué soit de damner de s'éloigner devin magnétique que boisé d'étranges brumes sacrilèges boulon météore double hors nuage les frasques le vaurien météorite publier ou bien en or aéronaute les discours d'indigo monté
les voies doigts,
La bruine supersonique j'écris le testament de mes coudes adorant mon épaule de pirouette, à genoux, introduit par les aubes.

***

où l'une et l'autre extrémité du segment d'aquarium pénètre
l'un et l'autre nord du texte placé à même ses espaces bordés

***

lierres apocalypse transfusions de ces segments différentiels :
Des murènes de fois dix dix dix dix dix dix.
Il existe un carrelage habité de fractures que je touche sans cesse que je conjure sans doigts, six par six après six.

DES AURORES PIEUSES PASSENT DANS DES IMAGES,
ET L'ÂME, ELLE SE CONSULTE EN LIVRÉE.

***

C accoladé se décoche
des rivages de la maladie
R essorés à courre où se lève
la baie provisoire
I visagé sourdre des gués
atteints de cardans
S hors épandage cartographique
les fractures blessées
U territoire céleste
oral de marais
L aux confins l'écaille
l'algue l'éruption
O où jungle la pupille casse
s'abrite tant de six
I végétatif épars
le luxe de la tête
R est rituel d'asthmes en
terrasses de lèvres noires

***

J'élaborai,
de marge en marge
d'angle en angle
(chaque carreau, aire pâle de l'hiver du doigt,
devait être converti en neuf automnes centrés)
des nouvelles divinités d'îles
sur mes cahiers d'écolier.
d'écolier
FOCAL DE GESTE
alpha-géophysique transcrit du lieu
68 degrés litaniques en 9 au Mont Donne
Damner
S puis G s'obéirent,
(procession de la rocaille de Naître à la somme incantatoire Donna précisément la lumière ;) la lumière établie/ transfusée à phalange cardinale dans une des aubes tracée de Enfant 6 à pluie malade coïncide au seul bord de fenêtre qu'habite le geste focal.

***

ici est un ciel/monsieur ambre des tortures de molécules ensevelies/radio malade des casques/gangster-suie d'images consumées/est à LA PROPHÉTIE DES VEINES et toujours que les gestes lapent nos adolescences blessées/les doigts sur le texte sont des langes faiseurs de sang/le domicile d'enfance dans la hanche de l'Ange, Scrute-irradiant issu de nausées-permutations, soi-disant l'éponge d'énergie vendue aux nains qui ouvrent le ciel-renseignement à grands coups de brouettes éblouissantes.

***

Calendar-Lake, d'écriture violette,
Calendar-Lake, ralenti-cathode des oiseaux de givre
Calendar-Lake, la haute artère des chiffons du rire
saigne, des hanches s'évanouissent.
Calendar-Lake, tesson d'envol parole-moule braise
l'orage d'argile a éclaté sur les espaces roses,

Calendar-Lake, peau évapora des clôtures de
gémissements, des laitances de silhouettes d'écrans
brûlés
Calendar-Lake, arche buée tournevis
Calendar-Lake, végétation de la langue,
Calendar-Lake, des galaxies liées, salmonidées
près l'ébène pénètrent des ancres,
firmament fardées même les baleines mauves,
Calendar-Lake, sous les pas, des franges de brumes
attendent.

***

J'installai des tentures de vomissements

une des fenêtres est immédiate puis auscultant les rais de lumière hors le vivant je les réétablis comme une voie pourpre comme une circulation de rites dans les yeux d'un des fenêtres est immédiate, seule.

***

Je dois conduire un lobe répétitif aux ondes, à l'éclatement. Tous ces livres, des épaules maintenant, sont les pierres, (PROTÉGER) que je dresse autour de mon lit magnifique alibi de tisane et concrétion triste des oracles funéraires penchés.

***

au matin,
dans un refuge entendu de gestes, (les cris des enfants me parvenaient dans les couloirs de la menthe) à distance des cantiques immobiles des rideaux est-ouest, les ténèbres défoliées eurent le paragraphe orange de mon paysage de têtes salies.

***

Sous la perle ailleurs
ont étranglé le bruit
salles de boucliers
écouter le jeu
de la pieuvre
efface coagulé
de naissances
d'éviers au
moindre insecte torride
élégie insondable-étoile
craie interrupteur sans vent
sous la perle ailleurs
la vitre d'écho a gelé
dent horizontale de
la plaie bleue des vagues
ardoise auditive d'imaginer
visage de chute libre
des déclarations de limandes
ont envahi et déferlent
oracle silhouette méduse qui coule
dans les veines d'argent
des voyelles nord berceau
l'encrier-l'avion mauve
caresse voix du ciel
bouche faut-il,
méduse naufragée du pâle
méduse dirait
méduse opale
entre des versets
la fréquence des oasis
des candeurs immortelles
du thé
méduse alanguie un tablier
méduse qui expulse
méduse les bras édités de débris
cauchemar-nœud-lame-méduse
méduse l'abîme sur les mains
hors ça 88 que le bord litanique
méduse liant les yeux de l'aube
méduse de fièvre
méduse, Automat-Bay
sorte de cicindèle
géographie carnivore ne

retrouvée à l'envers
les jouets ont la mémoire
vomies des bouches de feu
éternité-m'arrache
tiède s'abat
criant soit le rite
que le rite soit
que les îles blanches
que l'enfance secrète des
aisselles expulsées par le soleil
que des rocs espéraient
que des confitures-lys
que j'ai cru les nuages.

***

Mes pas, taches attentives aux fissures de la vallée, éclairées s'orientèrent au pierreux d'abord ; haut de stratagème, (des encres) du céleste perforé, passager de légères explosions de bois à genoux le disant bille-cimetière au froid s'agitant de lune insultant le front propose, explosera. De la chambre de combe qui commençait à s'étoiler en tentacule rétablies floues/ des noix équidistantes, parlent d'un second texte-itinéraire du geste dans la langue. Allées normales ont image de trancher loger ou attaquer. Les tombes enchantées,
dans l'écran mu a reconnu le vertige. Des paupières d'aube dont le serpent-larme froid d'arche et du miroir a reconnu l'eau d'une main hors de nuit, et brodée. L'éclate-brume lacérée de mots dans la grêle l'ont sang cassant des rois à travers le mur de renne aux yeux de nerf.
L'ombre tousse.
Une volière crépusculaire de coquilles, filantes, dressent du violet, désigna l'Univers 6 rite poche de chair, vive lumière berçant une cloison de texte inverse.

***

L'ÉCRAN D'UN VOYAGE DE DIAMANT MOLÉCULAIRE, AURORE TONALE ARRACHÉE AUX VITRES BLEUES SOMBRAIT DU DOIGT AU LARGE DES PLANTATIONS DE CRISTAL DE L'ÎLE VIDE EN E DONT L'ODEUR BOUGE ENTRE LES PAGES RANGÉES DANS LA RÉSINE DES MAINS DE L'ARMOIRE-ADOLESCENCE, DONT L'ODEUR ÉCLATE ENTRE LES LETTRES RAVAGÉES DU VENT,

ABRITÉES SOMPTUEUSEMENT DE NEIGES COSMIQUES DE MER ET TRAÇANT LEURS REGARDS DE LA VOYELLE À L'ÉTOILE ET ÉCOUTANT LEURS PLAIES DE LA NUIT, JUSQU'AU JARDIN.

***

Une fois j'ai jeté les Forêts Brodées Clignotantes. Leur autobus de mur ? Une fois aussi des ongles ont accompagné de voiles tièdes certaines pluies rocaillées du sang/jusqu'à la surface naufragée de doigts un jour de ciseaux parle pour la première fois, noir cent. Novembre une fois L'Ombre a tué des étoiles, années d'arbres
une fois a jailli.

***

Dehors des Dames-Lagons soignent des cathédrales
de laboratoires renseignants des mains
opérationnelles depuis longtemps au large des îles
des molécules
en sanglotant,
préparent des images blanches.

Elles viendront dans les livres élaborer des rites.

***

Des récitants d'aube en dentelles percèrent des visages d'angles croûtes de fréquences, enfin contèrent des restes de fables,
et leurs voix partout résonnaient sur les vallées vertes collées.
Leurs grandes lèvres dimensionnelles de sang dirent des récits de pythons.
de langes
d'océans noirs
d'informations d'épaules lactées,
translucides. La radio-éclair-hoquet mourut sans un souffle. Leurs vertiges gelés articulèrent des lettres de terreur, leurs doigts jetaient des apostrophes d'ogres touchaient les nuages étaient l'apocalypse verte et transie,

leur pâleur de cortège droit dressait des maladies en bois ;
l'écume d'argent de leurs langues combla toutes les rivières
pulvérisa le récit deux des vallées vertes collées /
Leurs têtes roulent dans des étalages d'astres :
Elles viendront dans les livres élaborer des rites.

***

Le Dit des floraisons intérieures de la paume s'est empalé sur la charnière du nuage de bave. Sous le pas des lettres sont des paysages infamants qui renversent la pieuvre dans la langue, qui ondulent des marchés soudés jusqu'aux rideaux, LA SÉANCE LOINTAINE DU SONORE / SCÈNE-ABOUCHÉE, COSMIQUE DÉFIGURÉ, / TONNANTS D'ÉCLATS UN RÉSEAU DE VEINES /.

***

L'ORACLE DE L'OMBRE
sur les ciboires bleuis.

Du palais de lacets Grand Hanté montre le cantique vide de peau à la voix brisée

jadis la lumière remua entre les pages d'aube défiant la résine vive ce poème épiant les adolescents égarés de la fable ; les tisons excoriés jonchent la peine, escale de diamants, d'un léger programme vert arraché à l'escalier vorace du cône-horizon, déjà. Cantique gémir hors le geste au creux du bouton de velours a tenté de toutes ses forces l'échantillon d'orage de l'écran,

échafauda la parole noire majuscule dans la fenêtre de sang,
Des émirs de nougats déchirent la légende variable
du silence.

***

Enfin visité de peurs sous les arcades errantes de certaines galaxies de l'abdomen.

Jade de brouillard aux jeux tic-tac-tac tira sur les rames, la perruque de guingois tapissée l'énigme de ce rouge dans le bateau aux épaules étroites de valise-Barque crochetée là dans l'explosion de la main offrit à la mer, je rampai des galets pâles à la queue de la peine d'écriture, enfin visité de peurs sous les arcades errantes de certaine galaxie de l'abdomen.

***

Une éruption solaire dans les lèvres du verre retient la fièvre au bord du geste.

Un épi général de mèche parle :
le chevalier équinoxe fulgurait de l'espace à l'espace dans l'écho blanc des plaies de la préface. La vitesse rattrapait la nuit verticale, comme des migraines célèbres de fantômes en pansements, sous des linteaux d'orties maléfiques. Une éruption solaire dans les lèvres du verre a engendré des millénaires de morceaux de papier sauvage que je bouge dans des gestes gris d'au-delà, rite.

***

Sur les rideaux de la première page est un vaste lit de Forme dirigée des pièges sur l'écran gris du Voile sur les gestes opératoires de la quatrième est la chambre arrachée à leurs mains où je dépose des débris de gestes, ce texte.

Enfin Grand Ordonnateur de Rite de mille ans estropié, survolant les glaciers du silence, oblitéra ses tempes dans les tentures humides de plaies libres de ce journal des veines hantées.

(Sanctifié)

JACQUES FERRY

Le Château des annales humides

L'or-lèvres de langes écervelés l'épaule apéritive écrit placenta dans la neige sonore me livide d'horaire crânien les antécédents de sang heurta les vertèbres-salive d'une taie orale repaire de haine du texte-totem klaxonne des steppes nuptiales d'aurore humide l'enfant hâve aux rideaux de ciel LE LIEU DU TEXTE EST NAÎTRE.

1973

MATTHIEU MESSAGIER

milieu de soin
dans le val cathédral
une cime flexible de sucre
bien transmise donc la
semaine étrange des giboulées
dans mon manteau de berceaux lus
minuscule l'œil déplaçant
sans le docteur bleu de toit
agenouillé sanglotant relié
à la peau de prière
jointe serpent du val
brûlait au moins
des coalitions épaulées
de canailles sans coudes
et des mots par la plante
vous ça la pluie
feuillet hérissé de brindilles
n'importe quelle ombre
c'était le sort beige des cils
que se corps laisse
coagula de l'écriture
après les distances lances de
l'aigle ongulé candélabre
firmament dans la respiration sise
partie chez les ongles
taillader les rimes
crevasse loin l'isthme tard
d'asthme ébloui
conduisant aux soupirs
pendant les volcans des lobes
en portait des étuis patents

par l'épée des phalanges
puis les bras parmi
le dérobé long et tonné
des paupières formulait
les étangs froissés du givre
dans le matin du val cathédral
dans les plaies du val cathédral
fleuve quadrillé des feuilles
que l'adolescence a touché
aux lumières fades des âmes
tendues dans les grandes ratures
de la peur munie des sourcils
feutres parlés du bocal agité
des veines feutres parlés dictés
de la grêle en angoisse
feutres parlés
par les avant-bras épuisés si
leurs taches ont le buccal en avant
blotti émiettant les
papiers en croix du genou
rompu des respirations
étanches de l'amont
accolades géantes
de ma pluie d'ardoises personnelles
coquille de lustre le pariétal a pris
le végétal entre ses poignets
de plaines la civière
tordant la porcelaine toute de sons
roi vêtu de la combe
officiant des poudres
avec son fourreau saint
des vergers bagues par l'abdomen
montent ici par la vitre
auréolée d'intérieur
digital parmi l'encre
latéral en couleur qui
titube le bouclier
des nids tactiles puis serres
bientôt le miracle
contrit des dytiques
étoilera son royaume en sept
méandres de verglas urgent lame et
trident du complot sans le verre
fenêtre t exigée que le rite
à l'aisselle de tibia dérivé

aux osselets tranchera à genoux
et pas entre le récif sanglant
des chapelles des dés
la confession pourpre
nord visage écartelé par le geste
du bout des nuées
je tisse de réveil chaque
double de lampe veine de jardin
paradée pendue
de la rosée enfin descendue
sur les complaintes criblées
sur le croisillon fané et cassé
du val cathédral.

(Sanctifié)

JEAN-JACQUES FAUSSOT

Diadèmes des strangulations

I
Douche d'astre freiné
Médaille aussi tarte de lac en draps
Qu'est le paon de ta langue
Le plancher cervelle sautée
Où les Nerfs-Babylone
Miroitant résineux le chagrin
N'a habit basculée la légende.

***

Mais cages sur traces
Ferrures par candeur
Bocaux bombardent sa chandelle
Sinistre son milan
Très bible en aquarium
Surnage par perles
Mon visage de l'ourlet des saints
Des aqueducs brûlés.

***

Génuflexion aux fentes princes
Oral depuis lunes et lunes
Lèpre en sa suite forgée
Paroisse de bords liquides
Et bijoux de coins promesses
Le verbe à poitrine percée d'un argent de marais
Ô vogue sale si
S'évince quelle heure de fouets assoupis
La prairie vexée de sa toux de souliers neufs.

II
Mes pleurs machineries de robes longues
paysage coupable de filets
volume nu de liseur mauve
ma bouche d'étoupes de cimes seules
ne consolent aux néréides maculées
s'il m'est donné la comète bavardée
où ai-je cache-nez de wagons
si caressant à l'infamie de sans lune

***

D'un passé s'isola cothurne de dormir
la Loire-coffret
obscures les paupières des sacs hantées
qui l'hydre de cône
fruits divorcés
aux armures de voyances
l'ongle défiguré
bien trop liane au creux des vides
glacial le rire grillé
l'horoscope des perles
un chagrin qui miaule aux doigts

III
Mes larmes dégoupillées avant drap,
Soleil à morve,
L'enchantement tourne en une levure de mon Autre.
Lèvres immolées à mécanique d'avalanches,

Volières de regarder mes jouets,
Baromètre du bouquet de dieu,
Jasmins à génériques,
Criant si fort que ciel file une maille à point,
Elle dort à essence,
De mes doigts à l'aine de l'alphabet.

***

D'églantine pomper ma joue dans un méandre,
Val de vomir arrosé de plumes.
Le temps à poulie de mes cicatrices,
L'Enfance aux loteries des saisons,
Est à maudire l'émotion déjantée de poitrine,
Les heures comme projectiles de pulpes dangereuses.
Salade de grand vent,
Le contenu noyé de la Croix.

***

Ma tête résonne sur le carrelage.
Dans la baignoire les minutes vont s'agenouiller.
Les insectes se liguent dans le nocturne de mon crâne.
Un mouchoir absent me fait pleurer comme dynamite.
Afin de démarrer avec la terre,
La bouche par le bout de l'escalier.

(Les Épaules lacrymales)

THIERRY LAMARRE

Higgins Redsox – 5e Baliverne

À Bruno, puisque
« Nous autres – pointillés d'infini »

le ciel d'une Amérique
les chevilles de verre incendièrent les rivages du tourbillon.
Y être, sur le néant prodige aux embarcations,
cloué sur les tempêtes,
déchaîné dans l'immobilité des soupentes.
Le roc à la vague ourle le corail de violence immaculée
comme les couteaux de seigneur,

***

« qu'autrefois la merde était plus noire et plus riche »

***

J'étais fleuve –
soleil des horizons de falaises.
Les récifs de scories avec le vent dans les structures
décharnées de mes membres
sirocco à la dérive
courses des mers de plâtre
bas-relief de lignes absoutes
la pluie soufflait sur la place

lumière d'une neige de brocante
juché sur les mâts décimés
au remous.

***

Synagogues d'anthologies
vermoulues, détrempées
mon regard interrogeait le bout des rails sur la proue écartelée
de la course,
se prévaloir de la pierre triangulaire
« dit le nègre à son compagnon de cage » :
Snag.

***

... mais au profil de Miss Norton, je reconnus la torpeur qui m'avait saisi lorsque je m'en étais emparé...

les volutes de tonnerre détruisaient dans leur cataclysme la splendeur d'une dégénérescence rédemptrice, halos solaires, lunettes brisées, intervalles d'Œdipe dans la rancœur d'une fontaine de Floride, expédition d'un massacre à l'envers de l'artificiel « vingt ans du rêve ». Les contreforts de l'existence sur ses flancs fluides

D'un seul recours dans l'accidentel je me heurtai à Redsox-Pound. Vision de lagunes. Caricature du creux-écrivain puis s'enterrèrent les échelles d'herbes.

Les âmes du silence respirent l'orgueil de leurs rituels, mais je ne pactiserai jamais avec ces gouvernements.

L'azur de l'ambre étincelle. Le saphir des péninsules m'appelle Hélios.

Et sur les cordages distendus, se plient les rumeurs des autres prisonniers.

Dans ce cauchemar, la pitié des autres s'extermine au rythme enlevé des tambours et des fifres.

Sortir de cet écran d'opacité comme d'une chaîne typographique trop étroite.

Cataclysme
Déraper intact
Ressortir vivant

Le tuer et tous les autres, même Redsox, lorsque assailli d'un seul vertige, je vacille sur les lignes cassées des signes et de l'opale déséquilibrée, lointaine de l'horizon.

En exergue de l'appendice final.

Miss Norton à l'italique des privilèges verticaux, « avec l'ombre des potences attenantes » et l'aridité d'un hameçon à came, trébuchée, arrosée dans le médaillon d'une lune vindicative

« Le reste peut sauter »

D'un seul recours, accidentel, Redsox alors assume

Échiquier d'aucun mot écrit. Filtrer la poussière des caillots inhumains de ces déchets. Échos d'agrégats résonnant dans la recrudescence d'expéditions, catalepsie d'odyssées blafardes sur un océan livide.

L'aube grise et s'installait.

Survint alors la fraîcheur décharnée d'une hêtraie. Puis en haut de la page la flagornerie des sentences d'hexagrammes et leur translation, s'attacher à « parfait » ou « pleine lumière » ?

Naître, renaître ; sans répétition. Accroître l'instant de ma nouveauté. Malchanceux entre les murs de galets. J'intitule les proies décharnées « Faucon d'Azur ». Iniquité des romances. Sur les siècles avides de phosphore, je grave les époques ancestrales du minéral.

CE QUI RELUIT ET PUIS NE RELUIT PLUS

Maintenir le cap m'assaillait les tempes. Des bâtards blonds, tels des vikings en déroute, se gorgeaient d'une nourriture de splendeur. Criminels, salauds, prisonniers et gardiens, bourreaux, assassins dans le chas d'une aiguille de nuit. Mâchoires au froid. Les vaisseaux en pure liberté.

Vingt ans après. Les yeux de mer, alluvions détrempés de séquelles étincelantes, dans des erreurs de mortier, loin du rivage, le PORT de ma tête. Aujourd'hui, je hisse les corps de ceux que j'aime en dehors du sable sur lequel je trace des messages d'éternité, puis me tiens
Penché sur l'aqueduc d'une toile de tentes en perdition, au pied des murs, du poids de la poussière, petits cailloux d'enfance, mât dressé, donjon au solstice sur mes épaules, juché le temps des saisons. Et soudain survient la ritournelle de rimes évanouies que la rumeur augmentait

Ezéchiel ! Raskolnikov ! Isaïe. Prophéties absoutes ! Énigmes sous les apparences. Aristote ? Les factionnaires du jeu sont les usuriers de nos âmes. Les cartes gominées se glissent entre leurs doigts et se nichent sous leurs ongles décavés. Le sept des dés tourne avec le soleil. Les saisons marquent « INCENDIE ». le couronnement enflamme les frontons, s'installe de stèle sur les remparts et scrute les créneaux. J'ai demain rendez-vous avec Jack l'Étrangleur à la Chambre de commerce.

Snag est-il Barrabas ou Higgins Redsox l'antéchrist ?

Cette douceur d'apparence, aride comme l'air. « Cette croix tourne avec le soleil. » Risquer sa perte en courant, brûlé dans la torpeur anesthésiante de la difficulté de la beauté. Alors faut-il que je rappelle le vieux Snow et qu'en adviendra-t-il du projet « Berlin-Bagdad » ? En tirer gain de cause face à l'accusation.

***

L'horizon est le camée d'une fenêtre demi-ouverte
Le visage d'un semi-jour
Marque l'émeraude d'un rêve
La beauté est difficile

***

M. Beardsley. Temps d'un temple. Vent d'un envol. Temple du vent d'une voix. S'étiole le granit achevé de mes ruines, dans le processus à long terme de mes proies « Faucon d'Azur » sur le cheminement éprouvé de la simplicité vulgaire d'un chemin initiatique. Assoupir les méfaits atrophiés de leurs dogmes ? Médailles hideuses et édentées de leur esprit. Les initiales de la beauté sont la renaissance. Aimer une autre guerre, irradiante de crépuscules dans la pénombre-torpeur, jusqu'à l'aube. Les empereurs sont les dieux de leurs frusques, divinatoires de haillons. Dans les mines glaciales du vertige, leur perte échoue les enfants sur les grèves désolées de la mémoire et laisse à l'imagination Dieu et ses contraires. Puis sur les vestiges de l'abandon, s'érigera la deuxième naissance des anges et des démons, sans analogie, que d'une, avec les madones des icônes, alors, dit-il, « la pierre achèvera le surplomb bleuté des équinoxes ».

Verser l'érable du mystère sur les « pierres de la beauté ».

***

À ce moment-là survint Abner, héros biblique d'une céramique de nuages et dans le lointain des constructions soi-disant indestructibles jonchaient le terre-plein d'une glose, avec, au loin, « l'ombre des potences attenantes ». Comme un fantôme, qui l'eau dans sa bouche obscène, lorsqu'il buvait éteignait le soleil d'un dieu rudimentaire et de Lucifer à la fois.

***

Citadelles de regards
Effeuiller les pages creuses de la trahison
Dans le moindre méandre du fleuve

***

Entre les mains de politiciens malhabiles et fielleux, les firmes d'hommes supputent les chiottes du moindre mal et du pour et du contre. Baïonnettes de la vermine.

Un autre riait derrière le masque humain qui ne lui seyait plus, gargouille. cataleptique. Je m'éteignais dans la soierie de la brume se levant à nouveau

***

À Dublin, Jack Dempsey. Ainley. Mrs Tinkey. Upward. Miss Lowell. Tous là ! J'aurais pu jouir du spectacle. En rire, à en perdre le souffle. À en être hideux. Je ne voulus jamais y croire.
Juste une cervelle de connard gisant dans le fond du bateau, échoué au milieu de gazomètres hétéroclites parmi les litières du désastre avec au loin, silhouettes hallucinantes, ces « dix mille poteaux en forme de potence portant des barbelés ».

***

Garbage King
Hobo Williams
Bob Crawford
tous partis. Pendus !

***

« Dis-donc-Snag-C'est quoi qu'il y a dans la Bible ? C'est quoi les livres de la Bible ? »

Snag est l'animal à qui l'on sacrifie l'écuelle. Décharné sur la rouille qui chrome les barreaux de la CAGE. Et dans la fureur d'Isaïe, Catechism in French enflamme le Tao des rois et des princes. Vermine feutrée des marécages.

L'échiquier des théâtres de guerre présente en position de défense les pourfendeurs de la bêtise hebdomadaire. Quelle résistance imposer ? Poser Red Bradsox dans le jeu de ma perte ? Butte Spokane me demande alors si je pourrais encore écrire. J'esquivai la réponse puis me laissait aller et me surprenais dans les désespoirs hideux des rictus de ceux qui posent écrivain.

Sur une seule et même page m'assaillent Missouri Rushing, Sanacisca, Ogdenutah, Downlog, Rollwell me laissant face à eux, eux seuls.

Petite femme, petite sœur, petite fille, oublier ces cataclysmes et ces abîmes, le ciel pleurait : nous y étions aussi.

(Inédit)

ADELINE

Une géométrie vénitienne

Une géométrie perd les prismes,
Cratères maléfiques, faux d'une clarté.
La crise vertébrée de cages
emmure les artifices.
Pourpre, céleste cloître.
Antre des lueurs.
L'orfèvrerie d'une branchie
jongle radiale.
La fanure d'une pupille cendrée
enrubanne la draperie des mélanges,
grêlé les marbres de brillance.
Précipices turquoises,
Écho du gel viscéral.
Aire absente hors des lèvres.
La fusion des ouates crisse
dans les eaux d'ébène et d'ange.
Trêve d'une essence.

(Inédit)

PATRICK GEOFFROIS

Lettre à Adeline et Michel Bulteau

Amsterdam

Dear Michel

L'Hallucination est recouverte
d'un voile gris sang des rêves
blessés...

mêmes agonies dans les mêmes
gestes des mêmes mensonges – le même
silence assourdissant rôdant sur
cette planète clinique de fantômes –
Les veines géographiques sont
maintenant sous la peau du livre d'os
Les seringues jaunies par l'urine
illusion articulent l'abcès cérébral
Le désespoir n'est plus qu'un
maquillage pour imbéciles
Tout est simplement plus sale
et plus bruyant
Quelques fois tout disparaît...
Seuls restent les grands yeux tristes sur
l'écran opaque... Ils ornaient les
corps temporaires de Michel, Matthieu,
Patrick, ... fixant l'éternité à
travers les paupières de l'espace,
déjouant les itinéraires tracés par
les cils du temps, ... au-delà de Tout
geste, ils ne sont plus qu'offrande
de regards... diamants dans l'écrin
de l'enfance sur un autel hors
d'atteinte

***

SOULEVANT LA PEAU-ÉCRAN PEAU-PIÈRE
LA MORT BLEUPOURPRE PÉNÈTRE
HORS DE LA FENÊTRE HUMIDE
VIDE D'EAU APOCALYPTIQUE D'OR
CHUTE DE CERVELLE
RÊVE-TERREUR D'ENFANCE

***

LE CIELMER ÉTAIT BLEUNOIR
DU CHÂTEAU D'OS CRISTAL
SOURDRE LE POULPE SPECTRAL
ROI CÉLESTE NERFS-TENTACULES
D'ADOLESCENCE DÉFIANT LE PRINCE

HIPPOCAMPE OPAQUE AUX YEUX BLEUPAVOT
CHEVAUCHANT L'HIPPOGRIFFE APOCRYPHE DÉLIQUESCENT

***

LES VENTOUSES HYPNOTIQUES ASPIRENT PERFIDES
LES RUBIS DES BLESSURES BORÉALES DEVENUES
MAINS PTÉRANODONTES AUX DOIGTS SERINGUES
GESTES TABERNACLES DÉCHIRANT LA VEINE OPTIQUE

***

L'ANGE POISSON PLANTE ERRE BRISÉ
DANS LES HYPOGÉES STELLAIRES ÉTALÉES
MAQUILLÉ L'ŒIL DU TEMPS REPTILE
SE MÉTAMORPHOSE RHINOPOME
INCANTATOIRE FABLE ÉTOILÉE
BESTIAIRE D'ÉTERNITÉ

***

LA DISPARITION BLEUE DE L'ENFANT BLEU
DÉCHIRE TOMBALE L'ODEUR DU CIELEAU
NUAGE NOIR ÉTANG GELÉ DE SANG
CYCLURE DANS L'HYDRE DU VERSEAU SOPHISTIQUÉE

***

CANCER D'IVOIRE AUX CILS D'ÉCAILLE
ROUSSE COMME LA MORT BLEUE
DOUBLE GESTE FOUGÈRE
ENVELOPPE OISEAU LA PLAIE OPAQUE
D'AIGUILLES NIMBES ESSAIM CORAIL
D'YEUX SPIRALES FIXE
À TRAVERS LES TEMPS ESPACÉS
MÂNES DE RITES CATAFALQUES

[Sans titre]

MINE

Veine-morsure crissa

Panique griffe
Usure Timidité
Panache Prosélyte
L'Écrin Sauvage pleura
Sang-Nervure
Dont les doigts de Neige
Oiseau de ma tempe
Lentement horde-étoiles
Injecta des Labyrinthes

Murmure Pâle
Explora Enchanteresse
Les veines déchirées
Mes milliers de Mort Bleue
Puis Redéchirées de Larmes

***

« Le Garrot ? ? ? B..... ! »

***

Statue aux noyades
Vitrail l'abattre
Précieux Massacres
De Froidure-Vautour

Grillage sombre
Feu pourrissant
Mais Silence Broyé
Étincelle-Ange
Voile des Lépreux
LÈVRES Brisées
Des cris si nuage
Aiguilles aveugles

Évanescence Éclatement
Serrures d'effroi
Bien que Meurtre Blanche
Gracieux Spectre
Mes (vraies)
Paupières de Petite Fille

JEAN-JACQUES FAUSSOT

Pan coupé au peignoir de chaque cheveu

Si fané le scalp des sphères
strophes à broche de lion
pour punir fardé
l'infarctus du son
au boîtier des paumes
le cartable opale du torrent
et l'épique timidement
sont nés les bouquets
cousus topazes aux vertèbres

***

Le lait de ce jour
décline le rétrécissement du Seigneur
qui mime la chose-oiseau
et affronte la rime
salive d'un rêve qui tourne crécelles
le médiéval déchire nouveau
gesticule ne prouve rien
les lèvres ont le naïf accoudé
et les fleurs l'œil crevé
l'habit à non revoir la terre

***

Sans ourlets le soleil
les océans broutent bûchers
le crâne d'éclairs courtois
voyelles sans gencives
saupoudrent leur chagrin

qui révèle les veines
les instants précieux
d'enfers gantés

***

Les fontaines qui pincent ses yeux
le Rubicon d'ailes
de notes fripées
à même le lange des loopings
l'autodafé béni des ongles
barque pour phasmes
les osselets musicaux de la mort
cocktail de toupies

***

La citerne végétale du visage
en manège de pleine mer
l'apogée déjà déchirure
les tempes chutent tourterelles
d'un debout écorché
où par pensée les fumées
raniment reptiles
un sceptre d'aveux mous
coffre d'un ciel-oignon

***

Les lustres ont gestes d'orphelins
un esprit cousin
de ceux qu'on nomme les plus lynx
l'arctique trouble du cheveu
de somnambules pâtes à modeler
ses genoux tels nautilus d'onglée
sont médiums fêlés

***

La buée d'homicides tapissée
échos privés de craie
les regrets se reflètent limaces
sous la peau des statues
la plainte à sueur de daim
requiem à la crème
l'arquebuse des vies
dont l'adret est roseau
le pinceau-crapaud
qui peigne le cœur isocèle

***

Les lassitudes en sachets phosphorescents
éthers aux crocs sortis
par vagues par vents
prélude au schisme des orties
la muqueuse mythique des hymnes
aux habits de balsamine
la résine du lent présent
et la mort demain son toucher de satin

(L'Opposé sensible)

JEAN-PIERRE CRETIN

Sur l'arène un des mains jointes
l'ongle psalmodiait des gisants
d'albâtre dans la gorge dépliant
ses étoiles dans la courbe blanche d'herbes.

***

Lissant génuflexion d'étoile maternelle :
Ma naissance Eut Cigonale l'Élection du Ciel.

***

Dans la prairie malade de la chambre
gisait un mouchoir encré de terreurs d'enfance.
Encensé par les aiguilles de tricot à jouets de fées.

Les cils de la neige étaient-ils
des gerçures de nerfs ?
Les verbes scellés dans l'orchidée
répondirent plusieurs ombres.

***

Une prière erre ma langue.
Voix ici car des aiguilles
gantées de lavabos onze
naissent les commissures
dominicales de l'ombrelle
de tremblements.

***

Dans un livre sans fièvre de
millions de morts j'écrirai
des sermons échappés aux aiguilles,
les scintillements déclarés apocalypse
tandis que des larmes afflux le voyage
d'encre, le niveau du front palpant
la nuit, circuitent des miroirs vaginaux.
Et sur vos landes de herses céphales
Je grifferai mes ongles décédés.

Toutes les larmes furent scellées
dans quinze années d'une étoile
double à la pauvreté d'un corps
d'écheveaux et dans les filtres
des documents désespérés d'une
solitude soleillée.

***

Enfant des chœurs des Anges
mes yeux morts dans la forêt
des fées descendaient le cours
du serment vers l'église principale des paumes.

Mon cœur blotti dans le drap
voyait défiler les terreurs
emmurées dans une Autre Vérité.
Car dans l'alchimie de la parole
écrite au singulier des artères
blotties n'est ensevelie que la
seule formule des mains jointes
au pupitre de larmes.

***

En vérité, en vérité !
N'est-ce dans les apocalypses
salivées de cernes durs que
mes yeux disent Larmes ?
Mais n'est-ce dans l'azur des
vestiges de plaies que l'enfant
faible des cimetières soudés
naquit ?
Mais n'est-ce dans les couchers
de larmes que respire l'Âme à
la sente demeure de Terre ?
En vérité n'est-ce là où d'un
jardin hanté de courses gantées
d'élégances désespérées que
naquit l'enfant chancelant d'une
soirée de givres, lacérant
mon ciel de nuages, chaussé de
silencieuses prières dans la
blancheur d'un lange mort.

***

En joues pâles d'ennui
Poisson d'énumération de dents
Cessent lieux d'azur fustigés de prière
Enfant dis-moi du lac d'aurore
La sépulture grise d'une douleur
Enfant dis-moi du candélabre de gencives
Pleurant sur les tables de Noël
Enfant dis-moi des vestiges du corps
Pleuvant en les mouchoirs hommagés
Les lentes tombes du rêve
Sous l'ombre monotone de Noël.

***

En vérité, en vérité :
Sur la morsure sonore à l'écrin
d'onglée de l'enfant d'élégances
monotones l'œil parcourait les
larmes du ciel haussant ses épaules
de gants chassées hors des
couchants verts et calmes d'un
lin de vérité.

Ici les cieux sont nus comme les
cristaux douloureux, les yeux
glauques dans les vitrines de la pluie,
ici les berceaux sont aciers de jardins
nus, les pierres brûlantes de la fièvre
emprisonnent de longs poissons
précieux, des cris de mouettes ici
sont des margelles de larmes, dans
les diamants précieux des vitres
les cris épellent des arbres morts.

(*La Main dominicale*, inédit)

JEAN-PIERRE CRETIN, JACQUES FERRY, MATTHIEU MESSAGIER

Le 2 janvier 1973

« Notre noblesse a franchi des taies molles de sueurs, les poignets des cris sont sertis de larmes, enfantées dans la neige. Je garde le lit des ablutions terminales de la haine de vos humeurs d'huître-néant. Écoutez la prédiction, les poètes des cernes de dégel viendront hanter vos rêves d'apocalypse déchue.

Jean-Pierre DUPREY écrivit : « ... Restent : Blanc de glaces et poudre d'os à l'horizon de même couleur – À la taille des neiges interdites... »

Les lucarnes pestilentielles de vos amadous cérébraux sombreront dans les doigts ventilés de laine, les incendies s'allumeront dans le vêtement cuisiné d'albumine, les plaies-œil des poètes arracheront vos faux-cris morts-nés des entrailles ventriloquées de vos mains impies. »

– « D'enfants-réalisés débris
Écoutant dire la pleine lune des paupières
Dépassa la peau oublieuse
Ce cri abîmé. »
Jean-Pierre Cretin

– « Octobre : l'écolier arrache le pansement du silence.
Ganté de canines circonflexes, un animal erre mon
Suicide. L'enfant s'agite au verdict des plaines. »
Jacques Ferry

– « J'installai les tentures des vomissements
une des fenêtres est immédiate puis auscultant
les rais de lumières hors le vivant je les réétablis
comme une voix pourpre comme une circulation
de rites dans les yeux d'une des fenêtres est
immédiate, seule. »
Matthieu Messagier

– « nous, roi par soi, un soir de soi, pensons que nos tristesses n'ébrécheront jamais plus le relent de Leur détail. »

(Inédit)

JACQUES FERRY

L'Eucharistie rectale des archers d'errance

La procession des bas atteignit les créneaux comme une plainte diffusée d'un pâle hiver. Lentement le cri des oiseaux évanouit la majesté sanglante du chemin de ronde. La reine parut un conte disposé à l'oraison des veines et s'apprêtait à dissoudre les hordes de bouffons quand l'Enchanteur Alentour surgit brandissant l'édit des venaisons sourdes.

Il révéla à la reine la conspiration lacrymale des archers et lui enjoignit d'apprêter le traité des lymphes livides.

Sanglotant sentence vint le Grand Veneur accomplir des chorales de crues domptant les glaives de la gorge d'un prince aux réclusions d'aurore, parfum d'errer le tabernacle de la fièvre consacrant le corps disposé blafard hors la nef, incrustant le sommeil des serpents indolores à la craie croasse un hameau d'orties ; ainsi fut flétri le Connétable Râle de la cour du roi des feuilles.

***

Au loin ciel s'ornithorynque de buses nubiles, l'idylle des langes entrouvre des lunes qu'éperonnent mes sanglots oréades.

J'aurore les festins d'horaires où mes mains seraient les parchemins d'haleine crucifiée, sanctifia vassal mourir.

Le procès de l'épiderme suppure de corridors nordir où la poussière identifie l'humilité du sang à des conférences d'alouettes inguinales mystifiant l'incantation de linge nuptial orchestré de cris.

Les langes, croisade de l'enfant vers les préliminaires d'orties ;

LE RÉCIT DE LA SEPTIÈME BOUCHE DU RÊVE

Je désire les coléoptères d'agonie franchir des tentures métaphysiques de grêle, pacifier des explorations pluviales de portefaix, d'évier devinant, buccal les empreintes du front naître à tant d'allées conjuguées dans les membres j'articulais des temples d'animaux aux particularités boréales des remparts.

Le reposoir de l'éternité était mon front humide de tant de processions mentales.

***

La jupe funeste des mers malade chronomètre le destin d'un lange dans l'escalier des fées ; explorer les tempes y augura gravir : tournoi sont les gestes s'anéantit aquilin d'atteindre glaires d'entre râle est rauque.

L'immense douleur que j'ai à la nuit, extérieur vocalise mère, conjurer la suprématie des membres, d'une royauté opale vertébra la noblesse la noblesse talquée des veines, à la nuit dis-je écouter le père arpenter les vertèbres de la chambre autant d'oubliettes blessées, la mémoire est un cratère d'ornithorynque m'élevait vers s'épela zénith arctique fixant le geste dans les brumes de la gorge.

Je râle des grives craintives désignant les pluies pâles essaim de peau parfumée.

Le tigre s'offusque équilatéral de futaies sereines au loin les métropoles d'os incantatoires balbutient la mer dans les fonts baptismaux de la langue, vers les génuflexions insonorisées du sang.

L'AGONIE DES PAUPIÈRES :

je neige ma voix décoiffée dans les miroirs, aux aurores heurtèrent des taies d'haleines râlantes.

J'ai crié une cicatrice sur le quai velouté de cierges luxueux implorant les pluies écorchées de rideaux.

(Poudrier de dent)

Lettre à Mathieu Messagier

Mon cher Matthieu,

Tremblants nous déposâmes nos jouets
en nos salives, en une grande souffrance.
Et les dédicaces furent des idylles
et je me meure et partirai loin, bien loin
je dépose mes mains sur l'autel de ton front
Je t'aime tant que je m'enfoncerai bientôt dans la nuit éternelle
mon Ami, Vous fûtes si éphémère, si pâle
et si beau en votre ultime lange

je vous embrasse tendrement

Votre Jacques

(Inédit)

1974

MATTHIEU MESSAGIER

Au soir de soi, Sanctifié, affectueusement (à peine si le tribunal de Noël avait penché les vitraux aux neiges souffertes des feux) l'intérieur obliquement habité, fébrile, quand des croisées endormies c'était le sang mêlé dans la paix immobile du pouls enfin renversé. Anéanti tout contre le flanc des chapelles et l'artère en paix au coucher des cicatrices, qui veille mes os d'une fable, berce leur peine, mes os qui surent rester sages, mes os sans cesse de l'extérieur des déchirements des crues, de quelque ardent chevet d'abord battant ma chambre défaite et fixe à la tombée de l'automne. Le vis-à-vis des buées ou ailleurs dans la grâce chargée des fondrières de l'Espéré -- -- sur les genoux viennent des corolles étonnantes pour me parler des orthographes de soie que les missels délivrent aux habitats nargués de la nuit --- la fenêtre baptisait des choses une lettre au courrier des os traduisait l'air du dehors en air du dedans Sanctifié arrimé dans ses aventures de noirs effacements ses aventures sont des sonnets qui tissaient les livres les sortait de sa bibliothèque de paupières sans les blesser aux vitres (aux vitres, leur correspondance décurrente, Souffrant émet du tigre parmi les aspects se dépare romanesque au soir de soi) mes vitres donc se haïssaient tant me montrer la pluie leur peur de mal faire et de précéder les armures mieux courtisant la grêle ses aventures en oxygènes oblitérés tachés du temps ---- la sujétion impliquait les graminées dans l'affaire de la nuit --- humide intervention des régions de première affliction --- les Encres Complètes où le tabernacle irisé des circonstances sues des édifices déplaçait l'élection du chemin prolongeait mes attentes --- harassé cantique, autre et intitulé le bois il consolait le sommaire soudain des lisières criblées de petites baies punies --- dont taie ici comme si l'angélus doutait des combes du nord à bientôt disait-il le crépuscule interjeté lettre à mes os messieurs quand cesserez-vous donc de brimer mes vitres, ces instances, qui me disent les pluies des fois, qui inoculent mes yeux aux allées tristes des arômes, au Dit d'après la neige, quand cesserez-vous de les faire souffrir ? ---- il n'y aura plus de déclin chaulé aux voûtes : un printemps et ses directives de cristal s'est levé sur les blessures et l'on entend l'appel malade d'une vallée sans sentinelles et l'ombrage craintif d'un vieux firmament se pencher sur le Pur tombé d'un soir d'argent. Des petits prés en aube font signe aux effrois nus des soupirs, il n'y aura plus que Sanctifié Parlé dans les Futaies dans la lamentation goutte à goutte dans un léger renoncement des Terres qui disaient qu'il pouvait Rester un Peu. Dans sa prière de pierre sourdaient des fragments de pas devenus blancs comme à l'épars flamboyant. Et des brumes à la fin voici le midi raidi des tempes en ruine, doucement il y flotte des décembres encore plus sombres avec des voix de toits lourds de neige et silencieux ; un Lointain peut d'abord réceptionner les fables rouges des feuillages profonds des couvents sans âge avec des rires de soie mal élevée par les robes, lui, Sanctifié, cassé sur le silence, dit encore que « voici le midi raidi des tempes en ruine ».

Je n'écoutais plus les légendes, mes os avaient cessé de taquiner mes vitres, j'arrachais aux portiques des otages pour janvier. Au buisson souvent se cousaient les inondations. Lors, égaré, les mains jointes, je réparais mes rêves ; l'angélus s'était brisé les cils, et le sort du verger, verger mes albums de givre me le contaient ; mes poèmes s'éveillaient en sursaut ; au ciel pendait le ciel.

Sanctifié, son cœur se brise, tout seul, indépendant à l'intérieur des évictions aux gisements de tiédeurs ; il préférait la tendresse cahotée des fenêtres à la phrase de viande du geai des combes en talc. La maison de sa tête est un asile. Ses amies les infirmières parcourent en silence les couloirs feutrés de cet enfer si doux, ô calmes et élégants à revoir les clartés pilotées à la grande baie déserte du salon principal ; le gravier des dimanches s'est abaissé, que Sanctifié est fait d'une souffrance courtisane née aux lèvres serrées des chapitres, même que de cela et longtemps après et les bras fragiles des nuits de Noëls souvent ne se plaisent plus et acquiescent aux moqueries parfaites ; et son pouls un jour n'a pas voulu jouer quand l'effondrement que demeurer qu'y pouvait-il communion définitive aux motions des pluies, assez ! Je n'ai pas laissé impunément ces ombres ces récitations blanches au chemin abbatial de *Les Laines Penchées*. Ainsi il s'est agi d'une punition exemplaire et qui dure et que les traces des cadrans et les rudiments dans la réplique de sang et qui dure à bout de la splendeur la passation des « faiblesses » de *Jésus-Christ ou la salle des rouages* ces traces à courir la stupeur du hiémal reposent depuis des étanchéités en leur propre et tendre tourment enfin immobilisé à bout d'assez ; il écartait les manigances des prunelles de la vie et de ses sbires et sa nudité n'a jamais décacheté le sang de leurs épines et déjà il n'entend plus car il est misérable et épouvanté par les fleurs.

Le rapport que Sanctifié remit aux membres du Cabinet des Affaires Iliaques s'énonçait exactement comme suit : « il y aura bientôt dans l'hiver mâché de l'os le grave bruit du cœur contre les nappes les balises et les aurores détruites passant au chevet des dents par des anomalies de neige à peine tressée. Mon âme s'est dévoilée aux repos je n'ai jamais joué mes mots sont trempés de sang j'écoute des bandes de cellules garnies de mesures qui scrutent et les rites agonisent et il n'y aura plus jamais de lecture sinon les poignets bandés de gestes d'avant-écrire même la nuit pluvieuse qui incline doucement les balsamines ne peut m'arracher à ce désespoir qui tinte dans les fondements de quelque matin j'ai si mal fardé ma peine mais qui s'en est aperçu qu'on comprenne bien je n'ai dit ne dis et ne dirai jamais rien sinon à ma confusion devant tout ou vitesse chaude des bouquets fanés des cieux qui au soi-mumure vide des rapts dans la voix coupée. Ici il n'est question que de vie ou de mort les veines bercent la lumière fade des rondes et pas. Seulement Des Yeux Non Servis Et Des Éblouissants Ennuis Ni Avancés Ni Reculés. Je n'aurais donc fait que traverser les choses, sans rien leur prendre ni leur laisser, Comme Un Déchirement Vivant En Fuite, dédale pour toujours, sans ricanement ni passion, rien, seulement attentif peut-être à la lueur horizontale des os, parfois à la trace de huit clairs dans le sein de novembre et les flots troués des rites dans le sage et gentil passer son temps ici dans la moiteur des ressassements et les sacristies, tout comme une formidable peine sans souffrance ici encore contre les plaques de vertige qui gardent le luxe chaud des sanglots comme une deuxième pénitence se consumant ou encore au choix supplicié de l'un ou l'autre itinéraire en rentrant de l'école mon érubescence si on m'a ou pas dérobé ce visage de mes veillées de verre je l'offre et ne veux rien en échange des paupières furent ouvertes sur d'élégantes tensions des impacts hésitent au bord des histoires et la poésie j'y étais avant à la fenêtre bien avant là où tous les masques que je devais revêtir plus tard me furent offerts gracieusement là avant dans la même douce et fabuleuse farce de mon lâcher dans les pages avec les déjà de folie sertissant mes approches dans le feu du gravier des dimanches en messe et le mouvement confus des pluies d'automne sur les carreaux des fenêtres de ma chambre et le crissement des listes de cristal sur les soirées innocentes et, auprès des ongles, j'ai vainement tenté. »

(Sanctifié)

MICK TRÉAN

Caryatide d'innocence

Lèvres excoriées au silence d'une nuit ancienne
Fourrés-soudain couleur de râle
Déchiré aux plaies humbles de lunes :
Un rite qu'articule immaculé.
Les rameaux de sang où os frissonne de loup
S'abreuve de cris blêmes : parchemins de larmes
Encre de velours
Les parures de la bouche de tristesse.

***

Les diadèmes neigent
Refuges des poignets d'enfance.
Les douves initiées de voiliers
Émerveillent les nerfs
Aux ailes pâles de lèvres
Frisson à craie cathédrale
D'un souffle murmuré de sombres sentes.

***

Lorsque la chambre s'ouvrit aux doigts cernés
L'air devint souvenir.

La mort blottie aux jupes de mer
Épelant timidité
Se nomma désormais détresse
Ressac des sons rongeant les os
Il bâtit l'ivre géographie
Des traînes de poignets.
Un regard songea les plaies
Les lunes de peau
Coloriant les draps d'empreintes blêmes.
Les murs oisifs remercièrent les gestes
Là où habite détresse

***

Ainsi la nuit ôte ses guillemets
Où s'or le sud
Le thé aux augures de sucre.
La goélette arc le nord :
La plus sombre est rêve
L'autre courbe
Erre des yeux de cristal.
Les nuits sont à blanchir jusqu'à sept
Jusqu'à l'aubier.

***

Alors s'entrevoit la lyre des abysses
Les percussions d'os
Inaugurent le temps.
Arbres rythme du ciel
Leur agonie de terre.
L'ivraie meurt des algues d'espace
Les sourires d'écume
Griffent la mer.
Pleurs arbres de nuit
Des fauves de feu.

Ainsi les forêts furent de grandes épopées
Broussailles de pluie
Aux heures de jeu.

JACQUES FERRY

Lettre à Matthieu Messagier et Michel Bulteau

Mon cher Matthieu, Mon cher Michel

L'écriture sainte articulée lentement
par la théorie velue des miroirs morts.
Les miroirs qui attendent les corps de
l'errance virginale. Les miroirs où
sourient les démons.
La terreur incolore de l'enfance

Les miroirs démontés de peau
La mer démontée de soleils
Le manège démonté

Des nuits de sang décoiffé, en pleurs
les longues promenades angéliques
tissées de réverbères.

Affectueusement, Jacques

(Venins)

Dernier poème, dernières mains
Les Glaïeuls de l'exil

Les capillarités épuisées d'un royaume de
mains, enfance humide aux remords d'
escaliers. Le corps s'échoue longuement
en ce dernier miroir.

Si l'enfance me venait un soir encore
je briserais sans bruit les miroirs de l'aurore,
les capillarités blessées viendraient se prosterner
sur la fin d'un miroir en son deuil étonné.

Mais l'enfance me chérit d'avalanche factieuses
faisant d'un noble front le jeu des vents
futurs
j'aurai en mon berceau un remords fait
de cieux
quand tombera la nuit sur la peau
de l'azur.

(Venins)

PATRICK GEOFFROIS

Les yeux pour voir
Les oreilles pour écouter
Les bouches parlent
Les préfaces préfacées pour
Les dédicaces dédiées à
SUFFIT ! D'aboyer vos systèmes
chiure de mouches, Béquilles du Temps
sur la peau des chiens morts !

Le Silence de Michel Bulteau
geste étoilé d'enfance
NE VOUS EST PAS ADRESSÉ
Michel lire sept fois la page
d'os dans tes yeux graves
les nerfs sur les larmes de sang
Empreintes préciosité
Foudroyant l'infirmité langage
Leurs Complots Tics de vieillards
engendrent leurs rictus projections d'anus
masque de la PEUR obscène
Peur des prophéties électriques
Peur des symphonies du sang
Peur du vide incantatoire
Peur de l'aiguille perverse dans la
veine du Temps
Peur des Miroirs Brisés
Peur des yeux des enfants qui ne
pleurent pas pour eux

(Venins)

MICHEL BULTEAU

La fatigue teinte d'amulettes
Les diapositives bouclées
Où les yeux doublent le bistre des coutumes.

Je ne retrouvais plus l'image de la Vierge
Au Poignard qui habite mes livres.

Mes os sublimes tournoient dans les armoires du ciel.
Quels os touchent les miens et penchent leurs rites de bijoux ?

***

Gibet de tous les alphabets,
Par lignes où roulaient les matins
Aux cerveaux-tours baignés.

Croisade sous la peau aérienne
Des gouvernails, gorge hélée
Étant l'architecture
De mannequins, l'épée assez
De la gêne d'une voyelle.

Avatar bleu, nacelles de précautions,
De veines au tabou de lunes :

***

Serres de gencives,
Hors du coma d'astre.
D'une trappe au-delà le viscère
Tue l'acte qui n'est agonie.
Les prairies échouées, lassos de brume,
L'écoulement croisé de gestes,
Puisqu'il ciel que le mot est le geste.
Et les palais de veines tremblées,
Et le mot inondé de sang,
Et le geste n'est coton que du rite.

***

Lorsque le doigt de tombe
Au cimetière d'ondes encrées,
Où l'arrière blancheur
Du détroit des douleurs,
Les sangs rongés d'alibis,
Et la génuflexion du langage,
Le couteau dans l'ivraie du mot,
Aiguisant l'écorchure.

***

Rite-plaie aux cils de lanternes.
Écartelé l'intérieur-citadelle du bras,
Les lettres encore d'un comté-crâne
Penchent les boîtes de braises ;
À l'asile de la veine,
Évanouissant les gâchettes de l'haleine.
Éclipse frottée de peaux.
Outre volcan
Multipliant les cellules.
Pleurent les soies injectées d'écueils.
La véranda glacée du mot
Blesse la gorge-cathode sanglante.
La veine blême déroulée sous les mots,
Parchemin à l'oscille-fard.

***

Le plus rien en un sublime diamant,
Sagaie accélérée de crépuscule circonflexe,
L'auréole-évanouissement des menteurs d'encre.
Tous sont des infirmières du mot
Protégeant leur matériel-accroc intact,
Alors que mon sublime diamant
Hypnotise l'os du mot, exsangue,
Soumet l'ongle aurifère du viscère,
Piétine l'écran où s'éclate la lande.
Les joues tressées de nuit-scalpel
Aux allées empourprées des nerfs-oreillers.

***

Dans les berceaux de folie les os sages attendent les fées aux pétales de délire. Sous le maquillage mon cerveau monte et descend, et ma peau est la tombe de mon dandysme entr'ouvert de neige. Les projecteurs de l'enfance cachent encore des locomotives de méchanceté dans les cadres révélés. Dans les brasiers de l'épuisement les encriers classiques adoucissent les ténèbres des organes. L'avion de cerveau aiguise les lances, les destriers d'étoles, et les derniers mourants referment l'épopée. Les poignards d'orages sur les dentelles de mes douleurs. Mes os dans les temples effarés. L'ivraie au néant de mes gestes, du dandysme du crâne, des veines contre Dieu.

(L'Angle-lit)

JEAN-JACQUES FAUSSOT

Livre premier

Le vent ne fut qu'un deuil dans les cils du printemps.
Le front qui brûle comme une libellule.
Les mouchoirs, mur du son des mots
Pistils des échos qui allument les os des jours
et des nuits amphibies.
Et si la mer (appeau des nerfs) était un encrier
pour les anges et les fées
Pipe-line des pensers, ce matin,
Hertz de regrets,
L'ocre, se trahir,
Le Sacré sans satin,
L'angélus sous la langue.

***

Mon poignet, crabe rouillé,
Et l'aube, pommade qui rugit comme les feuilles tombées.
Abbatiales de secrets à espagnolette.
D'autres mondes sur les i,
Les amygdales d'un soleil,
Est un tissu de sérum, un vaudou poudré.

Le rêve, un hall de mousse,
Axe des climats de nerfs,
Mais la foudre ayant de l'azur décousu l'épitaphe,
Crucifié j'ai duré le glaçon d'un jour.

***

L'étoile sous l'eau éclose.
Ma cervelle, une jarre de menthe.
Les solitudes par ratures.
Les migraines comme autant de fjords.
Formol dont le passé s'abreuve.
Les dés de la mémoire.
Flammes sans châle dans le temps.
Griffes d'un firmament qui déchiquettent l'oracle de l'asphalte.
Plus que la parade du regard : une liturgie angora.

(L'opposé sensible)

JEAN-PIERRE CRETIN

Ambulatoire to Javel City

La tristesse disperse ses mauvais attraits dans les épines du cheminement et les rues aux échos de pluie sont pavoisées de cris où l'âme trébuche. Une cathédrale de vertiges, de mains et de lassitude, la ville contait des langueurs dans mes cheveux et mes yeux déployant leurs fleurs mortes appellent mes frères à mes coteaux de peine insatisfaite.

Des jeux de couteaux précis, des menaces au chemin de ronde et mon pas à nouveau perdu dans la nuit récite inlassablement les mêmes larmes dans les mêmes veines qui ne veulent pas mourir ; alors des serpents inodores s'accoudent à mes yeux où rayonnerait la paix et j'étends des prairies de lambeaux sur l'éternité, laissant leurs sentiments vaquer à leurs autres prairies qui sont des colères droites comme des armes fatiguées, ma main en elle dans un gant de plaidoiries pour ne pas s'éteindre, des gants pour ne pas pleurer les ongles des prairies vers cette vitre de diamant qui s'incruste au berceau des cils déchus.

Cette ville sans pitié me harcèle de chevauchées déçues, de haillons et de plaines où s'écoulent les arbres filtrés de mes émotions. Un pas qui s'effondre dans le visage comme ce laboratoire habillé de corps.

De deux mains et quarante corps, cette résonance de marbre aura de ma salive comme des illusions méchantes de couteaux, comme des menaces de crime dans le deuil des peaux, horizons coupants à la limite des rasoirs des taies de chenilles qui rampent comme des peaux malades dans la main du soleil comme quarante corps dans leurs chutes énonçant des proverbes de haines dans la douceur de cet été qui finit sans appel sur le seuil de mes yeux. Ici j'épelle des limes innocentes et des corridors se renvoient leur océan inavouable, ici mon corps s'est ployé sous les lanternes mornes du canal et sur le ciel un ange a déployé des ailes de suie – les beaux orages des catacombes émues et sourdre à nouveau l'ordre des prières, souffle impatient qui me dit des promenades de bruyères et des regards pavés de verre alors mes genoux s'alitent à leur peine et la ville s'éteint dans un silence d'aguets ainsi qu'une larme montant dans la même peur d'un autre jour ressuscitait ses ténèbres.

Dans ses lendemains d'arbres pâles la nuit voudrait se reposer, des bougeoirs fatigués s'affaissent aux prières de mon enfance où le lilas aux sèves blanches dessinait des sourires de vipères.

Tout un visage préoccupé de ses visages vibre à cette mort d'araignée des trains tardifs, leurs mots dans leurs livrées de griffes s'essaient à des jeunes filles d'onglées ; lorsque les trains me murmuraient des voyages d'algues dans certaines pierres assises mes chers oiseaux de quarante mains, cygnes découragés de leurs rasoirs dans l'ornière aiguë d'un glissement furtif à l'été, de leurs rasoirs et de pierres accalmies, de nougats et de larmes, mes prières effrayées d'hésitations conjuraient les cimes violentes de nuits abandonnées aux lèvres comme le lias souriant des bras déclinés.

Sur le lit de cette jointure je retiens des cheveux de cette vallée, l'odeur silencieuse de gravure, de fleurs, et de cieux accoudés, alors paraîtraient encore quelques lierres envisagés et quelques crocs maquillés de draps assistant cette aventure de mains.

Tendus comme une lune à son dernier remède les tourments sillonnent.

Les émois n'ignorant rien des pupilles car demain je dois repartir à de nouvelles joues dont aucun caillou n'aura oublié les suites – je décoche à ce fil un dernier couteau qui en ses soirs de marches battues force encore des haleines – Ainsi de longues journées passent où j'attends la visite de ce corps ployé aux abîmes d'un jardin apeuré dans cette application de l'orage dont les collines m'arrachent des griffes languissantes – Jamais dans cette grande lagune tourmentée je ne vis d'autres mains que les miennes, en leurs doubles pleurant mes larmes sur d'autres ébènes à l'écho d'un lupin triste, à l'appel d'image pieuse plongeant mes cils sur les poignets d'amour auxquels ma vie se tache de sainteté.

Les cernes plastifiés de leurs regards ont des raideurs d'émoi et de divaguant dans l'étoffe sourde d'une fenêtre qui rugit des vents et des feuilles, ce pommier complice et fané règne sur un domaine mondain où je traîne seul ; d'une épaule à une autre épaule, palpitant de sa langue pavée de ciel je m'endors en des lys qui n'osent pas leurs noms, épaule morne d'un sourire qui parle à l'écran des neiges enfantées dans la douleur ainsi que cette perle du regard au détour d'une ruelle, une pierre funèbre marquant mes vêtements d'appel. Puis vient une nouvelle épaule essuyer quelques larmes car le son de l'angélus couvre ma voix d'une lande éparse, des rideaux d'encre striant les souvenirs d'orages, à l'archange Bienvenue disposant sa lance en ma bouche : alors qui lirait encore ce liseron putride, à la flèche au moins appauvrie qui me suit avec son bagage de cartons, à la promenade muette d'une veine morillée, tous ces palais vieillis de l'errance inondant leurs résonances de ma veine en leurs fronts cathédraux – Ma peur aux extrémités de doigts se compromet à l'été écartant avec soin les linceuls faciles et les arbres factices.

Cette ouverture a des frises où s'appuyer, les troncs puis les feuilles puis les fleurs en ma gorge d'enveloppe vernie attendant aux revers de leurs tables des étaus s'ouvrant – le long périple des chevilles qui connaît des oiseaux agités de lèvres et des puits déployant des genoux comme en cette porte qui s'ouvre – Dans cette cavité du souffle perpétré d'un mouchoir la tête indolore se recueille à l'invitation d'épaule et affronte ses larmes simples sur la même main.

Juin s'agitait autour du domaine piégeant l'aube dans l'insomnie et comme un linceul troublé des tentations, appuyée à des fruits laborieux, dans la poussière cruelle et élue des grammaires sous le serment de mille carrosses qui se perdirent à la nuit où les lèvres murmurent des prières apeurées, l'âme rejeta les rayons attardés aux calices des fleurs comme une pluie contemple ses reflets étinceler au soleil. Les myosotis frémissent sur la table griffant leurs essences dans cette seule saturation de souvenirs guéris de méchants oxydes, sur les parois précocement fanées du visage, les mêmes parfums attristés de départ caressaient encore l'enfant proscrit, déguisé par le corps, qui ne se convulsait qu'en un seul roulement dans l'infinie précision des bras, de la voix, et de l'âme.

Hanté par cette régularité effrayante qui se poursuivait en son inconstance je trouvais les ruisseaux lassés dans leurs vêtements d'automne hâtant encore des rosées implacables sur les pages à nouveau couvertes de signes --- Précipitent les couteaux qui s'épuisent à quelque nouvelle source, souvent la même, soudain dans le déclin de l'abandon, ne pardonnent pas, en sa dureté, les journées qui ne vivent de leur contemplation solitaire les vents noirs qui dévastent la chambre de livres toujours déchirés par les mains et dans leur hâte, toute seconde apparaît alors une extrémité à franchir ; le parcours mot à mot d'un été ordonnant sa respiration dans la douleur obéissait toujours à la punition amère du bel habit maculé dans l'enfance des jeux. Le temps n'atteignit que ses vitesses d'encres sans souci des fondrières ouvertes dans les genoux et leurs désirs de prier, la porte inscrite dans les cantiques comme une diction élémentaire anticipée dans la maison où assise attendait l'attente – Heurtée parfois d'espoirs acceptés – Alors ne survivaient plus que les larmes appliquées à leur devoir de larmes dans lequel mourait toute civilité non issue de l'ami.

Dans la soirée pluvieuse et fraîche s'écoutaient les gouttes semblables aux mêmes mains reposées de leurs ongles solitaires, en ce calice de bois les coudes décrivaient des actes de psaumes essuyant toutes les tentations de cristal fragile dans le geste du sang ; la duplicité terrible des larmes qui niaient leur chagrin personnel ainsi qu'une fatigue enfantée sur les prairies de l'enfance et qui avouaient le chagrin sur les tables absolues du désespoir – la seule joie, celle-ci voudrait déjà mentir, inondant d'autres joies dans le sang clairvoyant, ne recouvre que la solitude de la peine enfouie dans l'absolu de la nuit, inaudible et secrète, telle une peur de dix ans pesant les secrets qui n'ont pas d'oreilles et résonnent dans la tête en chants d'oiseaux malvenus, lourds de mille ans de travaux – Et dans mille nouvelles années les cieux ombrés et les langues sans paroles entendront encore cette soirée pluvieuse sur laquelle la route avait dessiné à travers les yeux éblouis de leur affection.

Ombre apparue sur les croisées immobiles d'encres les rideaux de pierres sculptées déploient leurs signes sur le poids des paupières figeant les siècles dans la main d'un lit meurtri – Juin livre une canicule calme emportée par l'angélus à travers les campagnes – le voyage accepté se confond aux attentes solitaires de la chaleur – Les échos de la vie ne parviennent pas à mes vêtements de terre, celle-ci porte toujours dans son nom des bruits immaculés et comme lors des orages de l'enfance allonge ses nonchalances reposées, ce même conte dont les bras battent encore l'air de proverbes : il y avait deux navires, l'un empli de gestes odorants défiait de vagues tourmentes, le deuxième n'emportait que les silences, les vents désolés et les fleurs qui n'éclosent jamais.

Dans les couloirs les larmes résonnaient de mille écueils, la pensée n'avait d'épaules que quelques doutes glabres. Au dehors régnait l'agitation coutumière des rues encombrées et à l'intérieur, derrière les volets tirés sur l'esprit, sur les mauvais présages des passants animés, circulait le seul calme de la voiture – Puis ce fut une grande promenade au château – le regard rivé à la fontaine – Voyage toujours identique, toujours plus âpre, quitter son trouble, traverser certaines paix comme mes vacances de villageois et renaître en d'autres troubles, effacer ces ombres brassées par le travail ; ces souffles mal couronnés ; puis renaître à de nouvelles paix ; approfondir les crevasses de l'âme ; dépasser les nouveaux malheurs ; ne jamais se méprendre – Assis dans l'angoisse de ce banc mes pas reprennent leur cheminement de lycée dans l'erreur d'une cour à traverser – Ensuite les mots se sont assis au bord de la fenêtre, voir passer tous les nuages, hein.

(Inédit)

1975

MICHEL BULTEAU

Réponse à trois questions de Dominique Noguez

Le recueil que vous avez publié avec quelques amis en 1971 aux éditions du Soleil Noir, Manifeste électrique aux paupières de jupes, *utilise un mot qui a un étrange destin poétique (Marinetti, Cocteau, Breton, la poésie américaine des années 60, etc.). Et vous ? Qu'est-ce qui, en vous, est « électrique » ?*

Du frisson de mes viscères, un matin, monta une étoffe filmée d'une beauté savante.
Pas de misérable scénario, de morceaux d'organes pensés, ni de vocabulaire-vermine aux ventres alphabétiques.
Mais un Rayonnement Divin offert au parc de ma chevelure.

Des viscères à la chevelure : n'est-ce pas un peu Pythie ? Et le langage, le langage, qu'en faites-vous ?

L'Organe est avant l'œuvre. Car les doublures, des organes et les grands rêves des os sont les mots, les sons et les couleurs. Alors les remuements mensongers des mots, des sons, et des couleurs ne sont que repoussants produits. Mes mots ont l'opacité des glaciers. Mes mots sont des nœuds de sang, des rétrécissements coagulés. Mes mots naissent dans les divans les plus éclatants de mes viscères, et arrachent les parapets rituels de mes os.
Tous les menteurs d'encre, les trafiquants de syllabes, et les malhabiles voleurs de mots se vautrent dans les jaillissements de leur saleté ramassée à la pelle d'anus, décalquant le décalqué de leur imposture dans des hectares de naissance fausse. Jamais mes mots mes os ne brûleront dans les faux chandeliers devant les faux miroirs.

Quelle trace voulez-vous laisser sur terre ?

Des gestes de dandy aux os argentés ; des fibres enfin propres, architecturées de fruits offerts, d'eau, et de lait ; épurer les fondrières du sang ; les plumes de fatigue d'une aristocratie extrême : la brillance des organes ; les bijoux des enveloppements multipliés ; des livres-coffres où les mots sont des rayons pliés dans des vestibules de miroirs ; ce magnésium cellulaire transmis comme un sacrement par dandysme dans l'éloquence des tranchants, sur cette planète matérielle et démoniaque.

(*Revue d'esthétique*, n° 3-4, « Il y a des poètes partout », 1975)

ADELINE

Dessins océans → Fleurs.
Excroissances pulmonaires ;
Dépouillé blessé de neige.
L'air procède par cendres
alarmées,
érige aux yeux
une durée, cyclique-hâve ;
giboulée de nuages.

Peur y rêve d'un espace
au sang émacié ;
organe limpide qui filtra
l'Autre Langue.
Lie en diamant.
Sylvestre nuisance.
Image épidermique.

***

Des trachées verreuses,
déploient leurs cantiques
tressés d'errance
↓
Fresque ensemée éraflera,
si lente, les traces ;
alors évanouie guirlande ;

Puis les ensevelir, tant félins,
qu'arborant, fênes – automnes,
les Coloriés, vous évoluer
des reflux membranés
↓
TELLE ; CRAIE TIERCE, palpe
ornementé, LES ABYSSES.

(Hiérophanie)

JEAN-JACQUES FAUSSOT

Livre quatrième

Bouddha-mimosa. Les saisons ont squelette oblique dans l'écrin mixte des dehors inversés. Le mâchefer des beautés. Où brame brûlant le nerf attaché à la croix des rafales. Le village que talque la prose des larmes. Pour que se greffe le rêve dans la noblesse de l'écaille. Le saphir pulmonaire du psaume sur le trône. La prophétie s'écrase dans le sablier. Un va-et-vient de lune ébouriffe mon cœur. Des peurs brillent encore sous le grisou de l'enfance. La respiration est comme un châtaignier.

***

Des solstices indolents comme des berlingots se placent au centre du naufrage. La saison davantage truque le chevet du vent. J'ai mis l'oubli dans un bocal. Dans le laboratoire des cygnes l'orage se prépare. Car si septembre s'apprivoise c'est que les pyramides ont germé. Les dents très près des vitres. Et ces miroirs mouillés qui menacent l'épopée. Le sparadrap du reflet. Cambouis du fil des jours. Les âmes sont bien les toupies de l'automne.

***

La peine est comme un paysage de sucre en poudre. Dans les rideaux où les mouettes s'émiettent, la mer se repeigne. Arlequin prend le thé. Mais là, s'accroupissent des idées que les ténèbres ont baptisées. L'orage parle comme un coquillage. La tonte des pages ne va pas tarder.

(*L'Opposé sensible*)

1976

MICHEL BULTEAU

Le sommeil des dômes

Je priais sous les roses,
Geste aux moulures
D'odeurs vues des proses
Blessées de voilures.
D'un siècle précédent
Mes angles habillés d'âmes,
L'étroitesse me ment.
Manucurée de drames.

(Îles serrées)

Dans le jardin scellé de lassitude,
les cavaliers attachaient leurs chevaux,
et les rames d'incarnations furieuses
soulevaient les eaux
comme des peaux de carnaval.
La galerie se poudrait de l'haleine des tapis,
de nouveau les portraits m'habitaient,
moi le portrait de moi
l'emprise morte,
les fibres de la peinture
moulaient la confession de mon sang,
mes talons délicatement
évitaient les plaies des tapis,
ce portrait où mes organes
d'océans inconscients
naissaient dans une mort séparée de la mort,

cette gangue de peinture
s'était vidée du moi-même de peinture,
et ce portrait embaumait désormais
le temple déserté de mon corps.

(Des siècles de folie dans les calèches étroites)

JEAN-JACQUES FAUSSOT

Sphinx des regrets

Troglodytes mes songes
Mes sens à gencives de phares
Luths aux restes d'un délire pliant
L'œil au piège des lèvres
Et la joue sans fin qu'on cloue
Les os dans des fumigations d'arc-en-ciel

***

Les regrets sont une mousse dans la bouche
Cendres froides du tonnerre
Quand aux ombres se confessent
Tous tigres à la gourmandise du temps
Les images-coquillages
Fièvres parées d'algues
Mots à glandes musicales

***

Plus de cris plus d'odeurs
Dans l'espace momifié
Le silence colporte les légendes
De mes yeux ininflammables
Le supplice habillé d'arcades
Pulvérisant le compte à rebours du matin
L'âme aux nerfs de cristal
Banquise où s'accoude le rien

***

Le ciel cadenas de l'ici
Strass des plaintes
Glaires fossiles
Au dallage secret des frissons
Les bouts du soir en nage
Mon rêve tout en nœuds

***

Du sang, partout du sang
Où nagent des poissons de diamant
Pour adorer les algues
J'ai prêté mon chagrin aux momies
Ongle d'un flot indigène
Somnambule comme une traînée de poudre
Le chant des miroirs
Au ressort des âmes
Sirènes au regard de marécage

***

Vénéneuses Caraïbes de l'Ennui
S'est fait le fruit le tunnel d'un cri
La préhistoire d'un mal
Une pudeur sur gonds
Braises dans les entonnoirs
Sous la fontaine de la vue
Un saule célébré comme un caillot
Immense gong qui éclabousse mon esprit

***

À vif la chair des contraires
Offrant l'inaccessible de l'air
Au délice des naufrages
Les volcans enchantés de mes yeux
Sanctuaires pervers
Où la transpiration des anges
Allaite le couchant

***

Le Sorcier des Venins Oubliés
Est violet sans visage
L'hélice du nombril
Une époque au plus plaie
Sous son œil d'épices
Une lune à sang de perle
Classiquement calice
Miroir qui déverse des laves dans mes veines

***

Une meute sous l'os
Crocs des cieux monstrueux
Qui dans l'âme greffent des éperons d'ogres
Ma dent esclave du saule
Framboise de mon cœur incendié
Le torrent qui me dépouille
Et fait de ma langue
Le fruit rare qu'il sectionne entre ses jambes

***

Le détonateur des mondes
Caché dans l'horloge qui brille la nuit
La soie mangeuse d'âmes
Aux heures glabres de miracles
Pleurer est un fourreau de corail
Une attente à distance de clavecin
Encore livide d'un poids de fil
Sentinelle d'un exil de vaseline
L'hiver est un suaire pour Vénus

***

Par l'écume éplucher
Sous l'ongle la danse des songes
Aux écrins barbelés
Merveilleusement
Au clocher du visage un reflux velouté

Le Mystère des Pâleurs
Salves de frissons costumés
Où l'Apocalypse dénouait
Ses cheveux de poudre
Refuge d'un oracle sucré

***

Mes mouchoirs brodés aux initiales des Vertiges
Les gondoles de souvenirs
Sciures dont le sang étincelle dans la gibecière du vent
L'Ange de l'impossible
À l'armistice des pluies
l'offrande qui se crevasse et tremble
Un ruissellement d'émeraudes bouillantes
Dans mon berceau de rayons

***

L'œil, l'aube de verre
Angle où valse encore le vomi des lumières
Le sarcophage des sources
Résine des peurs visitées
Si les statues le jour ont pour sosie le vide
La nuit leur langue est axe des saisons

***

Et mon âme, ciboire pour aigles
Mon cœur déboutonné
Sphinx échoué
Sablier contenant des cendres volcaniques
Des échardes électriques
Car là où jadis les barques tissaient des aventures venimeuses
Et où le fouet formait le souffle
Des regards à la mauve naissance
Fleur à l'ut d'un déluge
L'infini est un port tabou

(L'Opposé sensible)

1981

MATTHIEU MESSAGIER

Aujourd'hui est mort
le petit frère des voix
        Celui
qui n'avait pas rationné sa vie
        Celui
qui les réveillera là-haut
parce qu'il parlait en marchant
        Celui
qui du doigt sur l'erreur
de parcours du monde ne démontrait
que le continuer en l'état
implosé de son âme gracile
        Celui
qui pilote en mots de sable
        Celui
qui voulait rcvoir la haie
de ses enfances massacrées
        Celui
qui aimait plus que l'amour
        Celui
qui ne rêvait pas vos histoires
        Celui
qui fermente pour une aube
        prodigieuse

écrit pour Serge Clos,
quelques minutes après l'annonce de sa mort.

(L'Alose aux épars)

1982

ADELINE

L'Exilée bleue

Éclairs orange dans la nuit bleu vitrail.
Ma pensée est sœur de l'éclair.
Les fleurs sont douces, exactes.
Elles semblent là pour consoler.
La « masse » souhaite détruire les vrais êtres.
Le soleil se lève sur la mer comme un être neuf qui souhaite bonjour avec grâce.

Le vent violent nous fait oiseaux hauts.
Le monde se nourrit de mensonges, voire souvent, de religieux mensonges.
Les êtres refusent d'être mystiques ; chaque être est une facette de l'histoire humaine. Un mythe.
Les roses capiteuses sous le soleil attirent l'attention de l'été (humaine, médiocre, New York City, nœud de cristal fascinant, se repose à l'océan...).
Routines et clichés altèrent l'être et son devenir. Les conversations reflètent et ne créent pas.
Le langage erre muet.
Le ciel vert acide se strie par-delà les violines, les rosâtres et les bruns-bleus.

La terre perd ses cernes.
Les formes se fondent compactes.
La pierre ressemble à l'herbe, à l'eau.
Les éléments deviennent la nuit.
Tiédeur du soir et l'éclat final du soleil offrant ses dernières révérences, brûlantes, orange.
Peaux de repos.

Immense bonheur des soirs d'été au Sud. L'âme a faim de paix et de lumière.

La nuit respire très fort.
Les couleurs du ciel tamisent les stridences de mon cœur.
Le ciel de Provence, à midi, par une magnifique journée limpide est une merveille bleue ; saphir sous le soleil ! Comme la Méditerranée cristalline, il scintille au zénith.
Le ciel aigu darde l'infini, attire à lui les artistiques pins parasols.

Le monde est une constante danse des atomes.
Je vois le petit cœur du lézard battre sous sa peau.
Lui, sur la pierre chaude, moi, assise, devant les fleurs du grand Jardin d'Éden.
C'est la fête de l'Assomption : trêve où la moisson de l'été s'accomplit paisiblement.

Reine est dans le sang secret du diamant.
L'affectivité bloque la lumière.
La mort est une grande libératrice.
Le monde veut respirer !
Le monde des hommes, ne l'entendez-vous jamais suffoquer ?
Les verts vifs de ces arbres sont un langage. Leurs formes ciselées par la turquoise du ciel écrivent les hiéroglyphes de l'abondante nature, avec ses forces suprêmes.
La peinture classique, magique, voyait tout cela.
Blanc, argent, mauves, baves raffinées de la lune. Couleurs de l'imaginaire impression d'une autre planète merveilleuse.

Ô vents fascinants !
mélangés de glace et de sueur
vous redessinez les paysages
éclairés de brûlures !
Van Gogh, mon ami, se croisait dans les ruelles, sur les places.
Je disparais sur les rayons roses du soleil flou.
Je navigue dans le monde de l'air avec lui.
Au cœur de ma croix apprendre à me taire ! Ma tête éclate de rêves, si beaux, si fous !

Le petit enfant par terre soufflait sur les plumes, assis au bord du Rhône, près des belles péniches lourdes ; les remparts glissaient derrière.

Les pierres gothiques parlent haut cette nuit, parmi les jaunes de l'humidité.

L'orage éclate enfin !
Le mistral parcourt mon âme d'anniversaire, frissonnant sur le parme de ma parure.
Nous sommes tous de très médiocres messagers divins.
Les tourterelles croquent les perles rouges du jardin.
Les villes sont des êtres.
La petite coccinelle or et noir sur mon ongle clair, dansait comme un robot de luxe sur une piste de bal éteint.

(Ferveurs ou la Reine déchue)

1983

JACQUES FERRY

Les jeux d'enfant sont pleins d'odeurs qui se contredisent et de faire-part, de fillettes qui se donnent aux îles, de confrontations et d'orchidées mesurées, d'organisations pulmonaires et de télégrammes sales, de fillettes qui se donnent aux grilles des îles rouillées, de sang plus ou moins saint selon la haine, de fiacres et de regards perdus.
Les jeux d'enfant sont pleins d'occupations monstrueuses, de fillettes qui se tordent et donneraient l'été, de petits garçons aveuglés par une éducation, un écolier élevé par sa grand-mère, un acte de décès sucré et décollé du sanctuaire bissextile par la batavia. La position de l'église est plutôt réservée.
Les jeux d'enfant sont pleins de sénilité, de continence malheureuse sous le kiosque fade. La scène est en province. Le catéchisme d'argile devient rhumatisant.
Les jeux d'enfant sont pleins de casquettes burlesques, de bérets que les plus âgés se lancent malheureusement, d'entractes sanglants, de parfums amusés, de fées ambitieuses, d'observations faites par de vieilles dames aux chapeaux prétentieux.
Les jeux d'enfant sont pleins de rails, d'orchestres qui jouent sous le kiosque à musique, de regards échangés, d'amour, de sang, de gloire, d'éternité, de grilles, de descriptions erronées, d'offrandes fades ou pâles, d'observations religieuses, de réflexions manquées, de dames perdues, de silence.
Les jeux d'enfant sont pleins de petites amies que l'on revoit en les trouvant moins belles que la première fois, d'agates échangées contre un baiser, d'émeraudes, de grands-mères qui interdisent de prêter même une seule agate, de jolies demoiselles qui fréquentent déjà les salons de thé.
Les jeux d'enfant sont pleins de cimetières vermoulus, de clameurs perdues, de petites amies inattendues mais mortes pourtant, de quatorze stations qui guérissent, de calvaires civils, de petits garçons qui hennissent, de neveux noyés, de chevelures mauves, d'ennui.

Il ne faut plus rien dire.
Une voix : « Vous avez exigé une tombe de la famille des fleurs rouges et un salon d'orgeat parmi les marabouts, enfin l'orgelet fut un classicisme à la hâte mais peut-être une manière d'ombre faite au sirop d'orgeat pour l'instant précieux. » Les défuntes récréations à propos du septième voyage, entretien varicelle autorail, croquis d'une fée. Le billet d'automne, la beauté des dames est la faute du corps. Faites le dessiner. Ne rend pas ses dessins. Il avait donc fait les colonies.
C'est l'œuvre d'un disloqué. Incarnation purulente du catéchisme des tempes. Un poème est un sentiment d'infériorité. Le séjour amer des fleurs. La société des lacs enfiévrés. Fantôme arraché au sommeil du lynx. Paysage d'orties impraticables. La coïncidence des parfums et la biographie de mon nounours. Les orties involontaires étaient un alphabet d'émeraudes. Outre deux cents tonneaux. Crucifix en vacances. Reposoirs exilés. L'automne me distingue de l'honneur. Je pratique la neige afin de neutraliser les fleurs. Orties enfiévrées. Venise m'aveugle. Albinos pestilentiel. Les papillotes du martyre. N'insistez pas les îles. Hermaphrodite insolite. La démonstration des lacs aux cinq pétales, quatre fées, fièvre pâle des muses, la leçon d'un lac.

Le dimanche après-midi, les internes allaient au cinéma. Ils étaient parfois plusieurs à errer du samedi midi au lundi matin dans le collège vide. De temps en temps, il ne restait qu'un seul élève confronté à lui-même pendant deux longs jours. Aussi imaginais-je les internes devant la solitude extrême, comme au milieu d'un océan représenté par les salles de classe désertes où le plancher craquait parfois.
Quel testament solitaire à rédiger, quel testament solitaire ! Quelle vie, quelle promesse d'être seul !
Il pouvait s'enfermer dans la salle choisie et faire ses devoirs en attendant la nuit. Le bruit des oiseaux contre les hautes fenêtres était la seule distraction qui le guettait. Pauvre garçon dont la sagesse pouvait surprendre avec un bruit d'oiseau pour unique plaisir !
Parfois, en revanche, l'hiver, la seule distraction qui l'attendait était la pensée de son chat et il se mettait à écrire aussitôt un roman afin de pouvoir le nourrir. Il errait en frissonnant de classe en classe. Au dernier étage, il arrivait en sixième, il fallait se courber pour entrer. Quelle belle classe ! Quelle audace qu'elle osât exister !
Elle représentait sa première revanche de se retrouver ainsi un dimanche dans la solitude. La cinquième l'attendait, c'était la classe des élèves brutaux. Et s'il y avait quelque grand poète caché

dans ce vieux collège de garçons, un poète qui écrirait et endommagerait son âme à ce jeu découvert par l'automne. Il se prenait encore à respirer. Quelle haute tristesse qu'un dimanche après-midi en province ! Et si à Paris auprès de marronniers ou à la vue d'autres fenêtres aussi hautes dans leur modeste conception un autre jeune homme très pâle respirait ainsi...
Le temps semblait ne pas passer. Il apprenait qu'une chambre introuvable, il l'appelait chambre insoupçonnable ou invisible, ce temps-là passerait bien plus tard, quand il ne serait plus là, il apprenait une chambre introuvable, demain l'attendait le Banania. Ils arrivaient les grands élèves mal dans leurs peaux hagardes, il n'était plus seul, le dortoir partagé ne semblait pas un vœu.
Le film de ces jours passe dans ma tête. J'étais humide dans les grandes villes si troublantes. Je me revois devant le cinéma il y a seize ans et je me dis que ce livre est bientôt arrivé à sa dernière ligne comme je le pensais déjà il y a seize ans. Car comment ne pas croire que je l'écrivais déjà à cette époque, dans cette pauvre peau d'adolescent.
Je regardais les parfums se jeter sur moi comme des testaments de gamines effrontées. J'étais assez bien élevé pour ne pas répondre à la sollicitation de leurs visages. La passion s'affichait sous la moindre averse. Les chats se regardaient. J'allais au miroir me consoler d'être si seul en observant celui qui était là en face de moi à me contempler nerveusement. Puis je m'en allais tout seul comme un déséquilibré attendre la nuit. Le papier entourant les papillotes était le même qui entourait un premier amour. La coïncidence du martyre reposait dans le journal du premier enfièvrement. Et le très récent plaisir d'être défenestré courtoisement le conduisait en silence au cercueil sage de ses dix-sept ans. Le vent se levait dans la solitude fatale du dortoir anémié. La virginité des crinolines dernières tomba comme le soir en son âme et conscience.
[...]

(Correspondance avec une Tessinoise)

MICHEL BULTEAU

Seize ans

À seize ans, on a le caractère romanesque et sombre. Les amplis ne sont pas encore éteints. Pour une jeune fille, se déguiser en homme, c'est se préparer à mourir d'un coup de poignard dans le cœur.

Étendu sur l'herbe, un corps très léger. La grande œuvre des poètes : « nul engagement, nulle chaîne ». Pitoyable film à rebours, hélas sans carapace ni firmament orchestré. Des feux nocturnes, une girouette parlant à la lune. Joseph d'Arimathie somnambule dans les flonflons bleus. Enseignes barbouillées, mauvais rêves, disgrâces.

M. P. avec sa montre au bracelet usagé, portait *Jicky*, le parfum de l'impératrice. Dehors, franchissant le brouillard et la ligne d'arbres, des bruits de voiture. Maison de Milly, du soleil sur le parterre fleuri et les marches usées. Divinités sylvestres, lions tombés des étoiles.

L'indéterminé

La tuyauterie est bouchée : les mots ne coulent plus, les sentiments prennent du poids. Au ciel, tout est éteint (comme dans le vestibule). Pas de coup de téléphone, les araignées courent. Cet animal famélique faisant une tache sur la vie, peut-on l'identifier ?

Je suis assis à la terrasse chauffée d'un café. « On ne va pas passer la nuit »... Non, il est question d'un plan plus général : jeter des pierres au visage de mon double, que la douleur s'installe, que le sang coule de sa bouche. Au matin, il ira se rouler dans l'herbe pleine de rosée. Sur la table, une tasse, un petit pot de confiture, un ticket déchiré. L'après-midi, il était tombé de la grêle. C'était l'anniversaire de V. Fenêtres bouchées comme dans la correspondance de Flaubert. La cuillère, près de la tasse, pourquoi pas un porte-plume pour tourner le chocolat ? S'il fallait choisir ? Eh bien, non. « Je n'ai pas de semblable », clamait-elle en se tordant les pieds. Est-ce bien mon double qui veut ouvrir la vitre et se pencher dans le vent ?

Les cendriers sont pleins. La radio est allumée. La saison nouvelle est retenue dans une île. « Viens, descends où tu ne veux pas », dit William. Ses os saillent sous son élégant costume. Désespoir punaisé et injurié. « Y'a pas à y revenir. » Autour du cercle lumineux les murs s'écroulent et les télescripteurs construisent. Bras maigres, nus dans les piscines des palaces. « Mais non, personne n'est mort. Cette morbidité, cette obsession du macabre. C'est insupportable ! » Dans la tête une fois pour toutes : une démesure émerveillée. « Pose ton oreille sur le ventre de l'Art. »

Vive la lâcheté !

(La Vie des autres)

1984

JEAN-JACQUES FAUSSOT

Confession d'un blason

Les lointains ont parure de fièvre,
Habit de poussières rapides,
Le couteau de l'exil éveille la couleur des héros.
Dans la grange ruinée du cœur géographique
Un miaulement flotte comme une magie satinée.
Minuit me baigne de querelles presque jaunes.
Personne ne s'éclaire au réverbère de mon livre.
Des souvenirs aiguisés jouent les pieuvres dans les prés.
Le sourire du vent ôte tous les péchés.

Des ricochets aux chairs luxueuses

Les souffrances sont de blanches caravelles.
Par l'écume arrachés d'un passé volcanique
Les récits sacrés butinent sous les éclatements.
Une crue de songes à pôles de nacre.
Le sang d'ombre des cités à pieds de satyre.
Moelle qui bondit à l'appel des troupeaux,
Le gibet-chant d'un âge glorieux,
Mes vertèbres flambent au milieu des robes marines.

Léthé tourné

Les métamorphoses parallèles à l'aval du rêve.
Au point qui m'engloutit,
Tu veilles
L'espace se confit aux rayons d'un pouvoir extrême.
J'écoute la nuit dévoiler le secret des chaleurs,

Les hiéroglyphes de la peur
Qui chez les couples ailés provoquent
L'inversion de la sève.
Les ombres poussent sous les paupières.
Le cœur cisèle des glaives
Puis s'évanouit dans un bûcher d'odeurs.

Fards et poignards
(IV)

Le ciel s'éveille au clavecin de nos yeux.
L'âme fait son nid dans une fleur de feu.
Sous le masque de l'instant esthétique
La mort cache sa langue d'aspic.

L'arche de pollen
(vision)

L'hiver à nouveau me rentre dans les os. Je revois les anciens jours phosphorescents quand du fauteuil à la fenêtre j'énonçais les vertiges d'une enfance pleine de buée et de rosée. Depuis ma tête comme une perle a éclaté et mon cœur s'est retiré au couvent de la nuit. Il n'est plus de mots en éruption pour clamer les prophéties, plus de cristal sous mes tempes pour m'accorder au ciel, plus d'or dans mes veines pour faire briller les rêves. Mon corps n'est plus qu'un temple en ruine où règne le silence. C'est à peine si les rosaces de mes yeux tiennent encore. Voilà ce qui arrive quand on considère la terre comme une mandarine, quand on prend les ruisseaux pour des livres ouverts et les forêts pour des églises tranquilles. Jamais les fées n'épargnent ceux qui dérobent leur salive. Pourtant, je n'ai pas de regrets, car bien que mes heures n'aient été que des dés jetés trop vite à l'ombre de la lampe, je sais que dans la bonbonnière du temps la légende greffée finira par mouiller toutes les joues. Alors viendra le pardon et s'accomplira ce qui doit être. Les sanglots ressuscités connaîtront la gloire dans le jardin des chairs. Les encres bénies pénétreront la neige des dernières cervelles. Tout deviendra matin. Au loin, se verront communier les mots et les lueurs. Au calice du front viendront boire les oiseaux. Les paumes ne se sépareront plus. Des graines du chagrin naîtront les fleurs du Vrai. Le Beau sera bouquet dans la douceur des cernes.

(L'Opposé sensible)

1985

MATTHIEU MESSAGIER

Sur la seuil de Gémarrance...

J'écoute le bruit du verger
j'écoute le bruit de la cascade
    celui des étoiles
    le cri des loirs
j'écoute le bruissement
    de la lampe
    sur l'éternité des balsamines
    et leur langueur naturelle
j'écoute les dents du silence
    arraisonner des convois
    de traînes épaisses
j'écoute mes anciennes respirations
    d'il y a vingt cinq ans
j'écoute les chiens de chasse
    consoler les tempêtes mortes
j'écoute le sommeil des sauterelles
j'écoute l'immuabilité du cincle
j'écoute mon ancre de tant
    s'accrocher définitivement
    là où elle s'était forgée
    de ce côté du fleuve
j'écoute une reprise de chiffres
    vers les voies géotropes
    vers les voies îliennes
    vers les voies rectilignes

(L'Alose aux épars)

Rien que d'être là d'autre
Que là que le calme gagné hé
Qui bien là et sauf et voici
Qu'à travers le fleuron d'une onagre
Et d'une galaxie réunies
Je m'épie le chant de la grive
A son lin remis ; septembre
Commence à clignoter, l'ortie
Des orages a fait de sa salive un
Superbe dromadaire, les reines
Et rois du cor roman : la longue
Barque glisse à travers les roseaux
Vers une chemise reposée aux vaguelettes
Des gestes consumés en torches, trop frottés trop
Justement

(À chacun d'avril)

à ma mère

Nommer ne suffit pas à le dire
Ici le dédié se fera de part en part
Le soleil doucement immergé dans
le tréfonds de n'importe lieu ne
saura distinguer entre le mort et
le vivant, et trouvera reflet
ni trop grand ni trop petit
Seulement ce perpétuel
au fard brûlé jusqu'à la vie.

Comment se servir de ces cahiers : en exécutant ces derniers divers qu'il doit faire plus tard pour écrire avec mouvements toujours du petit point au gros point c'est là principe absolu qui ne doit être violé le choix assis repose ses pieds sur le sol et tienne le corps bien droit ; quand il écrira avec des ballons et sans difficulté à bien former ses lettres et à écrire sur la ligne.

Je suis entré dans la pluie.

À quoi bon sinon recouvrer, après évanouissement total de l'éphémère faire, le chemin de l'être qui l'a permis sachant ses entrailles sont fleurs et fleur.

***

Bordereau des subtilités ; la grande tanguerie des
Fenêtres à quelques arpents du flux d'un jeu ne
Supportait pas l'érudition, et, oui, le
Compagnon de telle proximité la plus avancée
en âge et en image
renvoyait ses deux nageoires
aux congratulations de débuts de vivre.

La voie royale, cette persistance de l'énigme où se célèbre la béatitude amoureuse aussi la douce irréalité des quêtes superposées autour d'une unicité maquillée ou reflétée au plus intime de la vallée décrite.

***

Je récite les paysages
Que maman et moi
Avons entretenus de notre sang
Vous saurez les voir
En y ajoutant une goutte du vôtre
Qui alors déclenche votre transparence.
Mais l'essentiel
Ce n'est pas ce qui était vu
C'est que le sang était devenu chlorophylle
Que nous étions seulement
Et surtout
Brindilles de cette Merveille.

***

L'élégance de toutes les tailles
Les bréviaires d'un cinéma éteint
Les armoises au bord des croisades vagues,
On boucle, le labelle (petite lèvre)

Parnasse Punk ; quelques dixièmes de
Seconde son cheveu fonde une attitude
Réelle des jours
    Rainette
    Pistache
    Nuits bleues
    Été intérieur
    derrière

    2 ou 3 Eskimo
        1 ou 2 with Égypte
        und Sonnet de Brune

La plaisanterie ramasse les feuilles

Je m'écarte mes mots jusqu'à ce
qu'ils ne vous soient plus.

(Les chants tenses)

1986

JACQUES FERRY

Lettres de la Baie des Fumées

Ne suis-je qu'une impression d'achèvement ?
Ai-je besoin de lunettes de soleil pour écrire la suite tandis que s'en vont les masques dans la solitude de certaines marionnettes. Le plaisir donne des cadavres sans adresses. L'automne conjugue l'angélus en démontrant l'entracte du Niger sous la platitude citadine de l'éther à la lisière de l'autodafé. Le désordre de l'instinct reflète les miradors de l'olifant aux engrenages marécageux sublimant une enfance du Rétameur et du Rémouleur. Les tilleuls me dépaysent à midi dans l'arrière-pavoisement d'une trilogie vénielle qui embarque l'aurore vers les cloches exsangues que guirlandes et hyènes transfigurent. Les haubans représentent la grâce abstraite où la villégiature décline l'âme mutilée par les ronces et le manège a des plaisirs pour expliquer la colère. Le pays qui joue dans les acacias derrière les ombres lointaines heurte les nénuphars solitaires sur le chemin des bigarreaux qu'empruntent les infantes amères privilégiant les naufrages. Et les aubépines vicinalement me recueillent en accordant vendémiaire au solfège. La grasse matinée d'une brute épaisse vagabonde jusqu'au sablier à l'entreprise songeuse d'une ramification transparente qui intéresserait la fenêtre entrouverte à quel degré. L'angélus sur les parquets cirés où murmurent visons et rédemption s'adonnant à l'excentricité. Rien n'est moins réel que les fleurs offertes en vain. Ce matin, on a retrouvé mes vêtements dans un rêve. L'unité d'action capricieuse des tilleuls rougit des chevaux de bois à l'abri des ambitions éoliennes qui devanceraient les monstres. La salive que doublent les lieux éprouve la fenêtre exclusive d'une émotion orientale. La grâce incurable d'une araignée du soir sur la conscience de l'arnaqueur mescalero aux fêtes de

Bofalorino à Bofalora. Passion des rythmes de fleurs en différé d'une délinquance s'estompant distraitement sous le vent blanc. La rumeur citadine s'amplifie jusqu'à devenir platitude. Le devoir conjugal guette les marionnettes au carrefour de plusieurs règnes. La nostalgie du Chat Ganté naufrage à l'intention de l'enivrement des lys. La condition solitaire que l'on peut taire en jaunissant idéalise le détachement envers une image lointaine. La catastrophe excentrique glisse dans le silence comme un enjeu du dimanche au-delà de l'inconscient. L'étouffement des hibiscus noirs prélude à une minorité de gestes abstraits en collision avec les songes. L'apothéose me distrait d'une absence luxueuse des tisanes inspirant le chaos. L'attente de la neige me fige en un douloureux naufrage d'ébène rose tandis que mon enfance s'accumule sur les manèges. La grâce des tilleuls se jette sur les reposoirs du Mois de Marie. Castor et Pollux étaient trois. Les invités du jaunissement appellent les petits sanctuaires à me compléter ingénument. La crèche des mondes en papier de la demi-lune déambule longitudinalement dans l'obscurité infinie du scapulaire tapir et le fait d'être blessé intérieurement embarque l'apothéose des lustres d'Alabama vers la torpédo au fond de ma conscience. La buanderie discerne l'animalité sous la courtoisie. Les myrtilles intitulent la villégiature qu'évince des réminiscences l'esprit du sable. Vivre n'est qu'un devoir de marionnette. Je m'oriente selon les nénuphars d'un cynodictis de nacre à la notion de balance. Il choisit d'éthérer l'aurore par le truchement d'une utopie de spahi. Ou offrant des murmures aux orchidées au rythme d'une femme irréelle, l'olfaction euthanasie le culte des tourments ardoisés. J'envoie mon visage aux bananiers du Mékong.

Le fanion engendre les marsouins, un verre de profil et les nymphéas destinés à ton regard, la brillantine sur les voyelles dévoile mon âme tournée dans la direction du buis. J'appuie un jouet sous la voûte d'une origine qui remonte à la fenêtre en fleurs dix secondes après. Il s'entoura d'élévations et d'étreintes désincarnées. Les orchidées devenaient lentement le tourment des églises. L'éternité véhiculée par les songes, je me détache du monde. La part du petit saxophone jaune dans les réminiscences étoilées de femme irréelle. Masques funéraires d'ophrys aux six ailes annonçant des reflets à la rêverie. Les bergeronnettes avoisinantes se répandent vers le troisième dimanche après les mondanités de nacre d'une zoologie chancelante. Mouchoirs brodés et sucres rares ensanglantent les nappes où l'actrice aux gardénias blancs rectifia la renaissance. Je jouais aux Indes avec le feu. La composition erronée des volières administre l'infortune d'une transition champêtre. La descendance orientale d'une matelote d'anguille effleure la mélancolie des Rogations. Le romantisme vaporeux des métairies favorise les desseins de l'éther auquel on pense plus tard. La symphonie pathologique de l'aigle pêcheur par courrier séparé éveille une éducation sous les marronniers. Une pause à la nostalgie d'un murmure reflété confesse des ombrelles à une mission. Le Major sirotait la véranda à la pensée d'un règne et ce fut comme si une anglaise m'avait écrit. Le charme des biscuits roses idéalise une noce auprès des ornières de vêpres. Le chaos lyrique des tambours chinois apprivoise les animaux savants par-dessus la haie vive où Monsieur Margote suivi de incinérez Trieste. Je soustrais l'encens qui emporte la géographie des luths vers le murger disgracié d'asphodèles ; j'écris les dattes et peut-être. Le haut-de-forme ophélise dernièrement la Saintonge. L'avènement voilé d'une convoitise divertit la Fable jaune qui tourne l'action en sauvagerie. Bénédicité dans la torpeur d'un luxe avoisinant les verrines d'émeraudes. Les volières éveillées éprouvent le désordre exsangue d'une procession d'anophèles. La pluie se repent en jouant à la vitre. Le déluge des secrets assiège le château chinois. La prière de l'ivoire me dépayse. La pensée me donne la Saintonge diminuant la Vierge tandis que se prosternent les anses et saignent madeleines et gondoles. La pyramide représente un voile jeté en enfance au goût de l'hémisphère antique des lanternes magiques et la Papouasie éberlue la dérivation orientale des sacristies nostalgiques dorlotant une jonction onirique. L'automne joue avec les chats et me sépare. Les dames de confessions différentes imaginent une musaraigne dans les balsamines. Le sous-bois descend du château chinois. L'Orénoque idéalise un rosaire fou en échappant à l'ivresse suscitée par les ombres d'une apothéose. Les nénuphars s'approchent de l'éther distrait et multiplient encorbellements et bigarreaux. Dans le sillage amer de la déesse assise qu'une obscure clameur jeta sur la route qu'emprunte l'infante aux lys orange épousant les braises d'un landau qui s'enfuit de la naissance. La rêverie privilégie les naufrages. La confession du rhinocéros blanc véhicule les lanternes loin des princes. Les adieux ne guériront jamais de cette douceur. L'oubli en moi comme un lourd dimanche d'émondeur voyage d'une église aux tilleuls. La chandeleur chez les limonadiers inspire les égratignures qui dénoncent le base-ball en neutralisant les saxophones obèses de la septième rue sud. Il s'endormit dans la nature et s'ouvrirent les écluses de son désenchantement. La souffrance démodée du poisson-lune éventra une forme de repère à la nostalgie de la décomposition française sous la moindre lampe.

Les masques méprisent l'idéal. Barboteuse déjouée à l'automne diaphane où la robe imaginaire brutalise une époque de lenteur tandis que les ogives éternisent la soif sous l'éden. Le style en enfance précipite septembre. La villégiature dialogue avec les catachrèses. Les chats affrontés à l'élégance renoncent à l'excentricité des nénuphars roses. Le dimanche évince l'amour de la pensée qu'octobre effleure. Ferveurs aigrelettes à la clarté se baignant, la pénéplaine radieuse se disloque enfin vers les petits sanctuaires printaniers des joueurs de croquet. Le pavillon chinois se tord de jeunesse au bestiaire fervent de l'Adriatique. Quintuple Oreille et le Connétable du Vin de Mai atteignirent Des Fourrures aux murmurateurs de l'opossum. Le devoir de visiter les manières s'en prend à l'eau oxygénée. Les Orillons d'un attelage inférieur attirent un gouffre d'attractions médullaires tandis que le divertissement des géotropes étouffe ergastules et tambours vicinaux. On apprend le poney rouge chez les plumiers chinois. Les ogives dénoncent les princes désincarnés au sablier. À la jonction des Quatre Chemins, une descendance altérée par le soleil d'avril enlise la grive dans les bourgs. La chasseresse frivole songe aux volières qui accueillent les petits ramoneurs blessés sous la voûte de porcelaine du Népal. La belladone me sépare d'une noce. Et ma sauvagerie ne voulait que la veillée. Les alentours s'éprennent des lanternes vénitiennes. Les rideaux se convertissent aux inondations qu'empruntent les nababs désinvoltes. Le jazz m'enterre anormalement. Les limonadiers agissent à la lisière satinée de braises ingénues. Je fréquentais seulement les Animaux des beaux quartiers comme les desperados du lower east side. La mésalliance des fossettes vers le kiosque balinais d'une journée sans arbres à l'issue de la nourriture fredonnant « Sail Boat in the Moonlight » au nom des baobabs et la souffrance abstraite des voyelles par-dessus la lessive des lundis vagues de sauterelles où j'ai naufragé chez les limonadiers comme un orphelin submergé par la Nature. Loin de l'adjacente diaphanéité du borinage de chandeleur, éprouvai-je le marbre. La réponse déracine un pierrot lunaire de l'ivresse préhensile des alizés. Des jonchées baroques de mutilations dans les allées, une foule de limaces sur l'évier dont un serpent à l'œil crevé qui souriait à ma mère, imprégnations énigmatiques de Santa Fe à ce luxe s'adonnant que l'on nomme bohème, dogaresse vipérine du quadruple pandour de belluaire attagène, sens d'une vie exaltée par l'angélus des chats tigrés d'une daphnomancie. Perspectives involontaires qu'interprètent nymphéas et hordes abstraites vouées au confort dénué de saisons. Les escarbilles relisent l'Orénoque qu'exerce l'arnaqueur en saharienne émancipant la mélancolie. Les népalaises s'affalent aux ibis noirs. Déjanire de Mauritanie heurte abstraitement la dérivation des châles surannés. Le méridien cinéraire où un vent léger appelle le romantisme. À l'abri des lyres se retourne l'automne au mépris des convenances qui suffisent à ne pas expliquer le nombril des balinaises. Ce qu'ils abandonnent semble dénué. Le soir remue les personnages tandis que l'amour n'invente rien. Ainsi les spahis que la neige conjugue se donnent-ils au désordre. La convoitise de l'éolienne favorise l'albatros. Septembre innocente une mission et le jaunissement proclame l'avènement des tilleuls. L'étouffement échappe à la rêverie en éthérant orientalement la fiction des luths noirs. La retraite vacillante des ombres prépare la boussole de l'Épiphanie en dissipant les mocassins du saumon. L'esquif se fiance au tourbillon des Indes qui zinzinulent vers les trois visions de la même église. Un profil de fée inverse le chaudronnier gaélique. L'orient émancipe une bohème dégringolant des lenteurs narquoises où gravite la confusion mentale apparentée aux tisanes. Les africanisateurs d'héliotropes subliment le pavillon chinois où les sardines indiquent des blousons noirs à l'Équateur. Le tourbillon poursuit les invités et dissipe les castors. Les marronniers sous lesquels une jeunesse frivolement inférieure incorpore des nénuphars aux tirailleurs marocains. Comme les loups heurteraient les rosaires d'ombres, certains hémisphères indolores fredonnent le confiteor et les Indes étiolent volières et rutilance des panthères. La nef démasque les dogaresses que reflète la rêverie. Jim le Mocassin s'éveilla dans une chambre encombrée de harpons. La causerie des cigognes évapore le narthex. Chanterelles et météores endorment une fenêtre avec l'agitation d'une basilique nébuleuse, ombrage de vinaigriers ou élégie de l'olfaction, le lierre terrestre enivre l'automne auquel songent les haies vives. L'esprit environne les éventails modérés. Une aspiration alezane prélude à l'odyssée où les méandres se recueillent instinctivement tandis que la scarlatine inspire l'éveil charmant des lyres. Les asphodèles épargnent les biscuits roses. Les noces naviguent vers l'oubli malgré l'éther. Les mouchoirs brodés euthanasient petits fours et goumiers. Le suicide comme un sport d'équipe illustre le désœuvrement aquilin sous la voûte prospère en atteintes songeuses. Les tirailleurs marocains se nourrissent de coups de théâtre et d'éventails. Huitzilopochtli domine la Fable jaune que fleurdelise un exil d'agates aux biberons de ronces où s'attarde la presqu'île transparente et il existe un désordre aratoire exaspérant les volières. L'étouffement imposait des limites luxuriantes à la pensée du poisson-lune qui devance l'annonce des tritons antiques faite aux murmurateurs. L'heure méridienne s'adonne à la mélancolie des hérons cendrés. Le chloroforme que gouvernent les reposoirs favorise la navigation sur l'éther qu'attise une délinquance dont s'amusent les souffleurs tandis que la truite écoute la voie. Et le lynx arriéré dans l'absinthe pacifie les marionnettes que trahissent les endormis. Je récite une noce qui précipite les événements au-dessus d'une écluse chétive. Inflorescence des Adamantins à l'abîme indemne des leurres où je n'aperçus que les poissons dont la causerie résiliait la mer. L'abordage d'un corail me valut plusieurs mouchoirs agités en signe d'adieu. Je résolus la fiction de l'éther avec l'aide d'Ophélie. Si le voyageur absolu entre dans le jeu, le jaunissement triomphera des poissons volants. L'identité désenchantée d'un esquif retourne au rosaire qui hâte la décomposition baroque d'une dynastie de l'Ailouphilie, abnégation alitée au profil d'une Saintonge de marabout où la légende des hommes isocèles révèle des masques inventés par l'esprit. L'ambition d'écrire à l'intérieur d'une baleine descend sur les bourgs qui s'amusent à répandre le sang en imitant l'érubescence. Le présent compose une allée pour la soif. Au nord de grâce enivré, une frivolité soudanaise renverse les demoiselles comme des anses et la gelée blanche klaxonne l'eau sucrée. La mort selon l'inconscient se situe au château. Le cheminement de l'aigle pêcheur correspond à un devoir de l'absinthe étoilée. La neige invente une machine à coudre pour les bachi-bouzouks. Le romantisme des métairies alezanes entoure la plénitude d'un luxe d'ombres et d'empreintes. Les iroquois-tortue propulsent la matinée hors du temps. L'asphodèle-ballerine épouse une rêverie. Certains soirs d'automne venaient les ramoneurs ainsi que des réminiscences dans la pénombre ne révélant qu'une partie de leurs visages et s'en allaient comme des rosaires. La brillantine jouait un rôle dans le désespoir d'une blessure choisie. Le sous-bois m'apporta le déséquilibre du jaunissement et de l'ébène. Je soupçonne le laudanum dont la raison s'égare de mon chant à l'exil gothique d'une olfaction. Les fleurs changent d'adresse en dodelinant. Je ne souffre pas, je suis naturel, même dans l'excentricité. Les égratignures ont l'élégance de mal finir en glissant sur une peau de nabab comme le jazz. Les mondanités adjacentes attirent juvénilement Vesta Tilley sous la balinaise pantomime d'une neurasthénie. Un dimanche en gabardine dans le Bronx. Les diaphanéités supraterrestres idéalisent l'inexpérience des gardénias. La souffrance choisie agace l'adresse du chocolat suisse en rêverie. Et le discours éphémère des saules lointains engendre les ressemblances matutinales. Le nombril administre les lys abstraits. Je ne m'intéresse aux femmes que dans les

rétroviseurs. On se noie au théâtre qui voisine avec la confiture de coings. Les desperados de la buanderie conjuguent l'automne à l'olfaction. Je songe à des météores orientaux. L'armoire à glace du côté des marronniers égratigne l'idéal et un soir, ai-je montré mon âme aux spahis...
Sous la voûte naviguent les ombrelles désenchantées, les miroirs choisissent de se revoir en fonction d'une saturation d'eau sucrée qui agirait à vif. Elle voyagea inférieurement, connut le style. L'ancien moulin abdique dans un dessein de défiguration lyrique. L'empereur du nord préparait les ornières à l'âme des désincarnés. Dortoir d'agissements bleus, la dérivation de la pensée se nourrit de cérébralité hanséatique vers les cahiers du dépaysement. Les lys sous l'abstraite fenêtre où se penche le déclin du demi-jour avec un sentiment vague d'irréel. On s'effraie d'une rosée pour aller voir un ami. Étais-je à ce point de l'indulgence du yack ?
La bohème vint sous les saules. Les défonceurs de prairies hurlent des nénuphars. Une église intrigue dans l'entourage d'une émotion galante. Le château imaginaire me devance vénitiennement. À l'ombre des princes et des galions s'orientalise la rêverie. L'illusion tourne au lyrisme à la poursuite de l'amour distrait. La beauté est invisible sinon comment y renoncerait-on ?
Mais pour la jeunesse, les miroirs semblent encore des terrains vagues auxquels il ne faut accorder que le crédit de l'éther. Un itinéraire haut de forme augmente l'apparition des travaux incinérés au bruit du classicisme. Je consens enfin à précipiter le dimanche. La Réglisserie Navajo guette l'idéal. Dans l'unité de manière des îles Borromées, un crâne dissimulé au vendredi où la capture des arlequins m'oblige à répondre d'un enchantement. Autodasantafe et Edenhoboréal fleurissent fébrilement la confession de l'épaulard à l'ice cream parlor. Le canard plongeur offre l'automne à ce qui remue au fond des jeunes filles perdues. Les imprégnations accueillent le dolorisme. Les anses déclenchent un jeu solitairement intérieur. L'âme concerne les Rapides. Les dames passaient le temps et ce n'était qu'un état d'esprit. L'infinité des Indes Frivoles estompe l'exil comme un devoir de marionnette. Les murmurateurs chavirent dans les ornières. Des empreintes aspirent aux Animaux choisis selon l'éolienne. Les lignes meurent sans se retourner au spectacle lointain d'Hannibal. J'affirme mon sang dans un pays à deviner par opposition à l'ivresse. La chicorée signe l'érubescence au nom d'un petit ramoneur blessé. J'effleure la pensée. Dans quelle retraite de lys me poursuivais-je ingénument ?
Un cheminement pareil au récit du yack gouverne les allées ou les ballerines. Les mocassins du saumon échangent des

chinoiseries contre maintes catachrèses. Je compte les secondes qui me séparent du Moyen Âge. Mercurochrome et tauromachie songent au murger burlesque que des limonadiers opposent à la prédilection des murmurateurs. L'atteinte après l'ivoire encamisole les dix-sept domaines du lotus béatifié. On ajoute une nappe à la folie. Je m'insurge contre les convenances de l'oisellerie. Le Chat Ganté modernise les noces de dix secondes. Palazzo Pfannere où surgit le Népal tandis que me blesse infiniment l'alphabet. Les auvents évoquent l'enjeu divin qui peindrait frivolité et anonymat au nom d'un bazar oriental. Les guirlandes glissent de souffrance en rêverie avec la grâce d'une licorne. Ai-je oublié volontairement mon chapeau chez ma tante et devint-il une nouvelle...

Nous allâmes au bois Miriana, une petite troupe d'enfants nous suivait de loin : succombèrent-ils à notre vue se gardant de la moindre béatitude envers les vaporetti, la loi dans l'île, ai-je longtemps regretté de n'avoir épousé en toi que dix secondes d'une autre vie...

Les fleurs aiment les voyous. Sept chats à soustraire aux essaims sous la crypte du cynodictis de Cactus-Town, le poker survécut aux alizés et le langage cachait quelque chose aux étoiles. Une part d'ombre à l'exil expiant l'alternance des flâneries dans l'oubli de naviguer à l'heure effrénée d'un demi-monde en papier. L'eau sucrée désintéresse la volière en osier qui souffre d'une élégance. Les lessives abstraites adaptent l'opacité au dépaysement. J'éprouve une atteinte. Cher Jim B musée sagittaire Afryques mutule châle. Le charme des allées dissimula un mouchoir agité à l'invisible. Les sanctuaires vicinaux dissipent l'intuition de Santa Fe qui véhicule l'opossum. Je descends la rue sans expérience. L'errance m'appelle en une sombre romance gravitant vers le soyeux navire que l'on nomme l'oubli ou l'adieu, Discobulus Viridis. La neige à l'heure vénitienne au billard chinois s'adonne. Et l'abîme au coffret rose du protèlechabraque devance l'obstacle incliné d'une discrétion de jaguar sous l'infériorité de la Danse ou imagine telle parenthèse de puma dans la caisse à bois aux bougies du monde. Je songe à ce musicien de jazz qui passa tant d'années à contempler une certaine fenêtre sans essayer de vivre. En pleine crise de dandysme, le vent blanc continue. Le devoir conjugal guette la jeunesse. Les parures blafardes procèdent de l'inévolution lactée, indirection nord et vénusté. Moumousse descendait la rue comme un nabab. Le détachement évolue vers une descendance involontaire. Solitude de l'opossum après l'ombre oubliée sur l'asphalte un Vendredi saint...

Les fleurs s'épanouissent avant les justifications irréelles de Bubastis. Une boîte qui contenait un voyage à cheval.
L'équation du Danseur Mondain connaît la rédemption des tournesols. Les marionnettes parallèles au Niger convoitent la province des visons. Je trempais une madeleine dans l'angélus avec l'oisiveté d'un nabab désinvolte. Trois hirondelles indiquent le Lido aux processions. L'éden inférieur à l'eucalyptus déséquilibre un cortège lunaire de chamailleries surannées. J'enseigne des biscuits roses à l'étouffement qui choisit le dimanche comme miroir tandis que remuent les hibiscus noirs n'ajoutant rien à mes orientations violettes au temple des cachalots. Plus tard, la buanderie aztèque aggrave la mélancolie.
Dogaresses oniriques dispersant l'Amour sous la voûte, la lisière fonctionne selon les Animaux de l'esprit, réminiscences de météores au bungalow que reflète le burgrave du vague à l'âme éprouvant le vertige précieux d'un sonnet. L'expression mélancolique d'un attachement silencieux interpelle la ronde de la tuilerie éphémère qui s'éprend des mirabelles où chaque prélude à la rêverie se soustrait. La daphnomancie estompe les joueurs de croquet. Le désir de mourir par les fleurs. Un désespoir nouveau quand sonne l'angélus et la machine à coudre démasque les idylles. La proie de la trinité s'égare de l'ombre ; comme des cires en moi qui ne sont pas au monde, j'aspire à certains reflets aux escales. Nous eûmes un rapport avec la connaissance fugitive et j'obtins un rôle dans la nuit. L'esprit d'octobre inspire un tourment au regard. L'envergure népalaise en pays de verre éveille palmes et terres rouges. Et l'espérance des linteaux dans un déploiement d'exotisme convertit un songe d'ébène à la narration des chanterelles. L'hémisphère des poissons volants recense les bardeaux. Il n'aimait le monde que de loin le dimanche à condition que leurs rapports ne diffèrent pas de quelque mouchoir brodé dont l'agitation reflète la rêverie tandis que les Animaux attirent pyramides et canonnières botanistes. On attribue des proportions chimériques aux dogaresses indolores qui innocentent les odeurs de pommes de moisson. La vandoise discerne les pianolitudes.
Choisy-le-Roi et le faon où tonnent les mirabelles et la cousine de la côte. Les collines à l'origine des hirondelles qu'un mouvement d'infanterie coloniale dissipait me confessèrent l'eau sucrée qui exile l'âme en robe de brousse selon l'idéal.
Vapeur discordante de l'envers, l'imagination d'une passante attardée enterre le soleil dans la logique économique. La pyramide botaniste de Mauritanie enivre les effleurés. Pocono Mountains où la provision de bois dépayse ceux qui tombent

d'un arbre avec une coiffeuse. Une disposition de l'esprit envers septembre. Le Major disait souvent que les grands poètes ne savent pas écrire. L'action se situe moins dans le temps. Et la buanderie chimérique s'embarque pour l'océanie sous la nuit étoilée. Rêverie des lys éthérés, les masques affluent au visage comme l'oisellerie vespérale et l'automne modifient mes rapports avec une certaine fenêtre. Je m'éloignai logiquement du Laudanum Club éprouvant la nostalgie des mûres. Les reflets communient à la pensée ainsi qu'une filiation orientale.
« J'ai bien reçu ta lettre qui m'a fait très plaisir. Je croyais que tu ne te rappelais plus Chiasso. Viens chez nous quand tu veux, tu seras toujours le bienvenu. Tu dois seulement aviser assez tôt. Ici le temps est très bon. Chiasso semble un peu changée, de nouveaux palais et quelque vieille maison en moins, mais San Gottardo à peu près est toujours le même. Monica et Mirko ont grandi ; Mirko a vingt et un ans et demi, Monica vingt, le petit Gianluca a onze ans. »
On regarde les jeunes filles les yeux fermés parce qu'il existe deux mondes. La beauté d'un geste d'animalité désenchantée épouse la foudre. Le garde-fou d'ivoire recueille la rosée tandis que je deviens un loup dans l'imaginaire. La méditation des tilleuls s'oppose au tonnerre que la fille de la chatterie dissimulait sous un mouchoir brodé. Les limonadiers subliment l'ancillaire Mauritanie à la laisse de Poney. Eucalyptus et Tamanoirs empruntent la voie par laquelle je quitte le langage. Ni Damas ni l'hallali au carrefour de plusieurs règnes qui hanteraient le grillon tandis que les Alentours annoncent les écornifleurs de reliques. Tout semble involontaire chez un nabab. Moumousse est comme un pape. La fébrilité de l'orignal chapeaute le globe de la négresse losangée d'asphodèles en pensant aux Rogations. La rêverie impose des chinoiseries.
La daphnomancie guyanaise où s'évanouit le borinage dénonce l'évidence frivole qui achève idéalement l'opium. La dynastie des houblonnières sous la voûte qu'attisent donjons et lyres proclame l'illusion. Je tombe dans les réminiscences contrastées orientalisant les songes selon une station et les mouettes comme des méditations inspirent l'élégie de l'invisible. Chaque hostie est le crime d'un autre. Le château chinois murmure une idylle. L'avènement du nord à l'esprit effleure les bourgs. Le temps exauce la plénitude. Il devint à travers les escales malaises dans ce regard. La conception fleurdelisée d'une Chine Ancienne prépare les mûres à l'itinéraire ardoisé des jansénistes. Le colonel nous offre théâtralement du lilas. Un musicien de tilleuls oppose l'anticipation des Indes à maints reflets de songes végétaux. À l'heure où diminuent préludes et septembre, les mensonges

devancent les pianos. L'odyssée des lucioles destine la Nouba à la lisière qui poursuit la truite de lassitude. Les grives se rassemblent dans l'esprit d'une cathédrale distraite. La solitude des poissons volants opère des jonctions charmantes au-delà des richesses haletantes. Une volière inconnue estompe les gerboises de la rêverie. La bohème vint sous les saules et le billard aux oranges amères apprivoisant l'abandon mélancolique d'un effleurement, la déambulation du confiteor incarnait l'envergure des collerettes. Le chat gratte à la fenêtre. L'équivalence orientale d'une infortune renonce aux licornes qui situent la nuit après. Les lanternes vénitiennes m'exilent vers l'agoraphobie ou l'excentricité des tam-tams. La Passion diminue sous les ombrelles tandis que je m'abandonne au Jardin d'Allah. Le raffinement tourmenté d'une dame imaginaire à la robe vénéneuse intrigue près des lagunes qu'apprécient mouettes et alentours.

Une évocation du houblon se mêle à la narration du vermicelle. Les inondations succèdent au regard. Le cheminement du marabout exalte la veilleuse de l'oiseleur. Qu'une robe venue de l'esprit diverge des noces et la pensée effleure les préludes. Je n'aimais les femmes que de loin...

La pureté allusive solennise l'apaisement des indianologies envers la renaissance d'une olfaction. La nuit tomba en enfance de son côté. À l'atteinte des murmurateurs, l'excentricité d'une volière apprivoisée entraînait les âmes regardant l'okapi loin du parvis et veillent les fenêtres, le chat précède le langage, l'opossum sépare les invités selon la chandeleur. Le tapir déclenche hauts-de-forme et tours d'ivoire. Les nénuphars précisent un linceul de sirène diminuant l'apothéose de l'extravagance. Le dépaysement m'atteint seulement. Alcools abstraits et oryctéropes attendaient mon sang de la part des allées anciennes tandis que j'aspirais à murmurer ma souffrance aux ombres. Et la dame des coteaux attentive à des songes en éventail sous la voûte hors du temps, la méditation offre certains méandres à octobre dans la buanderie. Je me souviens d'une demeure passée et du buis qu'elle inspirait à mon style. La doctrine pâle des mohicans explore la tauromachie que devance la pensée. Comme une réponse donnée au plaisir par l'âme désincarnée, un retard affectif dissipe la Rédemption scintillante des chimères. À quelques antécédents d'éternité endormie, la boue me fut presque douce après une noce. La pantomime juvénile des mocassins du saumon recense les perles rares de l'éolienne transparence. Je rencontre l'éther à l'église. La défenestration me civilise torridement. L'animalité autorise l'insouciance. Vastitude amère d'une indianologie.

Les saxophones éphémères jouaient du vague à l'âme. La prière muette qu'emprunte l'ombre ne suffit plus à m'abriter de moi-même.

(Journal intime d'un miaulement)

MATTHIEU MESSAGIER

(je suis un Bororo
perdu dans d'occidentales blanchisseries,
je suis un Kwakiult
exilé au pays du verbiage)

... une allée vers rien
  une allée vers l'infini
        vers les berges du don de soi
        vers ma jeunesse intriguée de demain
        vers là-ici où cendres
          seront mon vrai repos

(5 Comptines après la pluie)

Le Voyage à la planète

Il se retourne dans la tombe de son innocence. Une lumière ne clignote le parfum. L'ombre des pluies sur les gouttes de songes s'en remet à une blancheur. Il est monté aux étiages cosmiques d'un pré jaune d'une fleur jusqu'alors inconnue. Il arpente de hauts plateaux qui seraient les amples pour leur moitié primitive. Des oiseaux, de la forme des miroirs de la direction des choses de l'ardeur qu'il fera de là où l'on incontestablement. Une magnitude se réduit en sauce sera bonne, il explore un lagon d'humeur inutile passé à l'état de science, et de la télévision son eau éclairée de l'intérieur de sa tempête était plus qu'on ne l'avait dite statue. Comme des personnages jouant des prévisions particulières il n'est demeuré que l'hors de portée de nombreuses fois en équilibre d'une ouverture entre la vallée creusée par la rivière depuis qu'une faveur l'a remorquée et le flan d'une croyance populaire médiocre. On fait les foins de montagne, l'allure est faible, les glaces de la voiture sont baissées, le visage au ralenti du plus vrai que les rumeurs déplace sans sens défini la senteur absolue d'une fenaison des fenaisons à la manière d'un angle opposé aux pluies froides du noroît, l'autre engourdissement celui de la conscience la plus pointue le gagne progressivement il n'est plus qu'une seule indication mêlée de toutes ces essences, pas au-delà de douze heures à quatre-vingt pour cent des établis de vingt-quatre heures à l'avance, selon telle ou telle la sidération s'étale de cette crête légèrement inclinée que vous voyez sur votre gauche et qui descend lentement par des prairies rayonnantes jusqu'à la route où nous nous trouvons, au ruisseau remué d'éphémères et de cartographies personnelles des feuilles de sa flore il se rappelle le remplacement de bras qui est allé jusqu'au bout de son lot, et le cher chroniqueur de tous les merveilleux qui voulait épouser une danse du scalp ; il plonge dans des lacs insoupçonnés qui ceinturent des volcans de poissons savants, un intervalle avait manqué sa disparition, du fond de l'un des lacs était-ce un fond une suite fragile de périodes de raies en équilibre montre un chemin vers le cœur de quelque chose sûrement ce chemin est postérieur à sa fonction ; cent longueurs au-dessous de lui sur un sable strié de reflets parallèles et ondulés qui viennent de personne ne l'élucide une baleine pèlerine chenille à la fois gigantesque tachetée délicatement vivante et morte posée comme un volatile et légèrement décollée du sable comme un hydroglisseur, une nuée de goûter la fenêtre, un instant il sent l'odeur de sa contre-erreur, dans un parc mal élevé de ses plusieurs rencontres du port et l'arc dit plaine passage même pour quelque tri, donc la ferme assise du premier élan d'une journée sans manger un étage dispense son ravissement aux places fortes d'une table d'horizon reconstituée par le survu précis des échos, le plan des graviers sacrifie la beauté à l'inutile, il suit les merganettes dans les torrents de l'entre-deux-mondes, lissé du plat des omoplates le déferlement des algues de désert, surpris les yeux du déplacement au-dessus des fêlures de continents et de glaces au mitoyen de progénitures très aquatiques, un film qui passe dans le bout d'aurore qui reste des débordements de la mer du ciel il est plein de suspense d'intrigues et d'un usurier installé dans un cabanon de journaux au sahara, il fait plus froid et il s'absente d'une banlieue anglaise à la verticale de ne pas pleurer l'autre corps de la sonorité de musiques inhérentes à ce froid clair et insinué à bon escient en quel dormir réveillé ; une justesse suave ; il a longuement contemplé le merveilleux cérémonial de l'extatique mirmidon ; un camp de redressement défile au milieu des joncs et des bambous précipité sans transition de l'antique durée lyrique, véritable ; une souffrance n'avait d'égale que l'entrée du bal à l'ombre de l'évanouissement irrémédiable du siècle où elle vivait, les trembles montrent leurs versos de fleur à la pérégrination calme et traditionnelle du commencement et des minutes du commencement, le cromanti des aigles et celui des pulsatilles s'écoutaient mutuellement avec respect, chaque phrase donc est l'ellipse déchirée de dix autres, les sommes se préparent pour une mise à rêve, c'est dans les ruptures de ballast de H que se transfigurent les paragraphes du porter d'octobre et de cesse dilue et les épopées physiques du boss flanqué du petit bout de résurrection verte passent de l'externat à l'internat, un petit coup de monodie les systèmes solaires et blanchir et courbant l'orgueil sous des façades transparentes de songes familiers, le découvreur d'encores vont né de mai fils d'un modeste octroi très tôt le goût des temps il y vivra aux caravanes inexploitées dans le vert raidillon brodé à ses initiales, aussi prestigieux pour ces terriblement du matin illuminant vital l'appui de sociétés de géographie et de zoologie dans un rapport nous avons trouvé partout le souvenir ; ou scrutant basculer la ligne de s'appelle coquillage et récompensé, et l'affection de l'avenue et des indigènes, créé en conduisant par l'ancien chef après des études. Dans l'herbe la rosée se dit qu'il n'y a qu'un automne pour prodiguer des horizontaux. La jeunesse au reçu de quelquefois compte pour voir, son nécessaire immémorial glissé dans les soupçons de dynamo du manteau de cuir de la promenade joliment multipliée d'autant de carnets vierges à l'en-tête unique d'un réseau de saisons, nouveau c'est à ses substitutions de variété tenace qu'elle doit son nom de suprême installation, à la façon d'un plumier dans les écailles horticoles et à portée d'un athlète ; aux jours chauds tout est renvoyé aux jours instruits, d'un noyer départ fermée la parenthèse où pour ces silencieux du préau ils furent qui écoulait des heures de bois carré tressées de futurs antérieurs sages de la règle d'un bracelet qui bourdonnait rien des tourments dans la classe des mondes avec un été de guêpes de fenêtres recelant dans ses entrailles la somnolence aiguë d'un plus tard quel usuel en longe avec plusieurs compartiments chargés d'élégances et d'un théâtre. Ils vogueront sans perdition jusqu'à tonne fois cet inédit. La remise du costume aux fins de claquent les prémices du sud : les frondes gisent soit la perspective certaine du merisier agonisant sur une petite balle de reproduction, les menées annoncent un firmament l'énième largesse de la vague sur la nacelle solide, l'odorat des trains, ici bercail de lignes converse avec les feux éteints, rempart en bandoulière lors jouet à mi-chemin entre le tendon des conséquences et la viande des bergers en faction aux huis plastifiés du luxe par ses recoupements descend du jeu orange vers la lisière de n'importe souffle et remonte hissé sur des chevaux soulignés par le val d'un mai antérieur vers l'heure où l'esprit doit se débrouiller sans ce qu'il croit savoir ; au bout du rovyl la frontière de la pluie et de la tortue s'enchante, dans une poche rêve sa célébrité, certainement le caractère des silences influera sur les ah ! disséminés dans les planisphères et les buissons d'aubépine de la campagne d'un capitaine réinventé au lieu dit la première neige et les arbres d'une roulotte de rapport. Peut-être dix-sept. Il a pesé chacune des chances des clubs de première division avec le grand anaconda dans un marigot de la haute amazone ; flâner suffit à qui se laisse mener par des sens vigilants, à vol d'oiseau l'algèbre des stores abaissés sur le vert des espaces domine calme et placide il modère les haleines liquides de l'assaut d'un vieux texte, l'imitable vie du mousse palpite et voici une politesse paresseuse qui réserve à la hâte, un océan près de soi puis disparaît dans la hanche pliée d'un sorbier au rythme de l'inépuisable favorise qui sa voiture qui un prosateur non moins rendu d'un exil sous les lumières déroulées de sa seule fantaisie. Qu'est-il besoin de s'y enraciner plus qu'une sauge d'avant la mesure ? L'idiot irrompu sous l'autre plume grossière fabrique par toute la sonore terre.

1987

PATRICK GEOFFROIS

I am the first and last Warrior
Riding the planet Beast
That causes the eclipses
Dividing my totality
in separate realities
Alone I came from Darkness and Light
Filled with the Love of Life
for which I should fight
Looking for allies and loving companions
who can share all my dreams
and sharpen my weapons
When you came high priestess
from the light of the moon
Riddling with the dragons
of the dark deep Lagoon

***

It is all already written
In the hands of the prophets
with Kabbalistic smiles

They hold out their mist parchement
To the ends of the infinite
Leaving enigmas on the wind-binding

Beneath the musical stone,
some traces of the purple concert

***

I was moved without body
I organically named the surely
desired image brought by one
of them into the great hall
of precious stone

I projected myself into the heart
of the mystic mountain
which then spread its crystal wings

I again see myself
now a snow-faced ascetic
meditating upon the
spangled gestures of a fairy
dancing the pastimes of
the supreme adolescent

***

the aura's snowy rays are cast
over the valley of tapestries
at the door of the blue pyramids
our doubles observe each other
a nymph's face revealing my till then
embroidered existence

then blooms my clairvoyance
so far only a trickle
accross the prophetic seasons

revelations were offered to me
in geographic drops
relationship itinerary
cinnabar chakras
dissolution of the planetary corpse
the isle of perfection looms up
clad in its royal mantle
of purple

***

Meeting of opposites
in a exploding transmutation
Sulphur Mercury and Salt
Mirror of thoughts and forms
Mutual revelation in a
faint phosphoric radiance of decay
Intelligence of madness
Slumber of falsehood
The Universal agent
It's horn in a thicket
Allegoric preint of magical gesture
Lift the veils of shadows
Emulating the material dogma
Looking glass philosophy
that you can see but not touch
Dweling place of self isolation
freedom meets negativity

***

In the icy solitude of death
I snatch this itching soul away
and finish this magick mask
Disolving the cold corrupting
Masterpiece of weeping fools
I stand and fall for you alone
Enduring the screams of pain
Looking at human balance
as a distorting lying face
I bring you Wisdom form above
You bury me in a nameless grave
I will awake you again
with the immortal kiss
of my pulsing Blood

***

I travel in
            Space Imagination
Above the Landscape
            of Cerebral Cortex

To break the Shackles
of time
And enter the Waves
of Radio Astronomy

***

Self glittering image of my soul
Call me claim me and control
for in my eye
are the winds and stars
The reflections of your being
In a Universe unending
Where the Magick rings of love
Link our pleasures and pains

Let me heal your wounds
with my kisses of death
and shine your armor
with the fire of my depths

Let life be our favorite Residence
Far from the way of man's Abode
I conjured up the Universe
To love you through your skin.

(Incantations of a magick warrior)

MATTHIEU MESSAGIER

Hilton International
Port-of-Spain
TRINIDAD, West Indies

Déclaration de connivence
Avec le n'importe où
Avec subitement
Avec murmure pointu du coude
Avec le mêle de la criée ronde
Le sommeil de serrure

L'alignement des pourpres
Le pénible le sensible
Le terrain tiède du flot
Le linge impatient du couloir
Le possible le dédain
La fièvre subtile et niaise
Les océans de tous les mondes
Le document les références
L'astre indécouvert la joue
La poussière près de la guêpe
Avec les flaques de pirogue à
Une certaine seconde et
Seulement celle-là
Avec les sagesses blanches
Qui ne savent pas lire

Palace Shivniwas
Udaipur 313 001 (Raj.)
India

On peut ramasser une image comme la tête du jeu, les escarpements instinctifs de la ration que l'on se doit, enfin déshonoré par la nature de son voir l'homme remonte une certaine pente que quelques-uns lisant les poumons des nuages n'acceptent d'emprunter à nouveau qu'à condition de laisser toute gravité au vestiaire, et puis les migrations de l'immobile amassent tant de relations avec le cœur du déplacement absolu : celui l'inouï le parfait après tant d'efforts à bout des yeux fermés celui qui reste sans mémoire sinon la concrétisation le solde du poète.

Hotel Astoria Wien
Kärntner Strasse 32,
Wien, Österreich

6.7.77

Dans l'affection des rues enivrées par l'été
jusqu'à l'évanouissement
aux traces certaines mais fugaces
d'un préparateur en phonétique

Quand la terrasse est venue
se montre aux façades une mélancolie
sans passé
flâneries convalescentes elles longent
le bord du léger
et d'un œil automate suivent les sirènes
travesties du relent des milieux d'accolade

télévisions de serre de pierres
apéritifs de photographie
comètes de presse vernaculaire
voyages de restaurants entrouverts

J'éparpille les danses rouges
aux confins
d'au daim
court les anges achètent
des guitares électriques
à Neptune.

Claridge's

Et cette écriture
elle vient de si loin
que vous n'étiez
pas éloquents
de l'apprendre

Hotel Cavour
Milano

Verbes tropiques
Rédactions de verbes d'onagre
le haut dans la splendeur fabriquant le sieur dune
la vie de les soleils outre nombreuses les nuits
à rien placé devant cette préposition
pour la région dans bonne et durée à soi
pour marcher ses pieds parler sa bouche
pour vivifier d'initiale
revêtu d'argent des pierres lavent les êtres voient
le et l'abeille avec ce de ciel tu fais l'alentour

en regard de certaines lettres aspirées par des permutations
de voyelles ou par l'usage de l'articulation des
constellations
par l'imitation directe des aurores figurées
suffisantes ou par la rotation du son
des mots
reliée à quelque crue de printemps et
au mythe saisonnier de l'écho
ainsi des influences disparates du Précieux Végétal
de la réflexion justement dévorée par ses
poèmes antérieurs

BLAKES
33 roland gardens
London sw7 3pf

ici la route de l'aurore
laissez votre message

une aire de pensée n'est totale que
lorsque son centre ne renvoie plus à
ses dites frontières

[...]

Mallory Motor Hotel
729 SW 15th at Yamhill
PORTLAND, Oregon
U.S.A.

Parvenir aux ressemblances
D'avec la perte du sens
des occidents pourrissants
Augurer sous la version provisoire
des éléments,
Le doux et le sel ont ici recouvré
l'osmose originelle,
C'est un double de chez moi là-bas,
un calque vivant du ciel
de pluie légère au-dessus de
la trilogie de :
♦ préparatifs aux noms
♦ course des ébéniers
♦ tribune prêtée à l'enfant

Taj Palace Hotel
Sardar Patel Marg,
Diplomatic Enclave,
NEW-DELHI - INDIA

LE CŒUR QUI SE REFAIT
AUX STATIONS FIXES DES
AILES INOUÏES DE LA
CIME INAPPARENTE
CE CŒUR-LÀ NE
PEUT SOMBRER
SINON AUX LOIS
SIMPLES DE LA VIE

Grand Hotel IMPERIAL
Dubrovnik

Qui se souvient du ciel préhistorique, spirituel,
et infiniment mûr, qui ne pourrit jamais

La mémoire patrouille, détachée,
des miasmes de réel
des écailles de corbeille
des bouteilles vertes d'otages brefs et vaniteux
des attentes dignes de chevaux de mer
des guidesses rusées à la friche des remparts
des salves de tristesse engluées dans l'errance chauve
des braises d'allégresses dans les bistrots sauvages
des exils bigarrés à la housse de la phrase
des canicules percées de blancheurs fauves à l'étroit
des lambeaux sidérés qu'un luisant discret
des nombres lunatiques du final d'harmonie
du chemin précis du vide au sur-vide

Qui se souvient...

Best Western Sky Harbor Inn
1701 N. Walnut Street
Springfield, Illinois

[...]
il est plus à écrire lorsqu'aucun mot n'y conduit et à
quitter par état et non par volonté les sentiers jolis de

l'œuvre inscrite au fil d'évidence ; alors c'est l'unicité
pyromane gracieuse qui vous rend égal à la nature
fondamentale

Hotel Inter Continental
Budapester Strasse 2
Berlin

je suis Hart Crane au cœur de mer
je suis Vélémir Khlebnikov au cœur du mariage de la
        sagaie et du passage à travers les bouleaux
je suis Góngora au cœur tiède de rides fraîches
je suis Gérald Neveu au cœur de solitude irréparable
je suis Victor Hugo au cœur d'une seule et longue phrase
je suis Li Ho au cœur de les prunes en valent bien
        d'autres
je suis Robert Walser au cœur d'ici
je suis Christian Morgenstern au cœur de mille erreurs
        revendiquées
je suis John-Philibert Küssmerück au cœur de rediffusion
        des céréales et des veines

HOSTAL AYESTARAN
LECUMBERRI (Navarra)

une idée
un Voyage Absolu
une réponse de l'esprit
aux insuffisances du
corps

un livre de toutes les
allégresses
un livre de toutes les
mélancolies
                sans qu'il ne
prenne le pas sur
l'odeur d'un matin aux
prémices du dégel, à
l'heure où la vie retient
le souffle du ciel et
mime un solstice

Hotel Edison
46th street to 47th street
Just west of Broadway
NEW YORK, N.Y. 10036

Dès lors la parole ne déchoit
Si elle forge par les rosées
Laissant la peur à ton cerveau
Et caracole par les signes
Éprouvés à l'extinction des
Jachères de l'émerveillement

Répétant des conditions de poing
Aride non les gouffres témoignent
Quelle danse dort dans les graviers
Quelle destinée rigole à sa naissance
Quel empire calme captive la sueur
Et même dans l'erreur l'avantage
Repose ses laitages à coups d'énigme

Hotel Gelmirez
Santiago de Compostela
España

Ne m'emmerdez plus avec vos paperasses bouquins circulaires du « sujet poésie », je suis « l'objet poésie » celui dont les blessures cosmiques ne se lisent pas dans les livres

(Le Dernier des immobiles)

1988

MATTHIEU MESSAGIER

WESTIN HOTELS
THE PLAZA

Comme une introduction
qui s'ennuie dans l'apparition
simple là, bien devant elle,
des prémices de la fin du voyage

↓

... et je raconterai
des choses merveilleuses
aussi vieilles que les océans,
les mers et les voix du
silence...

ACAPULCO PLAZA
Mexico

J'étais tentant d'ériger la lumière
la plus insoumise
aux orées ravies elles fronçaient une extase
la plus réfléchie
aux langueurs liquides du longtemps
tentant de la dresser solide et
pourtant docile aux formes qu'elle habite
elle la reine-matière qui n'en a
moi servant fidèle
petit goût de source aux marches
de la nef des essences

j'avais au creux du geste
les précautions d'une naissance
j'étais revécu dans l'autre, l'originelle,
celle qui évanouissait enfin
les superflus du faire
au profit du comble d'être

THE LYGON ARMS
Broadway. Worcestershire. England

Fouillé l'ardent aux perles
Désire qu'on porte à petite
Expiration passagère l'incendie
Visite résolue du choc des
Cimes de la grimace, prestement
Dessertie d'une aubade ajourée couleur
D'avant novembre brillant et synthétique
L'harmonie de la rose sauvage
Introduit par l'épisode faux l'éclaireur
De la vallée lui l'étrange seulement
S'appuyant aux compotes clairvoyantes,
Percluse d'exaspération, réunion
D'une moitié de parfum de valse
En Chicago d'avec l'exclusif devenir
Adulte aux charmes progressifs par
Écoute de soupirs, s'instruisent les
Extases, odes et répons du plus
Que le verbe tend le pistil comparatif

HOTEL D'INGHILTERRA
Via Bocca di Leone 14 Roma,
Italy

Rome, le 14 octobre,
Temps maussade et tendre

Le cœur peut des larmes plus
« matérielles » et plus violentes
que l'œil : d'aucuns appellent
cela la rosée.
Quand on remonte
aux sources blanches de la rétine
(à ses chutes ?) on sait que la

lumière existe avant tout dans
la moelle ; et ce point de l'horizon
où elle simule son abîme, où elle
disparaît comme en se moquant,
n'est-il pas le sacre de l'avant-voir ?

THE SEABODY
Orlando

ici tout est pourri, même le vice...

Le sable muet des comptines
m'atroce un peu l'avancée rétine
de l'œil en des passés mouvants ;
sa source de réveil tanguant
sous des arcades d'émerveillement
sa bouche retrouvant l'ancien suc
sauvage des embruns du mystère.

Ceci est un poème... murmure l'intense
défait à la divinité légère...

« Étoila regards des doigts », se rappela-t-il...
« 1972... une grande belle et frénétique année... »
Le poisson des deux allégories, l'une
universelle, l'autre   personnelle ;
avaient définitivement   asséché la peur.

GRAND CANYON NATIONAL PARK LODGES
Grand Canyon, Arizona

Les cahiers de Trêlles subsistent ?

Aparté 2

Si que j'écrirai des choses nulles
que ça me distrayerait
bien plus qu'à mon tour
et que s'y reconnaîtraient
ceux qui, il y en a !
n'ont jamais confondu
écriture et Poésie

HOTEL DE LAS AMERICAS
Libertad 1020 - Buenos Aires - Argentina

Chère Amie,

je regarde les talismans d'où je ne serai jamais ; tout le nerf est d'une association incongrue qui me nargue et, aussi, se morfond d'une désespérance fondamentale à ne pouvoir se fondre en moi ; certes les nuages et le clerc des suites distraient mon esprit à son terme de matière mais l'intrus distant que je suis sur cette terre a des airs d'amour et d'avenir,

bien à vous

votre Matthieu.

HUA DU HOTEL

« Je regarde passer les saisons
jusqu'au jour où je me dissoudrai
en l'une d'elles au hasard »

dit le montreur de vertiges
à la faveur
qui se penchait gracieusement
tel un lait unique de fleur rare
sur l'une des essences du jeu
lui rendant bien la pareille
depuis les pieds jusqu'au ciel

BEIJING HUIQIAO HOTEL

Ici dans l'extrême chaleur crachant oblitéré que j'ai au comble d'être – fermer les yeux se retrouver au Bestiaire : « la chrysomèle sur la menthe : toute pensée court à sa perte » (il décide sur l'heure d'en faire l'exergue de *L'Hors Rien*)
ici donc il énumère un périple ravageur :

Dunhuang : étape de la route de la soie désert – caravanes de chameaux – Canicule Grandes Étendues
Xining : (Tsin Haï) Canyon bizarre – Grandes prairies – immense lac
Lanzhou (Lantchoir) : très sec prairies de graminées
Golmound (Golmud) : pied du Tibet immenses montagnes enneigées d'un côté
immense désert salé de l'autre

je repense à mon vieux compagnon de jeux d'enfance Dany qui me disait : « Oui, Matthieu, il n'y a pas besoin d'aller si loin pour voir de belles choses... »

(À l'ancre d'achronie)

1989

MICHEL BULTEAU

Filaments grillés

L'hiver est roulé dans la valise noire. Il ressemble à une tortue géante. Un fleuve coule. « Je reviens sur un point qui m'est cher : faut-il se débarrasser des autres ? Mais peut-être que je ne me méfie pas assez de moi. » Lorsque tu es offensé par les huit mille têtes de bélier de la convoitise, allonge-toi entre les tombes et fais des invocations. La règle du jeu c'est de tout rendre douloureux. Les mouches plongent leurs pattes dans le sang, cherchant à se convaincre du mythe d'un monde. Nuages bleutés écrasant un match de cricket. Pendant ce temps, on dîne en écoutant des cuivres, on montre ses cuisses en lisant un livre sur l'art du paysage. Un ventilateur est en marche. « C'est un jeteur de sorts. » Insulte destinée à un jeune homme, torse nu, riant, allongé sur un matelas posé à même le sol. Déclic du ventilateur. « Hier, tu as manqué la messe, car tu es resté assis, au soleil, sur un banc du parc avec ton amante. » La volupté claque comme une ampoule. Filaments grillés que sont les corps. Au milieu des lames de rasoir, la foi remue. « Me jeter à l'eau, sans éloquence. » Rien n'est plus froid que l'enfer.

Jeepster

Ton visage est bien fatigué. Tu joins les mains sous ton menton. Tu es balance. Steve, lui, est mort. Une vieille histoire. Toujours la même. Pas la peine de raconter. « Les lézards ont une longue langue. » Voilà une des phrases que tu te plais à répéter. Tu aimes porter des chaussures de femme. Tu vas souvent voir le gorille au zoo de Regent's Park. Un secret que je n'aurais pas dû dévoiler ; tu aimes trop être tranquille. Ne m'en veux pas, je suis fier de te connaître.

Mots répétés. Les secondes s'allument, s'éteignent. Trimer, trimer. Retourner d'où on vient. Quelle sale sensation ! Comme de toujours aimer ce qui est en train de disparaître.

Le mal est monotone. Le mal est en fer. Le mal est ennuyeux.

Essaim correspondant à l'indifférence. On s'allonge, on aime Dieu. On s'allonge, on est dans une fabrique d'absolue pureté. La tête a franchi le fossé. C'est à la fois terrible et sans noblesse.

Les rues de la chance, tu sembles les connaître. Trop de crème à raser, de sang sur la peau. Inidentifiable.

Les enfants sont ravis. Les secondes s'allument, les secondes s'éteignent. Des branches d'arbres squelettiques se sont infiltrées dans les appareils à sous. En fait, il ne s'agit pas du tout d'appareils à sous, mais de logiciels. Bambous ployant sous la neige.

Peau fripée autour du nombril. Qui se souvient encore d'Eddie Jones (alias Guitar Slim) ?

Avec regret : des lieux, des inscriptions (on changera cela), des passants. Une boîte aux lettres sur le bord du trottoir, très jaunes sous le réverbère. Impossible de bouger. Impossible de crier. Les yeux de n'importe qui cachés derrière les bambous.

Combat pour les émois. Encouragement : couleurs violentes. Tu t'es mis au lit avec un magazine (avec ta photo en couverture). Toi aussi tu aimes les fées. Tu voudrais pouvoir te passer au doigt un anneau d'or et devenir très petit. Tu n'es convaincu de rien car tu n'as pas atteint la moitié de ta vie. Tu es plutôt gai. Je veux dire que la douleur ne t'est pas de grand prix. Tu ne sais pas nager et ta peau est télévisée.

***

Je mets ma tête sous l'eau froide. Vous croyez que c'est drôle vous d'avoir dans la tête les morceaux d'un kaléidoscope qui s'agitent ?

Une bagarre ? Non, des frictions sentimentales. On appuie le front, les lèvres contre une vitre et on finit brisé comme un épileptique.

J'hésite à donner plus de détails. Tout a commencé sur la presqu'île de Sorrente. La mer colportait les rêves des mauvais garçons.

J'ai vu un soufi miséricordieusement nu. Au-dessus de lui un avion décrivait une courbe vers l'ouest...

Comment imaginer que cela puisse finir ? Et pourquoi retourner le fer dans la plaie ?

Pourquoi, une fois de plus, vouloir sauver les apparences ?

***

Les mains tendues, j'étais à attendre que les hallucinations coulent comme l'eau verte à la vitrine des fleuristes.

J'étais à attendre que de la lune tombent des mouches dans mon bol de lait.

Mais le réel est un prince usurpateur.

***

L'enfer est le pays où les organes s'agitent. Imaginez une boîte d'allumettes sur la plage arrière d'une voiture dans les virages.

En enfer, on pèse les poils. Les clous et le bois de la croix y sont vendus aux enchères.

Dans l'arrière-pays on trouve des taille-humains d'où sortent des crayons. Des crayons impeccables, odorants comme des savons.

En enfer, les lèvres tombent méchamment, les muscles des nageurs flottent, les poumons roulent dans les plumes.

***

Ici, on croit être ailleurs
on croit être projeté en arrière.
Ici, on est indifférent à la mise à mort, aux lapidations.
Ici, on n'a pas de méthode. On cache ses maladies. On rumine.

Mots approximatifs, sons vagues.
Ici, on revient toujours.
On ne trouve plus grand-chose.
Ici, on donne des gifles avec beaucoup d'étincelles.
Ici, on ne sait plus s'orienter. Ni s'indigner.
On met en cage des tonnes de sable.
Ici, on abandonne vite.

(La Vie des autres)

1991

JEAN-JACQUES FAUSSOT

Éloge de la déroute

I

Dans chaque réduit glaciaire du siècle la peur est représentée. Résine au rire astral. On a tôt fait de se pastelliser. Pourtant, il y a des signes dans la bruyère qui poussent l'usurpation jusqu'à la dévotion. Le Diable souffrirait-il de méningite ? Toujours est-il que sa renommée a perdu quelques mailles depuis que les mares ne reflètent plus l'inconnu. Arborescences automatiques. Bientôt la lumière se dépouillera de sa colère comme d'un costume magique aux entrailles polaires. Car la destinée n'est pas qu'un galion hanté, qu'une fiole de regrets offerte aux naufragés. Que de coquillages dans le sable de l'âme ! Et que de rayons tissant des extases à l'envers des tisanes ! Sur la page, les mots ont de ces porches gothiques auxquels souvent le doute vient frapper. Présences et rejets. Avec l'absurde le ciel joue au bilboquet. Or, définir les frissons reviendrait à parler théologie devant une assemblée de libellules ventriloques. Plutôt donc s'égarer dans l'ironie, et se joindre fiévreux au mystère qui dépapillote l'interdit.

II

Là où d'autres cherchent à décrypter les paroles de l'été, je ne prétends pas autre chose que de faire rugir ses couleurs. Sculpture des pages en fusion. Les tempes partagent avec la foudre le secret de la voyance. Mais que d'écailles entre le froid et le pardon ! Et que de glaives à l'horizon ! Une vie entière ne suffit pas pour décacheter la vérité. Ô sublime musique des braises cervicales ! Ô incandescences qui traversent la langue avec espoir que le ressac transfigurera l'espace ! Pour tout héros, la souffrance est une fleur au coin des lèvres, une gemme sur la route du ciel où le pire est un thème très en chair. D'où ce drame qui opère le mélange entre brume et raison, entre rosée et intuition. Rien ne se joue sans insolence. À quarante-cinq degrés de latitude de l'ennui, la nacre du jour a sonné le tocsin. Mais la mer est d'un acier trop bien trempé pour que l'acide des mirages n'entame sa virginité. Gourmandises dégainées. Le sacrifice sanglant de l'ombre aura pour effet de nous laisser un héritage digne du chant des cormorans. À moins que les lyres ne s'emparent, funèbres, de l'haleine des volcans, ou que des marges ébouriffées s'exhalent des sables plus mouvants que ceux du dernier dimanche. Il n'y a pas de honte à se dissoudre dans les miroirs. Surtout depuis que la lumière qui a pétri leur chair s'en est allée avec la fumée. Étincelles au plumage fripé. Greffes eucharistiques que seul le silence permet. Dans la barque que l'exil n'a pas encore coulée, l'aube se prolonge au-delà de la gravité. Et cela, malgré des crépitements dont la perversité ne s'arrête pas aux marches des trônes. Résurrections sans protocole. La buée dompte les strophes que les cierges ont vomies. C'est pourquoi, du passé, on ressent les remous, et, de l'avenir, le vertige. Qui n'a sa part de houle ?

III

Depuis la momification de la rosée, l'idée d'enchantement a émigré sous les galets. Le temps n'est plus aux décoctions contemplatives. Et même si, dans la fièvre, la neige garde un appétit de samouraï, les échos ne moissonnent plus à la vitesse préhistorique. Ô émail des mondes abolis ! Ô cristal des forces retroussées ! Fallait-il que la Beauté fût pleine de pus pour que ses sourires ainsi attirent dans leur sillage jusqu'aux habitants de l'enfer ! Avec entre les dents une précision d'archer, le vertige d'aujourd'hui a choisi l'écume comme messager. Abeille à la prose laquée. Les étapes de la sainteté ont une sève musquée, tout un venin caché dans les poudriers. Mais déjà, de l'horizon, comme une cargaison aux amers rayons, a retenti l'absoute : pierre jetée dans la vitrine du péché. Peu à peu des lambeaux de reflets se remettent à crier. Et des glaces, comme des fusées, fuient des rêves qu'une lente distillation a teintés. Cependant, de la fenêtre asphyxiée, la chair se dérobe, plus reptilienne que la pensée aux pertes nourricières. Le front est un grenier de vitriol, un théâtre sans densité muselée où se jouent des pièces désespérées. Hautbois des causes et des effets. Sous la dictée de la lune la mer a remplacé les nerfs par les fils de la Vierge dont l'électricité emplit la nuit de refrains labyrinthiques. Astres portant la mort en broche. Toutes les poses cautérisent. Toutes les captures dénudent. Mais à trop jouer avec les escaliers on finit par les réveiller. Solfège des feuilles tombées. La déroute m'a creusé avec sa pioche de verre. Alors, pourquoi enrubanner l'hiver ? Comme une torche il doit vivre, et atteindre avant moi la crypte de l'air. Même si, de tout point, fusent des éclairs qui de l'envers connaissent l'alchimie, et de l'ailleurs l'anatomie. Tiares et sondes. L'ivresse de l'univers se décortique transversalement. Aussi, par le côté, passent des rires que la conscience éponge. Perles greffées à la charnière des ondes. Il n'y a plus de menaces sous l'écorce des âges, seulement quelques arias sombres.

IV

Par cent fois dans le vide l'aventure a jeté son appel. Prison pour flammes et fleurs. On sent dans la grandeur comme une érubescence, comme un sanglot capté à la source même des choses. Chaos aux baves aimées. La poursuite de la chance attendra le carrosse de demain, la transfusion des voix dans le bûcher des mains. Ô fissions ! Trahisons ! Quelle est cette ciguë qui jongle avec les sons ? Cette présence comateuse dans la volière des jours ? Si le fiel que ce monde a forgé n'avait autant souvenir de son adolescence nul doute que l'onglée infligerait à la matière une défaite héréditaire. Paroles sans parures. Émaux aux moelles d'azur. Et, dans le berceau de nos sens, le spasme de l'errance, le retour purifié du souffle crucifié. Là, on est plus loin que la mort, plus loin que la vie, plus loin que les brûlures et que son propre esprit. On est roseau par ambition, étoile par rébellion, et puis aussi peut-être époux de ce rire qui éclate dans l'averse quand de ses ongles Dieu laboure notre cœur et ensemence le cercle de nos naïvetés. Parades tricotées. Cadences aux ailes blanches. Entre les cris sucrés que l'horloge a poussés la tristesse s'est fixée : premier sceau de la divinité. Cependant, la ville, là-bas, empaille les données, et sous les serres de la méchanceté, la pluie mûrit ses métaphores. Cortèges aux organes tatoués. De ses seuls baisers la nuit est capable de tuer, de tirer hors des os des fuseaux afin que le déclin s'éclaire. Mais le jeu d'ici n'est-il pas de sans cesse recoudre ? D'ajouter dans les sèves toujours plus de ciel pour que l'âme au piano s'exprime avec brio ? Déjà, outre orée, le cœur s'est embrasé, et dans ses soutes on sent comme une volonté de faire et défaire le travail de la brume. Oraison en riposte. Avec l'aigu désir de dynamiter la page, l'encre s'est dégantée. Pénétration d'épines dans les contraires. Tout s'écaille à l'aval. Et les vases, avec les cygnes, partagent un destin d'incompris. L'urgence est donc de se déraciner ; non de la terre, du ciel ou de l'enfer, mais de soi-même. Car c'est ainsi, et ainsi seulement, que les lettres pourront s'écorcher aux paysages des fonds, et peut-être aussi passer ce pont qui est à la gloire ce que la folie est à l'amour : son Golgotha de toujours.

V

À travers les nuages l'angoisse nous parle. Et ses gestes, de l'exil, sont le noir aliment, le philtre de sa minutie. Sur le plancher, la marche des saisons a cette rigueur ecclésiastique qui fait barrir les lampes et flamber la salive dans la gorge des cloches. Cantiques en stalactites. L'angélus a macéré dans la nausée. Et comme, sur elle-même, tourne la charité, se flagelle l'opposé que l'on a fleuri comme un autel. Versets aux absences stridentes. L'encrier n'en est pas à un naufrage près. Mais les parures, les salves et les traces s'accrochent encore à son audace comme des colombes morphinomanes. La douceur des places chercherait-elle à rivaliser avec celle des rosaces ? En fait, les apparitions sont d'un soufre moins ouvragé qu'une valse à vif trépanée. Cosse de rages et d'ondées. Femme fatale, l'aube a une robe fendue sur le côté. Et bien que sa pâleur, pour personne, ne soit un exemple, elle mord mieux qu'un cobra en plein confessionnal, mieux qu'une panthère dans une grosse cylindrée. Congélations arc-boutées. La tradition des ocres est d'empaler l'été, d'interdire à son souffle le passage des portraits. Cependant, pour nous, comme pour l'orage, mourir ne signifie pas forcément se taire. D'ailleurs, un lent glissement du dehors a conduit aux attitudes géométriques. Et maintenant, les cimes ne font plus usage de l'escamotage. Des bouquets rayonne un sentiment-phénix, une croyance en la saveur météorique. Mais oui, c'est bien la maladie qui une fois de plus a jeté ses dés, distribué ses cartes, et remis à la Beauté des lunettes noires. Fallait-il que le vent fût rusé pour qu'il suintât des bourgeons autant de sombres aveux ! Et fallait-il que la forêt eût perdu toute dignité pour que les battements de son cœur ne fussent plus que leurres, et que sa magie au visage ridé imposât une telle métaphysique de l'indifférence !

(Icônes écartelées)

1992

MATTHIEU MESSAGIER

Principes Généraux
de l'écriture des sauges
appliqués à la représentation
du songe occidental

Il est près du vénérable 14 heures, un bruit de découverte se précipite dans le salon clair et bien aéré du pays d'un jeune homme d'une cinquantaine d'années-lumière, l'oie pour le fils c'est juste, le lièvre pour ouvrir c'est encore juste, et de la basse région les génériques devint le déterminatif floral obligé des noms figuratifs ou des noms phonétiques comme beaucoup d'aromates se plairaient à vaincre le règne minéral, ainsi, bien au-delà des civilisations, il existe une grammaire céleste inexplicable et inexpliquée qui propose à quiconque s'en approche l'acquisition immédiate de la langue des constellations immémoriales poétiques.

***

Les prunes vêlent une étendue
De lin ; de chevaux blancs outre
Les irruptions automnantes espacées
De l'être happe
Autour de l'eau oiselière
Quêteraient l'hygrophore des poètes
Aux sésames des marges sonores et mouvantes
De l'arrière-obre trêllien tous cieux ouverts
Les réimaginant plus gouttes de dit : ils
Appelaient impérieusement à leur survivance

Ailleurs que formellement botanique.
En herbes molles et des genêts
Jusqu'à l'incongru : secrètement
La liberté de cotonnade devine
Les découvertes du fixe à l'extrême
Par une clef de paysages et des reliefs
Les martingales de serait tout le certes
M'accourent à la limite permise
De l'ascendance des moissons
Qu'auvents bribes du crépuscule
Réanimeront le convoi d'une masse
Instinctive reconnue en cinq soleils
Et deux couleurs de l'intérieur l'extérieur
Coulissant perturbable sur l'axe
Amarre sapide de l'océan des campanules
Dès que les minutes autonomes de
La lépisteraie gagnent les arrêts
À leur cause de rousseurs,
Portées aux appuis des rythmes en ronds
Et des recommencements qui le seraient
Ricanant plus éloigné que nébuleux
Et le nerf de la mélancolie palpe de tête
Les parcours délicieux de son demain matin,
Cinq soleils et leurs doubles
Se confient les relevés cosmogoniques
En la lisière tacite de leurs rayons
Soit le mètre réapprenant les mers
Soit la première rêverie mutuelle
D'un brumaire hier oublié d'une trousse
Et de la part sur feuilles de source
Les satoris quotidiens et silencieux
De Monsieur L. et non conspirateur boulier
Une étoile au service de la justice
La séquence grande du stagner escient
Devant le barrage de mât depuis la lettre ;
La libration des soleils autant
Du calme précoce de la ration
D'ornements si la relance est vivante
La fête même l'ancolie et son retour
Lycisca bella des porcelaines du golfe
Quotidiens et silencieux de Monsieur Amate
Il lissait du plat de la tiède arrière
Journée dite mi-scabieuse mi-paon de jour
La relecture minutieuse et sans alphabet
Des enfances superposées

Du va l'an
Et du corps de volonté des lacs ;
La langueur W se solidifie
Sous la forme d'une fouille
Immobile du merisier central
De ses sommeils splendides
À la rencontre des parages
Et des atomes de sol
Et des pommes redevenues hautes
Et du Grand Octobre Réparateur
De la reine pierre
Des rétines errantes
Maximales revues
Et du Grand Octobre Éperdu
De ses échanges au ciel de
Calmes lenteurs éternelles
La Grande Octobre maîtresse absolue
Et débonnaire
De la session chair et mirage
Un mur nô et la forme dalmate
Flammes de verre à l'environ des
Trahisons qui s'endort

***

Le côté moisi s'égare

***

« Si donc chavirée d'une telle sagesse
Et hardiesse d'embrasser la brièveté
Tellement injuste de m'avoir portée
Si loin des couvercles de Noulènes
Et d'une panoplie réputée d'un
Sapin par chant du coucou au
Choix de bruits de midi
Réputée de récitation en l'habit sage
Si loin surtout de la raisonnable
Aspiration de sourire aux maladresses
Peu m'importe les circonstances de
La déclinaison les trames de chacun

En reviennent toujours en dépit du
Parcours à la première révélation
Quelle qu'en soit la qualité ou même
L'absence apparente peu m'importe les
Climats de la tranche du monde qui bien
Peut-être précipitèrent mon involontaire
Manquement aux symboles d'une voiture
Usagée mais vaillante et d'une marinière
Surdouée de mimétismes je sais que le
Moindre petit Erello connaît le poids
Des graines de papier d'aurore que la
Mémoire à l'instant que mon cœur instruit
De ses limites changeantes donne à la
Silhouette d'une petite fille regardant
La surface de l'eau les convergences
Au point d'éternité où les cloches des
Vaches respirent la mode des habits
D'un traité et laissent les chars de Vénus
En buissons arguer leurs différentes
Influences sur les formes simples
Du dernier bateau et puis cette ferveur
De quelle rivière daignera parler de moi
Suffit ici et de la brillante vallée
Un chemin conduit à travers des boutons
D'argent jusqu'aux aromatiques et aux
Versatiles d'un beau bleu luisant
À long pétiole d'extrémités géographiques
Leur suc la terre favorite de ma jeune
Insouciance irréductible et incessée
Parmi les éboulis fins et grossiers et
Jusqu'à l'étage des hêtres est à la haute
Concentration les arêtes les sommets
La chaleur le vertige des rochers
Suintant quelque avertissement par
Un matin l'enfant dégage sa tenue chez
Des gens qui étaient au bain l'été dernier.
En tout cas étant asiatique au nombre
De onze environ les jeunes rayures
Qu'aucun duvet généralement ne protège
Uniformément tant par le vent et
Toutes ses autres sœurs sous le frais
De l'aulne vert distribution capricieuse
Palme d'ombelles à court pédoncule
Pouvant jusqu'à corolles allées de rose
Et l'état de légitime poésie seulement

Dicterait aux pour et aux contre soit
Stries d'argent et d'amibe en forme de
Poissons ne se délaissent d'autrefois
Les altitudes brillantes avec taches
Translucides allèrent du délicieusement
À la division inique d'avec ces jeux
Des petits dans les pierres rondes
De plus tard l'un d'eux posera mon
Silence dans une poignée de marche
Fraîche à travers mille espèces
D'images et autres juins dépliés
Et la section des gentianes garde
L'arbrisseau buissonnant à feuilles
Vigoureuses jusqu'aux vingt fleurs
Réunies en corymbe
Justement à l'exact milieu
Entre mon bonheur et mon chagrin
À l'heure où j'ai laissé et
À l'éternité où je suis écrite »

***

Quel volontiers de patiences
De ne rien dire aux coupes à
Laisser refroidir ni sens
D'essayer une écharpe d'étoiles
Mortes souvent sont ces reflets
Attentifs demeurent là bien
Plantés et allumés de feux
Incertains à la rétine
Mais pas à l'imagination
Sous la voûte cendreuse
Des esprits de cette fin
De siècle ou plutôt de
Leurs fantômes
Le lucide impérieux
L'attentionné aux pierres
D'oiseaux et aux fleuves
De carabes
Exhale une scène infinie
À d'heure transpercée
Et qui dit-elle se vidant
De ses substances les plus

Précieuses ne conservant rien
Pour elle et récolte multiplication
De vertiges verticaux dans la vasque
Du ciel

***

Bleu russe Bagdad verte trente-huit mètres de lenteurs Bassorah d'entreprises opaques d'ode à la paresse de reliure précieuse des comptes de la chair et des scènes affairées de la pensée par balcon où revint le murmure vague du fil printanier du destin de la lune.

***

L'or, l'encens et la myrrhe, le soir les moissonneurs coupaient les beaux épis dorés, sur la route dormaient des soldats d'horizon et des phrases de corps de coq à peine finies, une mouche se posa sur le nez des enceintes de la barque, emmena son voyage, et plus les papyrus rompaient le courant plus le poids du petit garçon s'allégeait dans une nuit claire transportée de siècles en prodiges, la raison du sandre, l'épine d'un négociant, le jadis d'un témoin rigoureux de compagnons arrivés très las au sommet de la colline de la soudaine décision des paroles des roses et certainement la voûte calme la plus connue se recomposant une évidence, au récit pour deux voix et un chœur aux mesures fastueuses des méditations intimistes, un précédent baroque que huit porteurs permanents selon qu'ils le saluèrent comme un chemin et haut lieu du directeur des barbiers, qu'ils en pâlissaient d'émotion et plantèrent le bâton de vivre ensuite dans l'orient le plus journalier, et s'installèrent serrés les uns contre les autres auprès du grand foyer rougeoyant et puisse cette célébration durer toute existence et les pommes bien chaudes retirées de la braise révéler l'histoire des reliefs et des audaces, et les grandes écharpes de peine silencieuse qui dénudent les courbes secrètes de la terre extérieure, dans l'agenda des quartiers d'une eau, un ignorant doux et complet contre son gros bâton de voyage recueilli et donné, continuent de fleurir et les témoins de l'énorme gâteau de riz, puis le Haut de Rosalme se hissa sur un grand livre et tous deux bavardèrent agréablement jusqu'à l'aube, le lendemain les enfants ne trouvèrent qu'un médaillon de butte sur laquelle s'ouvrait une grotte hors d'haleine et un paysan et son fils sculptaient interminablement les replis sidérés des jours antérieurs et des jours postérieurs qui gonflaient les rebords éclairés de la plate-forme du maintenant et s'en venaient pendre fièrement sur le vide solide.

Vracland

ne blâme grive s'elle se revient du blanc
comble de petites révélations en boule
la marine du docteur se prive métamorphose
ne m'entends point cirer d'arc-en-ciel
l'ombre de moindre bout de bois scrute
par monsieur les calligraphes diurnes
bien et les formations révérentes du murger lui
le léger qui provisions de devenir sauf
à l'école personnelle du dessous des feuilles
des trembles aussi ne laisse à l'abandon
du réel les premiers inconvénients de marbre
las l'accolade sensitive de l'anesthésiant
recel de debout les vitrages de mes morts
si les familiarités de cible y récitent
monocordes le soit premier état soit flair
en vrille de face qui de doute sur le feu
qui de désert prude l'envoi des permissions

***

L'Étoile Matinière
Passe sa patience
Par-dessus la réplique
Exaspérée et puis lisse
Parfaitement épousant le
Détail au gré de ville au

Et le va-et-vient
De la triple lisière
Automnale d'est
De tout vent qui
Schéma incomparable
Vaisseau de pluie
Sous les parcours
Rectilignes de la porte
Orientale surhaussée
Et élargie qui coupe
Le centre du pouvoir
Le grandiose mis à
Subitement sur la fertile
Et diverse situation
Du jardin sauvage intérieur
Actuellement à transept
La Voie Héliaque
Menée simultane
Au comble solaire
Alliance de roc
Et les roulements
D'un côté de ces plis
L'enlèvement au port
Dans le désordre de lettres
Minutieusement la fausse
Agonie du haut bouton
De fleur exclamatif
D'autre côté retrouvée
Sève de marbre à l'étage
Sève de chair au fleuve
Seulement variable
Au plus cillé des cieux
Le milan exhorte
À la main de tension
Se prépare déplacement
Symétrique d'encoignure
Du jour par les colonnes
Et les extraits d'odeur
Cette recouvrance instante
De l'astre et du végétal
Au point liquide, puis
Plastique de souvenir
Le fruit d'arbres tant
Épisode à l'essentiel
Du nombre lérolien

Aussi l'Étoile Matinière
Relevée de ses aubes sombres
Alignant de fantaisie
Chiffres du chemin
De la Voie Héliaque

Surtout appelle la
Disparition du mirage
Du milieu d'une vie
Et conduis à son terme
L'entrevue d'enfance
Vivant le raconté de l'écho
À la seconde d'une seule somme

***

« [...] et je crois que je vais aller me promener au bord de toutes les rivières de tous les mondes qui aient jamais pu être en ces temps sublimes. »

***

« Croyez au confondement avec Trêlles. »

Si fais le compte des il et je de presciences
sur des montagnes de buses ou des prises d'eau de carte
À la seconde de bruit de mai sur les routes de l'âme
Si compare cet éveil obsédant qui traduit
devant le tronc du plaisant universel
mais que cette insomnie spirituelle aussi
quelquefois t'introduit dans l'à ciel nu
d'heures éblouissantes de par leur tessiture même

et nullement par les événements qui les
submergent pour l'ordinaire, alors et des
étreintes glacées avec l'est républicain.

Les devoirs attachants et les élégances ruinées
fleurissent l'une des odeurs de plume, choisie
probablement au dénominateur réseauique de
L'ingénieur orthodoxe de transition comme de vite
Des serviettes à raser le sang monte déjà jusqu'aux
oreilles et la grille n'est pas encore apparue,
le petit noyer du père François le confident
biblique des roses ne se régale donc pas
Des contretemps à la nébularité circonstancielle.

Carnet de rames tache ou septain poignant regains
foins miracles, et mort aux os de verre, le
(ici une phrase à l'orée des traits britanniques du graphe)

***

Nous devisions avec Giordano Bruno : je lui
racontai les après-midi planes chez
Madame Jungle au centre incertain
de l'affluorescence simultanée des chapeaux
de cow-boys, du flou des rues à l'heure
enfantine, du premier tome des œuvres
complètes de Racine et des Grands Magasins
fléchis légèrement dans l'odeur des origines ;
lui réfléchissant à l'une des logiques
d'Henri-le-Haineux et de sa bande,
à quoi le miroir ne dit rien, après-midi
essentielles à l'angle de l'a beau et si
et la hausse, habits frangés quitte de naître
la gentiane intérimaire du long chas... à
l'heure où l'éléphant en pétales de combe
se sauvage. Poètes de droit divin de
droit floral seuls ne peuvent résister
aux agressions barbares de leur propre fragilité.

Aux parterres prodigieux de cette vallée suspendue
Croissent et se déplacent pêle-mêle les réponses.

(Une rêverie objective)

1993

MICHEL BULTEAU

Sana'a

Ville avec ses rêves
amassés aux plus hauts étages,
ville avec ses femmes
voilées comme des neufs d'or,
pas de pont de fer
de charbon ni de fumées,
des bijoux de la poussière
calme
pas de sous-sol en feu
des caravansérails
où l'on peut creuser des tunnels
dans le café,
la ville est là :
hantise colossale.
J'en suis le visiteur
avide et louche,
je sais que les regards
sont des portes qui s'ouvrent,
je sais que les balances
sont aussi faites
pour peser la contagion,
j'ai pu l'apercevoir
assise sur une caisse
dans l'ombre de froment noir.
Ici je n'ai plus peur des rats
je sais qu'ils sont restés
en Occident.
Je ne me sens pas de trop
autour des pauvres tables

où l'on mange le riz avec les doigts.
Celui qui n'a rien
sculpte mon crâne,
il a allumé des bougies
sur ma tête
et changé la couleur de mon cerveau !
Je ne me plains plus
de souffrir,
je suis le fou
des venelles encombrées,
celui à qui l'été répète
qu'il ne faut jamais conclure.
Ici la mort se repose
dans les jardins,
et l'infini n'est pas pour le malheur.
Des chemins de goss
grimpent aux maisons,
les chimères s'effarent
dans l'air brûlant.
Je travaille à de nouvelles morts
je tourne autour des échoppes
je crois au monde antique
au bout du monde antique
avec ses édens
sa générosité
son lointain fatidique.

(Sérénité moyenne)

MATTHIEU MESSAGIER

1

Dans la combe la plus languide,
citée de main d'astronome des
chants tendus,
l'échange pluriel
des odorats qui se confondent
sut perdurer
jusqu'à sa transformation
en un seul corps de nuer l'infini

3

Voyage en apogée :
l'onde à vif
sous le porche abstrait
de fleurs sucées
désordonne d'instinct
un prélude au déval
puis escorte la pareille
vers le lointain intérieur

5

L'Écume du cœur et
l'Esprit de la naissance
fondèrent ensemble
ce que
les États du Réel
et aussi ceux du songe
n'avaient jamais cru

11

Telle peine
hisse
par le seuil
des vivacités
le nerf opaque
de
la royale explosion

12

Une splendeur veillait
sous l'épisode tacheté
de quelque volcan qui,
offrande d'équinoxe
dans ses deux métaphores,
conservait son ultime

à la pure compréhension
et enfantine
de son mastaba

16

Maison d'un écrit intense
épelle chaque connaissance
depuis le porche tiède
livrant son sésame particulier
au régal du sillage des voix
jusqu'à la réponse sans fin
de la bouche nouvelle du rire

24

Au bord de tous les vents
l'examiné pitoyable
rompt aux hanches de
carnet sa violence nerveuse
perdure au debout de
cohérence sa
cible de métamorphose

25

Quand le bal à n'os
du chantre de
la musique d'ameublement
pénétra les domaines
où une lutte invérifiable
le cédait à la voie melliflue,
la voûte céleste se sentit résonner
de l'unique parfum, l'absolu,
celui qui n'avait ailleurs été créé

(25 Parfums pour un bal à n'os)

JEAN-JACQUES FAUSSOT

L'ordalie
ou
Portrait de l'amour en caméléon

« En fait d'amour, tout est vrai et tout est faux. »
Jules Barbey d'Aurevilly,
Le plus bel amour de don Juan.

L'Amour est un opiacé, un reflet dans la pensée qui garde ses échardes. À peine si son rôle est lacustre quand l'hiver sur nos genoux assoit le chaos. Il a un profil de cancaceiro. Aussi, grince-t-il souvent et sème-t-il l'épouvante parmi les éventails. À l'angélus, il ajoute les cendres de l'innocence à la danse des distances et de la connaissance. Des nuages, il fait un alphabet à l'usage des orvets, et, des flaques, un orchestre de mambo dont le swing ravit les passereaux. Et quel meilleur dompteur rêver pour les giboulées ? Lorsque dans le cristal s'endorment carnets et moelles, sa trompette appelle encore à l'odyssée, au vagabondage qui exorcise les choses fanées. D'où ces braises anonymes qui conspirent dans les vitrines. D'où ces vapeurs dont le cri œuvre en profondeur et transforme la solitude en un palais vénitien qu'aucune médecine, fut-elle divine, ne saurait soustraire à la décrépitude.

L'Amour est un pharaon, un prince de la Transe et de l'Évaporation. Comme tel, il a les doigts bagués, les joues poudrées, et, à la boutonnière, une fleur-geôlière. Sa souveraineté s'étend jusqu'à l'envers, jusqu'à ces terres et mers que les esprits parcourent une fois glacés et cousent entre elles à seule fin de démasquer la grâce et ses modèles : les hirondelles. Il ne lui manque pas une dentelle, pas un ruban brodé aux initiales du temps dont la chaleur posthume apporte à l'invisible l'odeur du désenchantement. Et que dire de ses sentiments ? Semblables à ceux qui rongent les coccinelles lorsque les porcelaines célèbrent le carême, ils se mélangent à l'encre violette derrière les stèles et les ombrelles, comme si personne, pas même les anémones, ne redoutait la ciguë qu'ils font boire. Ô ruses d'ostensoirs ! Toujours l'équation de l'Histoire échappera aux ruminants. Toujours le bréviaire de l'Absence indiquera aux lézards le pourquoi, le comment. Il y a longtemps que les enfants ne naissent plus dans les miroirs ; longtemps que les blousons noirs préfèrent au langage des lames celui des aubépines ou encore des ondines. Oublions donc la nuit, la pluie, le bruit, et jouons l'Ennui comme une symphonie dont les ronces sans fin s'enfoncent dans la poésie.

L'Amour est un automate, une mécanique usée dont l'âme roule comme un dé. Sa mission consiste à nous démoder, à nous plonger dans la poix de ses excès sans nous égratigner ni nous faire réciter le calendrier. Son cerveau est d'acier, son cœur de papier ; il bave comme un enragé. Ignorerait-il que sa ponctuation n'a rien de chirurgical ? Que sa réalité n'est pas sans s'effriter à la fin de novembre lorsque les mouettes renoncent à la régence et les galets à la prudence ? Entre lui et nous, c'est comme entre la nuit et les hiboux : une combustion désincarnée, une joute vermoulue à la pigmentation païenne et au toucher suffisamment abstrait pour que la fièvre de la Vierge clignote dans les voyelles. Inutile donc de conjurer les tourbillons ; inutile de savonner ses émotions, ou repeindre ses frissons aux couleurs de l'ailleurs. Ni l'ambre ni l'ivoire n'assureront la victoire. Seule la déception, par une succession de bavures musicales, permettra au hasard de retrouver ses privilèges, et à notre regard, cet état d'apesanteur dont les algues jadis connaissaient la valeur et sans lequel la vie ne serait qu'horlogerie.

L'Amour est une déferlante, une force miaulante qui se dit et redit avec une impudeur de chauve-souris. Avec les cloches et les napperons, il oblige l'esprit à se réfugier dans les gouttières, il empaille l'espoir et talque le savoir sans se soucier des pointillés pour lesquels l'invisibilité n'a jamais été qu'un pis-aller. Météore aux manières musquées, il a, un morne après-midi, hérité de l'ombre un vieux livre taché qui raconte l'épopée du péché, et une panoplie qui fait de lui un dandy, à moins qu'il ne s'agisse d'un elfe ébouriffé. Comment voulez-vous que sa conscience soit claire ? Il est chez lui dans les tourbières, dans les clochers, et dans toutes les choses qui prônent l'inachevé. Célébrons sa frivolité, son influence lactée qui donne aux rideaux la stupeur et aux lustres la fureur. Nous dériverons ainsi sans refléter, sans subir l'écœurement que provoque le passage d'une contradiction à une autre contradiction, ni l'érosion que Circé impose à ses protégés.

L'Amour est un cyclope. Dans la brousse des images, il traque la Beauté comme un écolier. Son imagination est purulente, sa vanité pleine de menthe. L'été, devant l'immensité, il proclame la culpabilité du T. C'est un encrier pour tous les torturés, une serre sous laquelle le délire ne peut que fleurir. Profanerons-nous ce mausolée ? Renierons-nous ces mirages que si souvent il nous fit respirer comme pour mieux nous modeler ? Que *Celui-qui-n'a-jamais-pleuré* lui jette le premier sort. Sinon, qu'il rejoigne les scarabées dans la clandestinité !

L'Amour est un sablier, le symbole même de la nausée. Monstre sans képi, il défie les buis quand de tous les stigmates l'Enfance est le plus regretté. Il a l'onctuosité des possédés, le satiné des suicidés. Et moralement, c'est un coléoptère, un arlequin aux neurones imposteurs dont les rougissements font le délice de l'instant. Pourquoi épiler son solfège ? Pourquoi taire sa barbarie ? Tant que son ombre, avec la nôtre, se confondra, les chrysanthèmes et même les hortensias connaîtront la tentation entre la farandole des sèves et le naufrage des soies. Interrogeons les fils d'Éole. Demandons-leur combien de vices il a béatifiés, et combien de rosées trépanées à l'heure du kyrie, dont les paroles, sur les lucioles, exercent la même action que le Léthé. Ils nous mettront au diapason des buées, à hauteur d'utopie, et quand bien même leur souffle graviterait dans le mépris, notre insomnie aura cette féerie pour laquelle les Amazones n'ont jamais hésité à se mutiler.

L'Amour est un coryphée. Tantôt solide, tantôt liquide, il convertit les convolvulacées sur un air de cornemuse. C'est pourquoi les libellules en sont jalouses ; pourquoi les nébulosités se prennent pour des dragées et les acides pour des conquistadors. Il y a en lui comme un bûcher. D'où cette odeur de brûlé qui accompagne sa geste et nous maintient en état de puzzle. Tandis que les bonbonnières, avec la nuit, redoublent de sauvagerie, il inspire aux gisants des réponses dont l'audace scandalise autant qu'elle désespère. C'est un cavalier de l'Éphémère, un sorcier aux nerfs brodés et aux globules suffisamment dorés pour provoquer l'Apocalypse. Ne le traitons donc pas comme un vulgaire cerceau, comme un frêle coquelicot tout juste bon à s'épancher sur un dessus de cheminée. Les quelques orgueilleux qui ont un jour osé se tatouer en son honneur *toujours* sur la poitrine sont encore en quarantaine à l'ombre des grands chênes.

L'Amour est une fontaine. S'y baigner, c'est oublier ; c'est connaître l'extase de la vacuité, la plénitude de l'opposé. Aussi, mieux vaut ne pas courtiser les embaumeurs avant de s'y précipiter. Comme dit le centaure : « il n'y a que dans ses eaux que la certitude agit comme un fer à friser. » Et le chèvre-pied : « plus on s'y plonge, plus la réalité ressemble à la mousson. » Cependant, si son pouvoir de dissection est presque aussi gothique que celui des cumulus, il n'en demeure pas moins que sa berceuse (dont les dièses portent les marques d'une crucifixion et les bémols le signe d'un enlisement) provoque parfois, chez les sujets sensibles, un dérèglement de la couleur fort proche de celui qui, à la morte-saison, frappe le cerveau des mâles dont la paresse virevolte entre les candélabres, et dont la sagesse, au mieux, n'est plus qu'une balance, au pire, qu'une sarbacane. Alors, cette fontaine, piège ou panacée ? Les partisans de l'évasion n'auront aucun mal à trancher. Et cela, d'autant moins que leur naissance se sera effectuée sous le regard des salamandres, et qu'ils auront reçu des Muses le don d'ubiquité.

L'Amour est un guerrier. Héros fané d'une aventure neigeuse, il invite à plus de luxe la souffrance quand les statues de l'Idéal se travestissent en hippocampes, faisant de l'apparence une embarcation pour la délivrance. Sa toxicité n'a pas de frontières, sa moralité aucune hélice. Si par quelque hasard, il se glisse sous ses ouïes un peu de mélancolie, sa foi en la pyrotechnie sécrétera toujours assez d'aphrodisiaque pour la désamorcer en moins de trois phrases. On comprend que les tritons le craignent ; que les lilas, à son approche, pâlissent, et que les artistes dont les épaules crépitent s'en remettent à l'ordalie. Il est un sujet de Kali, un lansquenet dont les gris-gris s'animent dès qu'une idylle entre blés et pavés fait pousser des sonnets, ou qu'une fièvre sans tain retrousse sa liturgie sous les pommiers. Qui a parlé de félinité ? De disposition pour l'infidélité ? Les rares privilégiés qui dans une sacristie l'ont surpris avec une giroflée n'ont jamais témoigné.

L'Amour est un alizé. Entre le néon bleuté d'un songe rapiécé et le parfum poivré d'une vague en cage, il offre ses frissons – comme d'autres, leurs bijoux – à l'admiration des connaisseurs. Serait-ce par vanité ? Ou pour donner à la fumée une leçon d'impertinence ? Les buses et les grives, dont le blason est d'or à trois lambels, frangé de sinople, penchent pour la première hypothèse ; mais les gentianes et les genets, que les brouillards ont convertis à la dodécaphonie, tiennent pour la seconde. Quant aux élémentals, ils ne se prononcent pas, préférant, au réel, l'aquarelle, et à la postérité, le sulfureux rituel qui consiste à s'ébrécher en un exil extrême avant de se consacrer, par dépit, à la méditation sur l'origine de la folie avant la Création. Ne comptons donc, pour établir la vérité, que sur le scalpel de nos sens étoilés, que sur notre intuition aujourd'hui peut-être encore chenille mais demain papillon. Octobre, pour obtenir la clef du jaunissement, n'a pas procédé autrement. Et avril non plus pour résoudre le théorème de l'effervescence. Alors, n'hésitons pas : ouvrons grand la fenêtre et jetons lui à la figure notre encrier ! Forçons-le à avouer en lui infligeant les mêmes tortures qu'il nous a fait subir, il y a vingt-cinq ans, sur les bancs de l'école, et hier encore, dans les gondoles. N'ayons pas de pitié ! Sa hache n'en a pas eu qui décapita notre jeunesse, et son fouet pas plus qui fit partir nos rêves en lambeaux et ne nous laissa, à la place du cœur, qu'un crapaud !

L'Amour est un spectre ; un étrange funambule qui, sous la lune, jongle avec nos os. Ses masques, dont Aphrodite dressa la liste un jour de vomissements, datent du carbonifère. Ils n'ont donc aucune parenté avec ceux que portent les acariens, les nuits d'été, pour rendre la justice sous les sommiers. Toutefois, ne les dérobons qu'en cas d'urgence ; quand par exemple l'action des craies s'oppose à la ferveur des lances, ou quand, en amont de toute égratignure, la substance mère conspire avec les cyprès pour obtenir du vent le tarissement des souhaits. Car sinon leurs yeux se mettraient à bouillir, leurs lèvres à frémir, et nous ne pourrions les retirer sans provoquer en notre âme des avalanches comme en ont connues les pies à l'époque où les fakirs confondaient la philosophie avec la vulcanologie, et où les chasseurs de reliques croyaient, dur comme fer, que la foudre était le sceptre de Lucifer.

L'Amour est un quartz, la pierre polaire qu'un jour de colère le Créateur passa au doigt des Apsaras. Indispensable aux étamines, il influence aussi les cils dans leur combat contre les pages qui n'ont jamais été mais dont la sainteté décoche suffisamment de flèches pour faire sonner la peine jusqu'à l'Éden. Autant dire qu'il hypnotise ; que ses pouvoirs restent druidiques même quand les palmes s'adonnent à la médisance, ou que les rosaces choisissent pour chorégraphe la plus invertébrée des buées. Pendant que l'océan, à recoudre le temps, s'efforce vainement, il use de sa nervosité comme d'une montgolfière. Serait-ce pour avoir fait, avec les myosotis, l'expérience de la résurrection ? Ou bien parce qu'à l'instar d'Orion il a gardé de son séjour chez les désincarnés l'habitude de la déviation ? Aucune pythie ne nous l'apprendra ; sauf peut-être le foehn dont la dialectique demeure inféodée à la fébrilité. Et encore ! Il faudrait que sa pitié soit à ce point ensorcelée qu'aucune giboulée ne puisse la transformer en narghilé ! Derrière les mimosas, les crimes par lui commis sont innombrables. Ils clignotent toutes les dix secondes. Aussi, attirent-ils les corbeaux dont l'intérêt pour la géomancie vaut largement celui des moineaux pour le poker. À l'heure où le soleil, avec l'envers, renoue, on se croirait en plein vaudou : des pétales, des perles tombent du ciel, tandis qu'entre les tombes, les oiseaux agenouillés se racontent une dernière fois l'histoire de ce pianiste au gilet de soie qui, un hiver, s'ouvrit les veines parce qu'une couturière au visage quelque peu ressemblant à celui des modèles de Dante Gabriel Rossetti préféra, aux joies de l'irisation qu'il lui offrait, celles de la fossilisation auprès d'un banquier de Bangkok pour qui la spiritualité était (bien sûr) la raison de vivre ! Qui ne sent alors grincer en soi la Roue de la Fortune ? Qui ne sent, en même temps que ses ongles, grandir le désir d'arracher quelques plumes au paon de son double ?

L'Amour est un coquillage. Quand à l'exemple des platanes les âmes s'évadent dans les miroitements, son rire résonne à l'orient, annonçant aux Titans la trahison des crabes. N'aurait-il pas, comme cette page, subit l'assaut de la noirceur à l'heure où la sueur de l'art se dépose nulle part ? On a peine à le croire. D'autant que sur sa peau brillent des hiéroglyphes d'une infantilité à bouts cosmiques, et que des alluvions plutôt barbares encombrent sa mémoire. Farines et trophées. Si dans l'adversité son sens de l'épopée n'était qu'une perversité, la saumâtre ferveur des poussières-cerbères aurait tôt fait de nous enrubanner, sinon de nous inoculer le virus de la transparence. Embolie majuscule des sommets. Étourdissements nacrés des germes du passé. Ses échos, qui pour chanter portent sandales et robe d'algues, ne sont pas périmés. Même si, dans la nuit, leur étanchéité n'est plus aussi parfaite, et qu'il s'échappe, d'entre leurs côtes épaisses, un peu de crème équestre. N'attendons donc pas de renaître. Soufflons dès aujourd'hui dans cette conque incendiaire et réveillons Celui ou Celle qui règne sous la mer.

L'Amour est un piranha. Aussi, gare à nos doigts ! Si dans les profondeurs de ses heures veloutées nous les plongeons, il les dévorera avec une gourmandise qui ne manquera pas de faire école tant parmi les lauriers que parmi les plumiers. Pour l'avoir oublié, un dieu s'est retrouvé privé de sa luminosité : on ne le rencontre désormais que dans les escaliers, que dans les lieux où souffle la déroute et où le vernis de l'esprit offre son anémie à la cause des broches. C'est dire sa férocité, son penchant pour l'opacité. Comme le pivert, il fait partie de ces esthètes qui du soir au matin prêchent la décadence chez les lutins. Aurait-il, dans la gorge, une glande à venin ? Sous les paupières, un marteau-piqueur ? Les roses qui, à Madrid, Moscou, Pékin, par leur sérénité, en ébouillantent plus d'un, ainsi que les lys, dont le lyrisme, à Labessette comme à Nice, ne s'exprime jamais autrement qu'assis sur une chaise électrique, l'ont toujours considéré comme un schismatique, comme un allié des écartelés dont le style un rien calcaire rappelle, en plus crispé, celui des mandarins de l'ère lombaire. En revanche, les tulipes, pour lesquelles il n'est de félicité hors de l'engourdissement, d'élégance sans hébétude, voient plutôt en lui un adepte de la lévitation, un disciple des éclipses dont les métamorphoses ont pour objet de retarder la réconciliation des résineux. Envoûtements pelucheux. Éclairs et clés. Pour museler cet ogre, il faut tricher, sevrer le mystère en appliquant à la Beauté la méthode du cendrier. Et si cela ne suffit pas, si malgré les échardes, le fracas, son but demeure spongieux, ne pas hésiter à prendre pour écuyer un crustacé et faire une croisade contre les oubliés.

L'Amour est un fard, une substance nomade que le mistral utilise pour bénir et la tramontane pour trahir. Le samedi, quand par les néons vampirisée la ville à rebrousse-poil se laisse caresser, il n'est guère musical. Mais le dimanche, quand clandestinement les lignes s'embarquent pour le Salut, il se révèle royal, entièrement crématoire. D'où ces soleils roses et noirs qui chez les phénix provoquent une parhélie hostile. D'où aussi ces décalcomanies dont les voyants se servent pour soustraire les prairies à l'influence des vers luisants et qui, entre les omoplates, favorisent l'éclosion d'ondulations bucoliques, peut-être homériques, en tout cas illégales. Serait-ce parce que la foudre entre dans sa composition ? Ou parce qu'au paradis la kleptomanie est un sport national ? En général, tous ceux qui derrière les carreaux, un jour de neige, ont assisté au sacrifice des crêtes, n'ont pas à redouter ses effets secondaires. Mais les autres, ceux qui dans les cimetières vont chercher l'oxygène nécessaire à leur désinvolture, ont tellement à les craindre qu'il leur est recommandé, avant d'en user, de se passer autour du cou quelques amulettes de bambou, et d'adresser aux vipères une ardente prière afin que leur silhouette échappe au bannissement, et qu'aucun tourbillon, aussi parfumé soit-il, ne s'empare de leurs viscères avant que les castagnettes n'aient accompli l'exorcisme des ombellifères.

L'Amour est un phasme. Cependant, entre ce qui est lui et ce qui ne l'est pas, l'osmose est vénéneuse, le sabbat permanent ; un peu comme entre toi et moi les jours où l'érosion fonctionne, et où, dans le palais de la chaleur, la succession des heurts fait apparaître par illusion l'épitaphe d'une couleur. On est loin du simple tricotage de phrases sans os ni hublots, loin du vil rempaillage d'auréoles haletantes. Si à la fixité son âme a été condamnée, c'est par contumace. Aussi, ne lui donnons pas à manger des aliments trop crépitants, comme nos pensées. Il ne saurait les éplucher selon la tradition des sages de l'antiquité, et ne pourrait que les abandonner aux naufragés qui, le jour de Pâques, dès le chant du coq, appâtent les sphinx derrière les haies et poussent les cahiers à s'immoler à la façon des bonzes afin de protester contre la colonisation des buées. Miracles écrémés. Gangrènes sans fourrure. En fait, si les sucs hérétiques de sa logique n'équarrissaient autant la nuit, l'assomption végétale des mouchoirs ne pourrait s'accomplir ; on verrait dans la vase enfanter l'harmonie, et le monde très vite devenir fumigène sous l'action conjuguée des tempes et des laines.

L'Amour est une hyène. Entre ses griffes, nous ne sommes guère plus qu'une mandoline, plus qu'une poupée trahie par ses coulées et dont les émotions poussent comme des champignons. Assurément, il a du corail sous les dents, du charbon dans le sang, et, sous le front, mille néants. Quant à l'apprivoiser, autant épouser une fée !

L'Amour est un opiacé... l'Amour est un pharaon... l'Amour est un automate... l'Amour est une déferlante... l'Amour est un cyclope... l'Amour est un sablier... l'Amour est un coryphée... l'Amour est une fontaine... l'Amour est un guerrier... l'Amour est un alizé... l'Amour est un spectre... l'Amour est un quartz... l'Amour est un coquillage... l'Amour est un piranha... l'Amour est un fard... l'Amour est un phasme... l'Amour est une hyène... l'Amour... l'Amour... qu'il vienne !

(Icônes écartelées)

1994

七月

夏日生活就是打發时光
要不象金魚子或柳葉菜
那樣深深的海洋象一張金
色有力的弓不停地潮漲
又潮落

壬申年夏日胡浩書

MATTHIEU MESSAGIER

Vivre c'est en finir avec le temps
qui n'est pas celui du scarabée
ou de l'épilobe :
un arc blond et vaillant
d'océans plus profonds que
sombre demeure roule et hisse
et Depuis.

(12 Illusions imbriquées)

JEAN-JACQUES FAUSSOT

L'Éternité au banc des accusés

Quand au sortir de l'hiver, sous les écorces, les rouages du pluriel commencent à chanter (en playback !), les anges, cheveux gominés, invitent les fées à délaisser leurs poupées et à venir danser dans les bois et les prés. Tandis que leurs pas laissent sur le sol des empreintes dorées, la vague conscience de l'inutilité des mots revient au coin de la bouche. Toutes les pies rédigent leur testament. Tous les géants un peu honteux s'allient aux épineux pour bouter le calme hors des taches. C'est pour les nuages une douleur intense, une taxe mentale que cette imitation de la liberté au fond des encriers. Aussi, pour ceux qui savent encore pleurer, se mettent-ils à parler :

« Certes, la lune est une créature légendaire aux fesses rebondies et poudrées comme celles des courtisanes dessinées par Aubrey Beardsley. Certes, les poètes sont les piliers de l'air forgés au feu joyeux des glandes du mystère. Mais le cosmos n'est pas qu'un filet, ni la lumière le seul radeau pour la traversée. Il est des lucidités autres que celles des marges par l'aube inventées, et des états plus blancs que l'innocence immolée. Au bout de quelques années d'austérités calcaires, vous le comprendrez. Les papillons, au comble de l'exaltation, négocieront avec vos démons afin de bâtir, au creux de votre oreille, le monument philosophique de l'éphémère ; celui devant lequel se prosternent les arlequins à la ponte des embruns, et dont le reflet est, pour les mangeurs de viande comme pour les buveurs de lait, le sceau de l'altitude, la marque toujours enviée des grandes sécrétions d'à-côté. Aussi, ne recherchez plus la paix nuptiale des glaciers. N'admirez plus l'œuvre des crabes, ni les mœurs des marées. Mais soyez comme le vent, le couchant, comme tous ces phénomènes truffés d'épices antiques, ou d'échos tôt hissés au rang de fanfares affamées pour séduire l'impossible. Tel est le message jadis transmis par Gaspard aux rochers, par Melchior aux passiflores, et par Balthazar aux araignées. Du nord au sud, il fut bafoué, piétiné par ces mêmes ordures au col relevé qui aujourd'hui glissent leurs tentacules jusqu'en vos cellules pour dérober le peu d'étincelles qu'il y reste et s'emparer du trône de l'Ivresse. Dénoncé comme l'émanation prénatale d'un esprit en chute libre, il connut la déchéance des miroirs soldés pour cause de cessation d'activité, et ne dut sa survie qu'à la charité des chandeliers. Entendez-le ! Acceptez-le ! Diffusez-le ! Alors seulement l'éternité baissera la garde et cessera de se conjuguer à tous les temps comme les graminées en plein vent. Alors seulement, dans le jardin de vos métamorphoses, refleurira l'incandescence, et repoussera un peu de mousse sur votre langue. »

(Icônes écartelées)

MICHEL BULTEAU

Installe, me dis-tu, des tourbillons,
Des cadences dans la journée occidentale.
Quand il pleut nous nous mouillons,
Un cas pareil, une charlatanerie mentale

Qui risque d'engendrer de vicieuses tirades.
La dépravation aussi couvre l'effondrement
Des formes, la mise à nu des mots nomades.
tu en jugeras tout autrement.

Des turbulences je suis lassé.
Aide à enfiler ce cachemire
Au squelette enfin débarrassé
De beauté sensible et de point de mire.

(Sérénité moyenne)

JACQUES FERRY

La Délinquance abstraite

Nous sommes les oubliés de l'été avec tout ce que cela comporte. La mousson démontre une proximité quand le chant du coucou imite le passage à niveau. Les chats tigrés embaument la levure alsacienne. Le moindre travestissement impose le dimanche sans savoir parler aux femmes. Les mauvais garçons passent à travers les reflets pour l'éternité. Un sombrero prouve physiquement le pont de Brooklyn. Miss Fin du Monde taquine les dix commencements. Unilatéralité primitive du domaine restreint de la phonétique au strapontin cyanuré. La poésie ne traduit qu'une absence de comportement. Tubéreuses, arums, nymphéas et lanternes vénitiennes remuent encore infiniment. La grasse matinée remonte la tempe. Une lame de rasoir enregistre un quarante-cinq tours au milieu des fleurs étranges et des blousons noirs. Le peloton ralentit tandis que les abandons succèdent à la séduction. Les veines intactes s'éloignent mystérieusement à l'insu d'une société secrète. La poésie à bord d'une jaguar évite les cercles de brodeuses entre deux séminaires de télépathie. La moindre phrase s'efface devant les ramoneurs antérieurs dont une assemblée de hérons cendrés entreprend la narration. La situation n'est pas la suivante où dominent les gestes sans remous. Les marionnettes ne pensent à rien le dimanche. Les flâneries exhument la fiction brûlante l'époque du tumulte. Les faux tatouages flirtent avec la fin du monde. De la dame de trèfle lysergique s'épanche le pire que les réducteurs de chimères convertissent en solution impaire et mineure. Le charme du suicide en résulte antérieurement. L'allée de sable comprend le domaine ineffable. Un geste vespéral souligne l'existence de la verrière. La chicorée, le vermicelle, la saponine et le tapioca éveillent la simplicité au passage à niveau. Les mirages récitent la taie, cran d'arrêt au récif d'eucalyptus entre rouges-gorges et langues-de-chat, la salamandre, le sélénium, l'émergence amorphe du mythe et le Lavement des Pieds. Une starlette chloroformée caresse ingénument une lame de rasoir. On obtient le prix unique pour l'ensemble de son désœuvrement en donnant son apparence à la fiction afin d'aller au fond des choses. Les rôdeurs de la plaine et les sept chemins du couchant opposent une charade au mythe du bourg. Les sables mouvants s'enlisent après l'éternité et le faux jour. La grasse matinée échappe à la semaine des Cendres. Cali élude peu. Le pont de Brooklyn saigne tendrement. Tremblements enfantins agitant des mouchoirs brodés en direction de l'inachevé. L'odyssée sous-jacente entre les pommiers tardifs de la verrière où l'ombre ne répond plus. Les dix commencements n'amusent pas le terrain vague. La pause est entendue au long des dimanches anormaux à la limite de l'été au vent desséchant d'une notion d'effacement que la flore sur les balançoires évince d'une forme de patience au désert absolu, cette façon d'absence étincelante envers les clichés et les arceaux vert-de-grisés qui implique déjà une vague adhésion au code de la déroute à l'ombre d'un anonymat constituant la pièce sans conviction des vergers. Le tombeur de ces drames chloroforme une jaguar. Les reposoirs composent l'apaisement. Le slow de l'été retire le pansement avec la lucidité de la réglisse chinoise. Une séance de vaccinations guette les miroirs distraits. La faune nocturne applique la formule à l'extrême désœuvrement brûlant. La perception de la tuilerie ponctue les blasons d'un catafalque de lynx échancré.

La poésie échappe au charme de l'épuisette comme les orchidées et les mauvais garçons, fleurs étranges de Riverside Drive. Légende d'ange noir sur le pont de Brooklyn, phrases tourmentées qui se regardent dans le miroir de la quarante-deuxième rue. Des tremblements enfantins exhument une maison de thé de la seconde nature. La chicorée éveille la simplicité. Combinaisons stridentes d'une fin du monde que l'hygiène intime ne mérite pas. Locomotive de phalènes tumultueuses identifiant kaléidoscopes rhombiques, blasons désœuvrés et humbles reposoirs. Des ombres plongent dans le gouffre aux chimères où rebondit l'innocence d'une besogne. Kilomètres à fond de teint. Les linteaux de l'écluse chétive recensent les stations de myrtilles entre écuyères, papillotes et giboulées. Les phrases se convertissent à l'errance. Le badigeon remarque le samedi d'un geste différent. Le collier de jade amuse la souffrance à travers l'indirecte foliation d'un engrenage où la menthe n'obtient aucun rôle. Un nid d'espionnes n'indique pas l'unité de fiction. Le charme glauque de l'inachevé en résulte intérieurement. Phonétique scalène et écussons buissonniers délivrent la grasse matinée. La crème du département démonte la tempe. La maison de redressement ralentit sous les indigotiers. Phoenix Westside Blues. Tattoo Parlor be-bop. Flophouse for attractive dolls. Kisses stretcher. Juvenile bureau. Embers of tides. Some troubles with the sun. Real peach and the no good cats. Teenagers and Waves. One-step and Vanity. Nasturtium doo wap. Overdose blues. Les blousons noirs écoutent tous les quarante-cinq tours de Darling Pain, le groupe mythique de la fin des années soixante. Je dis cela parce que je ne sais pas parler aux femmes. Ceux qui n'aiment pas les touristes et le patinage artistique comprendront. Les hiéroglyphes lysergiques offrent une dernière chance à la figuration résignée. Le juke-box saigne du côté du passage à niveau comme Blake Summertime un soir il y a longtemps. Les anges anormaux se rassemblent sur un autre plan. La nuit, me parvenaient ces silences si particuliers des charrettes de foin de retour d'un monde par la façade du hanneton à la mousson, l'odeur des moissonneuses signant la délivrance fictive de la grasse matinée, la retraite au stade préombilical. Les quarante-cinq tours meurent entre les feux d'artifice à la fontaine de soda et les élytres du retard affectif. Le dimanche achève la figuration. Starlette chloroformée accordant dix secondes à l'éternité. La région étrange qui va de la verrière à l'ombrelle en passant par chante l'eau offre à l'agitation hiémale la traversée des acacias. Un miaulement dissipe les édredons. La ferveur d'une sécheresse absolue donne un genre au suicide en différé de l'esprit charnel du lotus blanc. L'ombre joue exactement ce rôle destiné à une composition cynique dans la poussière. Les faux tatouages de Miss Fin du Monde se reflètent à travers les sonnets d'un videur. La poésie saigne le samedi en dépassant l'arboretum du gourami. Récréation dont s'absente la marelle morose entre les leurres. Nef d'anacoluthes sur la trajectoire d'une âme lézardée. Graduel hiératique de l'aronde où vendémiaire n'ignore pas la cheminée malgré la chandeleur. L'étiolement miaule en direction des personnages faussement démasqués sans se résoudre à la proximité des loups. Les giboulées invitent la pensée à la limite de l'été. La chicorée délivre la grasse matinée pendant la semaine des Cendres antérieurement. Les cinq tableaux de l'âme que résume un coucher de soleil n'évitent pas les ornières d'un attachement silencieux. En prélude à la nervation, le dimanche indique une simulation envers le travestissement. Une agitation morose se retire de la figuration.

Ici l'Ombre. Les Abyssins parlent aux abyssins. Les mutilés de l'oisiveté organisent une soirée dansante avec discrétion finale. Le samedi pense tout bas ce que les portoricains pensent tout haut. Les dix commencements klaxonnent Miss Fin du Monde. Les pimbêches aiment la niôle. Le slow de l'été sur lequel on meurt en diffère. Le pont de fer se convertit aux libellules et au déluge. La statue de l'ébriété suggère un suicide en pension incomplète. Sindbad me dit que l'amour peut être sublimé, je m'attends au pire à ce sujet. La lueur du domaine de sable éviscère l'écuyère, le solfège. Le cerveau en voie de liquidation s'en remet au pilote automatique. L'odeur d'un transfert estompe les hégémonies simoniaques. Le vent desséchant de Santa Anita étiole un art de vivre chez les locustes. Que signifie la phrase. Lancelot au fond du lac autopsie la cloche de la récréation en préservant les espaces neutres. Que pensez-vous de la voyance ? La violence ne résout que les cas parfaits. La poudre de perlimpinpin ne dissipe pas l'émotion primitive. Certains documents apaisent les leurres. Des flâneries mystiques reviennent de la rigidité. L'éternité conserve l'anonymat. Les ramoneurs aperçoivent maintes papillotes. Le statut de l'ébriété dispute les barrages. Les voyelles font dérailler le fond de teint. La cloche de la récréation suggère la fin du monde. Le marathon du poussah entre les linteaux jusqu'à l'ombrelle. On sort de l'été abîmé comme une perception ou un hameçon. L'hygiène intime d'une utopie effleure l'unité de fiction des châteaux de sable. L'automne à New York se conçoit en défiant le songe dont descend l'ennui. L'éveil absolu profane la stridence. Hors du temps que sonne le paon des blessonniers jusqu'à la maison blanche de la verrière et au-delà des cycles parasitaires sylvestres, la part du liseré revient au sac à main qui demande le consentement d'une spirale caméléonesque. L'eau de fleurs d'oranger distingue le territoire des chats tigrés. La confiture de coings innocente la fiction vers le sonnet indirect de l'atteinte. Une idylle sans suite s'endort vaguement parmi les ombres sur le qui-vive. Les hirondelles de cheminée devancent la grasse matinée en la convertissant à l'appeau. Narration au bord du drame entre les anfractuosités lysergiques, écuyère-myrtilles vespérales où la dernière chance respire l'anonymat dans une impasse. Les cloportes s'installent tragiquement. Le roitelet passe l'été sans conviction. Il existe moins de mûres du côté du chemin de fer. Le sang se promène le dimanche. Euphorie malheureuse de la brillantine. Le rouge-gorge hennit domicile sous les pommiers tardifs dont le faux jour établit l'éternité éphémère. La rumeur des papillotes s'épanche de la semaine des Cendres. Blake Summertime allonge la caution du jeune Jimi. Le songe ignore l'algèbre. La grasse matinée échappe à la narration. Les cloportes ne parlent de rien. Je m'attrape au lasso entre le slow de l'été et le mamba noir. Le persil cite le chemin de halage. La nuit ne s'intéresse qu'aux durs qu'une moisson opaque aseptise à travers certains procédés d'effacement dont émane la spirale du songe de film en aiguille dans l'exercice d'une jonction à la description printanière d'un drame auquel s'ajoute l'unité de fiction d'une dérive burlesque. La phrase a une forme propre à l'été ; on enlève les dahlias et la tour est jouée. Des godelureaux pas essuyés derrière les oreilles font patiner l'embrayage pour épater des gamines hystériques. Tout échappe à l'éveil au sens figuré. La sittelle de consolation-maisonnettes à la grasse matinée selon les ramoneurs, mouvance sécheresse arnaqueur taie. Le gouffre aux chimères où Darling Pain enregistre un quarante-cinq tours, Stowaways in indigo, Lower Power.

Un monde où les gens sont propres et répondent aux questions. Les tam-tams attirent la flore avec le dos de l'écuyère, le calice jusqu'à l'hallali effrayant la chronique. Les sonnets d'un videur infusent derrière la maison de redressement. Des échancrures de neuvaines naviguent encore comme abstractions dans la surface de séparation. Le cordon dominical offre à la suffocation une descente de lit qui se rapporte aux indiens originels du fleuve. La voie héliaque suppose tant de gestes vagues en direction du vent desséchant. Réfugié à l'ambassade de nulle part entre les confitures de coings, j'entends la voix de Lady Day à travers l'ascétisme absolu, Autumn in New Yorf, Strange Fruit, Stormy Weather, Gloomy Sunday. À la lisière halbrenée, le pinson hésite. Encore une question Pinky ? Miss Mou manque la correspondance pour la cité lysergique et burlesque. L'alphabet tourmenté de l'écuyère aux myrtilles où les orties devancent les voyelles primitives, la délinquance lucide, les moissonneuses de retour de l'éther, le calife jusqu'à l'hallali. L'équation du quartier de haut dégrisement, pièce sans conviction sous hypnose indirecte au terminus de l'émissole, cinabre à l'insu de la figuration. Le vent desséchant de Santa Anita effleure la nuit de l'iguane. La buse sur une meule de foin indique les pommiers tardifs. L'insolation a pour conséquence une buanderie. La formule appliquée, les strapontins se souviennent de l'éther qui confère à l'anonymat une ubiquité, trajectoire des fleurs étranges et des mauvais garçons. Les vêpres cueillent des myrtilles à l'heure d'éteindre, scènes derrière les collines propices aux tympans des pantins. La sécheresse abandonne une empreinte abstraite intérieurement à un détail physique et nocturne qu'une fraction touarègue complète. La chicorée disposée envers la gent du passage à niveau, le relais de diligences illustre un comportement apparent où infusent l'alphabet et l'appeau. Les pommes de moisson ne répondent plus. Ici, le slow de l'été, c'est les tondeuses à gazon de la classe moyenne. Un civet de corbeaux enlise la plaine dans la traduction du sang. Défense de l'outil d'oisiveté. Le cerfeuil instinctuel, la cloche tourmente la récréation, Miss Fin du Monde tamise le suicide ingénument. La complexité des coings dissipe l'alouette. Haletant de ma barboteuse jusqu'à soustraire les dahlias à l'intelligence avec un képi. Rayures insulaires prospères en ahurissements. La séquence de l'âge sans raison reflète un été tabou. Une pause à la guérite du Lac Ours et une absence de comportement explique la voie héliaque. La sécheresse impose un abandon intérieur. Revoir la brouette donne à penser. Le commencement du domaine interroge l'apparence au sujet des linteaux. Marcher parmi le blé fauché provoque une émotion proche des feux d'artifice. Solitude de la réglisse chinoise. Une starlette chloroformée consomme des voyelles. Au-dessus des mûres passent les corbeaux en inspirant le faux jour. Le préau où meurent encore les années de collège. Anonymat bénévole étouffé par le romantisme. Les vergers de l'esprit fastigié dérivent entre les anophèles vers un film d'amour sans suite. Les cigarettes américaines dirigent l'enquête de loin. La victime consentante d'une pièce sans conviction donne l'illusion de bébé considéré comme une épreuve de lancement tandis que l'autopsie se balance sous la voûte aux faux documents. Tout m'échappe en retournant à la volupté. La gibecière et le tiercelet détournent le fluide du mystère. Les abonnés au devoir conjugal font la valise du plaisir simulé. La nuit n'est pas une fleur artificielle. Hiéroglyphes lysergiques d'une âme destinée aux vergers, la ferveur insalubre d'une phrase de bourg soustrait la seconde nature au passage à niveau.

Le chevet ivre meurt avec le consentement de l'inachevé. Les giboulées animent antérieurement la semaine des Cendres. La conquête des mûres suppose un idéal à l'heure d'éteindre. Le certificat d'études assiste à l'assassinat du Père Noël. La moindre causerie affleure les saponaires au terminus d'extrême jonction. La poésie, c'est très bien pour ceux que ça amuse ou afin de lutter contre les hommages. Elle occupe la jeunesse et favorise la souffrance sans décliner l'identité du vague. Certains reflets hésitent à l'angle de Geronimo et de Cielo Vista Mall. Le mécanisme inconscient d'une phrase et la ferveur insalubre de la pensée disciplinant la renaissance, les clôtures inspirent les vêpres en enfance selon un prisme traduit en plusieurs langes. Les édredons laissent tout supposer. Le videur effleure les héliotropes par simple déduction. Le vent desséchant de Santa Anita traverse Pasadena Area, scenic desert drive, outside Arizona and Arizona only, pour s'achever downtown Phoenix ou Gateway East à El Paso où meurt un pistolero. Extrême désœuvrement brûlant et diaphane à la limite de l'hygiène intime ou de l'hypallage dont l'eau oxygénée définit la sécheresse absolue opposée par le sonnet. Procession : videur. La buanderie proche de l'insolation oscille entre les salicaires. J'attends une certaine lumière venue de San Luis Obispo. L'été subit l'action oisive. Miss Fin du Monde évoque les veines intactes, l'auberge du sixième bonheur, la colonie de la cigogne aux marionnettes restreintes. Fontaines de soda d'Orénoque Embarcadero sur Skyline Drive, ascétisme de fournaise aux reflets désœuvrés. Un quarante-cinq tours meurt encore malgré l'éther que contemplent les voyelles. La jeunesse se confond en voyages inférieurs. Un shampooing au mercurochrome visite les myrtilles jusqu'à l'incohérence hiératique. La panthère simule la transfiguration. La limonade du cercle aztèque éloigne la fin du monde d'un dessein silencieux. Libellules strapontins pylônes clavecin, underground. Le chat à proximité d'une volière nipponne. Solitude onirique et ironique. Fleurs étranges et mauvais garçons respirent l'éther en occultant la jeunesse. Le dimanche, vecteur d'étouffement, étiole une crise de nef qui repose sur la cloche pâle de la récréation. Le retard affectif entend la voie héliaque à une distance inféodée aux pianos de verre et aux cygnes noirs où le liseré ignore le moindre rôle que reprennent les crécerelles, esthétique antérieure à l'imagination composant l'empreinte hagarde d'une fraction touarègue tandis que la grasse matinée échappe intérieurement à la direction ignorée. Une éclipse nuance la langueur des écussons jusqu'au récif de perce-neige jonction. À l'est de la baie, rouges-gorges et langues-de-chat échangent des sonnets lointains. Du côté de Bay Ridge Avenue, des voyous propres se tiennent à carreau malgré la semaine des Cendres. Le videur fait l'inventaire de la crème du département. Le dériveur muet caresse l'alphabet du Népal. Hard Hat Area où Harvest Ridge invite la faune nocturne sur les balançoires du suicide. L'Amour représente la part masquée d'un leurre énigmatique. Fenimore Hopkins prend des mesures au dortoir. Les pantins saignent et la chouette suffit au silence. Le lent répertoire des mouchoirs brodés au long des dimanches anciens au sens rare, la nuit tombe sans envoyer de faire-part. Nous n'aimons pas la vaisselle qui vient des mœurs. Bébé démontre les dents au même titre qu'un esquif. Le samedi implique une adhésion au code de la déroute. Linteaux arabes et bardeaux, ardoise dérivée de l'âme chloroforment une jaguar. Le présent défigure le fluide interrompu par les langes, la tanche et les reposoirs. Le but mystique de la cheminée endort l'été.

Vendémiaire surveille les veines intactes tandis que les vergers aspirent au miroir de la chevalerie que transgresse un nid d'espionnes. Le non-sens du double jeu devient la banlieue amère de mon sang. Il existe une atteinte qui hésite entre la grâce et la dormition si proche de la version du paon. La fine esthétique oublie physiquement l'ascétisme absolu à mon insu. Le guetteur s'évanouit à la vue de la doublure. La roulette russe insiste auprès de l'ombre. Le collier de jade n'amuse pas le terrain vague. Les mûres s'essoufflent. Solution opaque. Verrière transfigurée où la nuit incomplète élabore maints travestissements. Les fleurs étranges oublient l'alphabet, le verglas, l'appeau. Le grand sommeil n'ignore pas l'adresse de la foudre. Les protège-cahiers développent un goût envers anacoluthes, cyclamens, rhubarbe, gabardine, chloroforme. En différé du fond du lac. Chandler Bronxville, Pony Calico, Dylan Islandtwice, Robinson Mygale, Lancelot Clubsoda parlent aux héliotropes. Mon cœur bat anormalement quand je regarde la fenêtre si vague dans sa conception. Le réfectoire comprend la souffrance mystique des papillotes. Les ponceaux traduisent le piranha du Népal. Les voyous infusent derrière la maison de redressement comme des reposoirs. Les Trois Stogges conjuguent le phosphore et les langues-de-chat. Les chromosomes ne répondent plus. Le devenir fou arrose les pantins. L'eau oxygénée exhume les rouges-gorges d'une fenêtre entrouverte. L'été se passe à mon insu. Les arbalètes opiacées et la réglisse chinoise dérivent vers les coteaux. À l'article de l'ombre dans un engrenage de starlettes chloroformées, de prismes burlesques, d'écuyères inachevées, de bigarreaux, d'extranéité confuse, de cerfs-volants, de cyclamens et de saponaires, Darling Pain enregistre un ultime quarante-cinq tours, Act of no love. L'éternité est éphémère comme un visage en lame de couteau. Dialogue à la dernière extrémité, indice de calanque, le sang se promène selon l'équation de l'été. Jack Indigo sous les néons, le château d'eau se souvient des lisières ineffables. Le samedi récupère des perspectives échancrées de verrière où l'appeau antérieur invite le seuil du cornet à s'égarer définitivement. La guérite des îles apprend l'anonymat à une scène d'étiolement. La tuilerie, le cornet et la roulotte forment l'ossature d'une âme au faux jour. Pinki le givré : « Des traces de pneus dans l'œuvre de Madame de Sévigné ? » En différé d'une académie de billard située exactement. Le loir heurté aux pantins en principe, courtoisie silencieuse prononçant le pivert, scooter ascétisme bossa-nova gestes langes. L'arnaqueur s'efface devant la semaine des Cendres. Les voyages chloroforment la jeunesse. Lophophore à la station burlesque, des envapés de première effleurent l'unité de fiction. Écuyère myrtilles au stade de la disphanéité où l'imagination prélude à la solitude définitive. Je me cramponne à mon bras pour ne pas abdiquer. L'odeur de la pluie vient si tard. Sanctuaire enfantin où disjoncte la flore étrange des rétroviseurs. L'émergence d'une solution intime traduit la quintessence absolue d'une nef. Hors du temps, un espace recomposé selon d'autres rêves à la limite de l'étiolement. Les vêpres sonnent dans les myrtilles. L'aveu de passage des ramoneurs, les mouchoirs brodés agitent l'âme tandis que foisonnent par déduction pommes de moisson, trimardeurs, framboises, gaze, nuages, lessive, linoléum. Les mûres s'essoufflent. Le vent desséchant enfermé à l'extérieur dans une perspective de songe. L'adolescence si vaine, l'odeur de la pluie new-yorkaise enfante une faune étrange intérieurement abîmée déjà.

La cheminée descend de la grasse matinée. La limite a une impatience si particulière. L'éther traduit un autre monde avec des spirales de cerfs-volants éloignés de la moindre crise, et des écluses étouffant les solutions désertes. La panthère et l'alphabet. Les craterelles dictent certaine absence de comportement nocturne qui se rapporte aux rites de l'été si difficiles à développer, à subir, à comprendre et pourtant source liminale de victoire tragique, burlesque, vive et désolée. Dans ces rapports à la limite de l'étouffement, la veille de ma naissance me guide encore. Des œillets de Chine abrègent les allées. La classe moyenne a le papier peint pour exprimer son absence au monde. Besogne glauque, le peyotl donne une adresse sur la lune. Les acacias appellent la dame de trèfle. L'été me rend opaque. Boiseries et appeau renversent la situation. Et d'un foisonnement indéterminé considérant la langueur, la fin du monde assiste à elle-même en léger différé. Des agissements inférieurs propres à soustraire l'esprit à la moindre abdication devant le partage des branches. Les icônes reçoivent la lumière de septembre recomposée antérieurement sous la voûte aux antipodes du clavecin. La solution mineure apporte un tourment ancien au visage supposé. Les reflets se résignent aux passantes. Au Waikiki Palms Hotel, Silver Fizz Kid prend une licence de boxe en gardant un silence indirect. La camionnette de la laiterie se dispose humblement à ne pas s'éloigner selon l'action anormale et restreinte. L'allée attire un attelage de salamandre. Les jours de sécheresse se retournent contre l'âme longtemps après. Je garde un œil sur la fiancée de Tom Dooley. Des poupées inertes oublient charnellement la fenêtre hors d'atteinte. Sous le pont de fer saturé de libellules, une faune des lianes limite la délinquance aux acacias. La forme d'un leurre en version muette d'une symbiose ovale évasant l'apparence chétive au monument hiémal. Barboteuse doctoresse imprévisible, bistouri à l'angle du domaine ineffable. Une assemblée de corbeaux observe les myrtilles au-delà du carafon de Sablecinq. L'odyssée sous-jacente développe la farine de l'abbaye. Le prisme notoire sans fond n'avait pas de sens. Récréation tourmentée par la figuration. Ascendance, les vallisnéries y infusent ; poésie hypogée et un effet de réfraction n'admettant rien à l'exception des rames de haricots, cachalot hochet biberon persil tuilerie cassis notonecte transparence hanneton façade. L'actrice qui m'a touché se résigne au commencement, à l'acheminement de ces délires vers une certaine définition du rodéo où les héliotropes ignorent leur sort. Les chats tigrés renversent la vapeur, la vitesse, l'ombre ou l'appeau. Fuyant les séminaires de télépathe, le roitelet du passage à niveau s'en va à la belle étoile. Le charme de la fin du monde échappe à la semaine des Cendres. Les lustres enclenchent l'anonymat. La simulation démasque la volupté à travers l'exil du fondement transfiguré de dodécagone et silence. Le faux jour se passe indépendamment de l'apparence. Les cloportes encerclent les sonnets d'un videur. Une matin dansante se supprime involontairement. Une adresse éloigne la poussière ; les sables mouvants s'y résignent. La griffe du passé traverse l'inexistence. La locomotive à proximité des noisetiers interrompt le récit de la guérite des îles à l'heure de moudre selon le passage à niveau. Le collier de jade agrandit l'illusion unique de la tuilerie, on tournait vers chez mademoiselle Baker en un sens ; sans magnésium, je n'aurais abordé la passante jaune pâle. Décrivez le verbe aimer en cessant de boire cinq secondes. Le commencement jouait confusément avec la fin à la résidence désincarnée. La nostalgie de l'éther pratiqua l'autopsie d'un pantin. Les estivants appelaient cela une simple trahison.

Rêve : Rif se réfugie à l'hôtel. Cigarette américaine sur cigarette américaine. Bourbon sur bourbon. Tout se passe irrégulièrement comme si une femme transparente souhaitait détourner l'attention.

– Si vous n'êtes pas d'ici, pourquoi ne pas cesser de boire ?

– En effet, Miss, je suis étranger. Vous savez, on cherche toujours une fin qui arrange tout le monde. Je ne suis pas difficile quant au choix du cercueil ; le lieu ? Je serais moins exigeant. La tombe m'a attiré dès l'enfance. Le sommeil, c'est sacré. Avec vous, je n'ose y penser ou bien votre consentement ferait de moi une victime, la dame sacrifiée, vous comprenez ?

– Je dispose d'un instant, agissez selon moi.

– Le chèvrefeuille dans l'inconscient...

Le videur du Silver Fizz me demande si je connais un insecticide efficace. Je lui indique une fausse adresse de Rudolph Valentino. Miss Fin du Monde a son compte au terminus d'Adventure Island. Du côté d'Algonquin Road, un vague sentiment de dislocation suffocante éveille les paramètres de l'étiolement. Je supprime l'été comme une preuve. Le rêve s'achève sur une phrase : les cloportes sont au bord de l'océan.

L'instinctif névrosé se suicide quotidiennement entre deux séminaires de télépathie. Les anges anormaux saignent en regardant la nuit de l'iguane. La déliquescence occidentale a pour origine le fait que les habitants s'offrent un cerveau dans les supermarchés. Une saison lourde de séquences notoires. Le videur et l'ombre inversent les rôles évasivement. Je pense à la chicorée. Le mamba noir change les idées du paso doble. Locomotive de limonade où le théâtre aboutit au fluide en un sens qui figure l'égarement hors du temps dont disposent collerettes et flâneries. L'ascendance padane du vide et des dimanches au cinéma. Les pantins descendent les ronces de mûres jusqu'à la représentation des veines intactes. Étouffement indéfini que suggère une pause. Et le dimanche selon un écureuil à l'angle de Sombrero Drive où le serpent de verre et la buse échappent au charme de l'enfantement simulé. Le videur : « Pas d'alibi pour Ali Baba ; Cézanne ouvre-toi... » Le faux jour ayant la dame de trèfle dans son jeu. Le sujet complète la présence de l'esprit. Perspective où s'enlise le double. La relation résulte parfois d'un miroir physique indirectement assimilable à la séquence de l'âge sans raison. La promenade dominicale n'est qu'une simple réaction chimique chez les gens normaux. L'hygiène intime du désespoir s'en remet à la transparence infinie de l'amour vécu sur un autre plan. La baramine disposée selon un rythme gratuit, la déception originelle semble à ce titre. L'âme ne se débarrasse pas du problème des noisetiers sans se résoudre à une équation fugitive de l'aridité. Un petit pont interroge les collines à la perception, la salle de jeu, l'ours. Depuis le jour de ma naissance, j'ai l'impression d'être suivi.

1995

MICHEL BULTEAU

Une œuvre d'art au milieu de la vie

Essaim de mendiants portant
Des blousons bouddhistes
Branches d'arbres contre
Les vagues projets

À cheval donc « parfait
Nirvana cérébral » deviens
Une œuvre d'art
Au milieu de la vie

Donne-toi aux luttes futures
Reconstruis-les tous
Ne te laisse pas faire

Cerveau ne croyant pas
Aux existences supérieures
Cerveau-navire pourtant
Capable du meilleur

Longtemps longtemps
Tu n'as rien voulu entendre
Des villes mortes d'Occident
Ni des palais d'Orient

Donne-toi aux luttes futures
Reconstruis-les tous
Ne te laisse pas faire
Abolis cet enfer
Tu as tout derrière toi

Tes perfections
Ta servitude
Tu sais maintenant
Qu'il n'y a ni paix ni bonheur
Que des calomniateurs

(Sérénité moyenne)

MATTHIEU MESSAGIER

Faut payer pour voir

Falsification hauturière
Après avoir déposé le titre
dans une boîte rose
sur du coton rose presque blanc
N'avait de Robinson
Que les molletières en mixte
Ni prison le savon
Beaucoup rien n'avait appris
Ombellifères plutôt énormes
Basent leurs missiles en tulle froid
À la discrétion de la faim
Différente sur la tête
La marque de bougies automobiles
Il en est qui colportent mission
Maritime et relecture entre
Deux façons de dos l'iris
Et frottant l'amour sur la soie de chant
Val débrouille-toi avec les consonnes
En plus ou en moins elles portent
sous leur vernis des océans clairs d'élan
Comme à la légion étrangère : poète
non par le sang reçu mais par le sang
versé – la devise du faux derviche ajusteur
trônait au quartier des baous révisionnistes
et murgés abondamment
Le silence de matthieu
est sous-estimé
il n'y aura plus de majuscules
le match est bientôt terminé

les arabes sont qualifiés
les rimes s'embrassent
sur la bouche
il convient de saluer
l'exploit de ces
additions de pages de
Et frôlant l'exaspération,
après les nerfs sortis faire un tour
aussi les bonnets,
s'endormait aux bienfaits
de la patronne des itinéraires
des sent-bon et des sonnets
le segment des poèmes bien
repu dans son nid
d'aubades natives persiste
à offrir l'ensemble à l'eau
dette bancaire d'état civil
alias et pourvoyant des artifices
à se relier vous le liriez à sa
constance joyeuse parfois rieuse
aussi très à cajoler du verbe
les lèvres et leur sentinelle de
métaphores arrogantes et peut-être
d'un rapport d'un jouet ténu
avec une goutte de loin
D'ailleurs cette sentinelle bande
ses échos en réponse aux
immensités qui déploient des
trésors d'ingéniosité dès qu'il
s'agit de lui rendre hommage
C'est bientôt novembre les frimas
jonchent le sol à en perdre haleine
et les mélancolies se masturbent
avec un regain d'indépendance constitutionnelle
jusqu'à ce que l'hiver s'installe avec
son cortège de skis et de grandes
allées tristes entre les kiosques fermés
Matiâs & Pierô
les deux forcenés du rire
vous désopileront à volonté
à foison même pour 1,14 F de l'heure
collectivités acceptées
adresse contact
villa « Le Chaînon manquant »
30 000 000 1 & 2, Somalie Extérieure

(derrière le lavabo)
Quelques feuilles mortes
flottent encore un petit coup
dans l'espace avant de venir crever
sur un trottoir vautré sur des
milliards de kilomètres de matières
vivantes – elles,
Elvis Presley, et une bande de scouts
mal famée
avaient encerclé Carthage
mais sans briquet,
la bluette décomposée du Boss était
sur le point de paraître
d'aucuns avançaient qu'elle promettait beaucoup
mais à la moue dubitative d'autres
on comprenait vite qu'il valait mieux
s'abstenir et garder ses sous
pour le minitel rose ou bien alors
le minitel bleu et même l'orange
il restait encore pas mal de trimestres
à vivre et à arpenter du moins
si on avait un peu de pot
et les manteaux refleurissaient dans
les rues parce que c'était novembre –
Dame en puzzle de neige sale
bavières revisitées par celle de
puzzle en dame de roue de livraison
regardant l'écartement des rimes
par l'ébauche d'un sourire des lèvres,
des tout vent deviné sous l'enveloppe,
frémissantes et cruelles pour
le petit chaman transi
qui récitait ses poings à la vie –
Je vais signer une décharge à tous mes éditeurs
qui certifiera que je n'ai jamais été
sérieux dans mes livres le bouquet
de fleurs de topinambours répara –
Au compte de l'heure
je débarrassai ma carcasse de ce qui
pouvait grincer d'elle en la principauté
du noyer, ainsi lui offrir mon usure,
bien mieux, ma moelle, pour cette
transfiguration à trois (Boulou
était dans le coup) qui nous
déposerait (arbre, animal, homme)

exactement là où l'équilibre
de clartés s'y fondait
et l'on pouvait observer la douleur
en strates s'évanouir de la plus
basse à la plus haute et
non pas l'inverse, le murmure
des rivières était l'espace ouvert
qui en accueillerait l'unicité –
25 octobre il faut quand même l'écrire
le fixer ne serait-ce que pour la
soustraction de lourdeurs intensives
résultat miraculeux de ce troisième état
rédemption naissance renaissance
fin de toutes les répétitions
inutilité délicieuse de ce cahier
retour à la case arrivée, et voir –
Voir quoi majuscule ces étourdissants
précipités d'âge et de passion de
masques de reins à l'herbe impartiale –
Quelques jours se déroulent, sous
les passages de corbeaux sont
des falbalas de linge de femme
un peu salé, le tour de la tête
aura-t-il suffi en regard de
la perfection illusoire du
décrochement des lits par
les anneaux de cime moyenne
la bière ne transpire plus
son trop-reçu des larmes
de son chantre et les
buffles des rizières portent
des prénoms magnifiques
En ramassant ce cerveau
oublié des douceurs et des
errements en repassant cette
langue détachée de tout sur
ça va et compagnie en
n'illustrant plus que tout
sans n'en rien omettre en
ne reconstituant plus aucun fait
sinon lèvres à l'ardent rêve
et à lui seul pour qu'il le demeure
à jamais en répugnant à l'esprit
à la pensée aux mots que vous
choisirez pour définir la bande

sauf lèvres en rideaux de naissance
filtrant l'humeur infinie du présent
et de ses soupirs penchés sur
la chevelure des réponses cet écho
naturel à la saison des mensonges morts –
Il n'y aurait plus que les cuisines
pour appeler les lambeaux purulents
de ce ramage rigolo du cœur –
Je traînais avec l'alouette les
cinémas étaient au cœur, les asphaltes
brusquement mouillés entre deux
séances stagnaient la mort oubliée
d'on se demande bien pourquoi il
y a autant de rues la perspective
ne le gagne à personne de la ramasser
n'importe où départ en verre de violette
notes de tête en panier de rhum
cœur sage d'acacia inchangé
santal fouillé de vanille couché sur
un lit d'ambre de civette sous la lune
est perlée de lumières d'abord et muette
de cèdre chaud ou de musc ces
milliers qui jalonnent les voies endormies
est retenu un accord unique celui
de l'orchidée et du jasmin à l'oubli
mystère et majesté viennent camoufler
le difficile artifice des phares que
refroidissent des carnets marins en
eau d'argent qui durcit ses ombres
d'organiser quelque soie sous le règne
d'un silence une brise venue tout
droit du parking jouit de sa surface
toujours améliorée il écarte les
parois de la chaleur de la nuit torride
pour y glisser des élans en étages
vers le ciel un rai oblique
de musiques congrues tatouées sur
la peau usée des chaises et des
porte-clés tandis que les buis
assoupis font écho aux allégresses
d'août dévorant les colisées et
les impériales matières fécales entraves
au carrefour l'heure tourne en
psalmodiant sur des airs de
moteurs au ralenti durant la

mémoire s'égrènent il faut
déambuler et alors qu'ils tous
les deux l'alouette et lui
sortent sur le pas du siècle
ils retendent en mort de l'illusion
leurs heures et la vieille voiture riche
de boîtes de bière vides –
La vitesse de Dieu
La gentillesse des Gorilles –
mon vieux old Bros. comic
and funny and merry
m'écrit de :
« Maison de la bonne santé
Chambre 9A
Lit 4
Couverture B'
Bidet X2H
Au fond derrière les pensées » –
Ma poésie œuvre en Polynésie –
Attaques frontales aux ris de douleur
Massive les jeunes soulignent les idées
Au surligneur invertébré des foules,
Et puis hommage grand hommage
À l'allégorie féline dehors les
Crépuscules bordaient les fruits tièdes
De quelque verger déplié à l'élégance
Sous le ciel aux brumes dégrafées –
La lune était dans l'eau la lune
était dans l'avril nos yeux étaient
dans l'eau nos yeux étaient dans l'avril
les humeurs mélangées de la saveur
de val et de l'arrière-grimage de
cette rive délicieuse l'ensemble en
harmonie se confirmait à sa surface
en rouleaux de chant de merle
large et ensoleillée et de mourir –
Cache-cache de la mire rouge
elle battait royale et généreuse
sur les hanches les îles d'ambre
et les repos du Grand Manitou
tandis que chaque gramme en rimant la parure
enhardit la chaleur du rythme haut du banc
et quand vient le joli rêve enfoui celui
berçant de ces fils de soie vivants sûr
choisis en harmonie avec cas et laine

aussi elle convoque le calme par cette
mort des grimaces en larguant des partances
pour des laits attendris et sur l'ombilic –
La mire cache rouge cache peu juste
la devinette qu'un petit chat dérobe
à la sauvette imaginaire et le regard
entrouvert du héraut de ces gestes
palpite de baisers au réveil de fleur
son bouton des printemps gonfle l'époque
et répudie le sérieux des gros murs
et des peurs ; et c'est un hymne
millénaire qui monte à sa source
rêvassant mollement sur les bords des coteaux
suçant la sève ultime qui nous
donna le jour rendant à César
ce qui lui appartient ; c'est-à-dire
à la seconde son premier poème sans
lettres, plutôt celui des humeurs
qui débordant engourdissent de bien
la vie sur son équilibre dépris de
ses débuts et de ses fins ; le Boss
avait commencé une cure d'intoxication.
Blancs nautiques : une cohorte de
morses envisage la vertu, montée
processionnaire de facteurs aux sapins,
gardiennage magnifique en Uruguay,
100 000 tourments se sont fondus en
1 seule allégresse, envolée de chevaux
au pays des rêves : un imprimé plein
de charme ! finition ourlet piqué,
sac motif placé, rabat de pied pour
border, parme ou saumon, au début –
Où l'on reparle de l'extrême enfance
de la perception du petit bois aux corbeaux –
Vite, je commande ! alors, très résolument
il a repris son infinie précaution : combe
de la tanche lovée colle l'an aux vernis
apaise l'énervement du lieu par
fragrances surperposées soit de duvet ému
soit de labelle allongé puis divisé
en trois lobes linéaires de couleur vraie
soit de sourire berçant l'âme au ventre
du petit mont va l'an tu sais.

23 mai 1995

MICHEL BULTEAU ET MATTHIEU MESSAGIER

Au cependant d'une chambre
Satisfaction des petites momies
Elles rugissent
Elles ont la vie sauve
Vélocité c'est un signe
Dans cette comédie pure l'oiseau
Entre le cœur et le moule pulvérisé
À mètre se mètre
T'as là-bas de rien
Sculpte une sole

***

Astique ton heure
Avant qu'elle ne sonne
Retour de l'être aimé à date précise
Paiement après le résultat

***

Fiasco les baobabs
            les chignons intentionnels
            les vues italiennes
            les pantalons
            de maint
Fiasco la langue des oiseaux
Futilité sourdre son absence
L'escalier des laines
            n'aura donc
            pas dishasardé sa folie
Pourquoi à collier
            ne déception
            ce beauce et pourri
En avant asphalte accentué ;
            l'os de la mode

***

Tu seras chassé
Avec le non simple du champ
L'absence religieuse
L'attroupement liquidera tes membres
Pascal le clermontois épiant
Derrière les volets métalliques
Trois temps aux lieux fictifs
Comme une voiture bricolée,
Par les Leiber & Stoller du Rien,
Qui ne ferait pas dix mètres
De la part du tricot penché
Pour la calèche étroite.

***

Rouleaux guérisseurs
(nouvelle apparition)
Dans l'herbe haute :
Des géométries filantes
Des victimes mélangées
Aux orteils sonores
Frênes d'alcool en mer
films à l'étage
et champ d'odeurs
en partage
ouvraient une voie
à tant farouche refus
d'y réduire sa noce avec un océan

***

Souvenir de l'écran
Témoin innové
Il a été pris et s'est fait prendre.
Mémo :
changer de métier
poète pas bon
faire hôtesse de l'air.
Dans la forge de Vulcain

Devant l'agression
Aux dieux le jonc de l'école luit
Là est l'essentiel
Aux cieux les innocentes
Tueuses elles affrontent bis

***

Sable lubrique des lycées
Federico vert
Un loin qui en valait
Effectivement la peine
Au fond de la marmite :
les pieds qui ne sont pas encore au lit
Goudronne ton âme
Avec les avirons
l'ombre des galettes colorées d'un p
à la périphérie de ces pleurs inconnus
même les terres domestiques ne
lassent leur consolation fates
aux chevets brisés
des enfants déchirés, chavirés
ils n'en appellent qu'à
l'oubli de leurs poèmes

(XXIII Poèmes)

1997

MICHEL BULTEAU

IL FAUT ÉBRANLER LES FONDATIONS,
CRÉER UN NOUVEAU CIRCUIT-FOUDRE.

(Poet's life 1)

JEAN-JACQUES FAUSSOT

Sept Jours pour restaurer le silence

Premier jour

Petites égratignures... Marges où des corps chercheurs de froid se déboutonnent... Dans l'abside de l'inconcevable, la mutinerie des buées contre leurs aînées a provoqué l'exode des sabliers. Les flûtes de la confusion s'attardent parmi les joncs, hors l'étui des sons. Et des stratus, dont le style rappelle celui des caméléons, se livrent à la prestidigitation. Canons éventrés comme de noirs chrysanthèmes. Enseignes aux veines chargées de peine. Bien que sous cellophane, le SOS du siècle n'est pas près de faiblir. Pas plus que le rugissement du crépuscule mis à l'index. D'ailleurs, de l'est à l'ouest, ce ne sont qu'envolées, holocaustes, éclaboussements et aboiements ! Comme si, à force de se gargariser, la mort était devenue musée ; pire : pâturage pour voyelles délinquantes ! On voudrait pleurer, crier, cuire une fois encore sa tête dans le four de l'innocence. Mais la folie est là, qui nous enchaîne à son rocher comme autant de Prométhée pressés ayant bravé le désespoir. Lumières avec muselière. Cimetières d'éclairs tentaculaires. Celui qui dans les flots de son front aime à pêcher – à la mouche ou au ver – ses obsessions, finit toujours en haillons, le cœur artistiquement ouvert comme un pamplemousse amer. Aucun calice ne se cacherait-il à l'intérieur de la noirceur ? Aucune Vierge, fut-elle de Nuremberg ? Des formes aux griffes de chimères glissent sous l'épiderme de la terre. Adam et Ève n'ont pas trahi que les sauterelles. La nuit, quand à la pointe du désir s'accroche l'haleine du non être, le Réel émerge du squelette, sort peu à peu de sa niche abstraite comme l'escargot de sa coquille. L'attraper par les cornes est alors un jeu d'enfant. Mais plus difficile, assurément, est de s'en faire un compagnon de beuverie, tellement son foie est plus boa que le nôtre, tellement il peut contenir de bistouris, de braises, de chaînes, d'objets obscènes, de cactus, de rébus, de fœtus, d'échos au pis mythique, de mirages à la puissance dix...

Deuxième jour

Crue coincée entre le do et le ré. Plante poussant à rebours. La vie depuis les origines est une fille excisée. Reste qu'il n'est pas vain d'espérer de sa part plus qu'un tic-tac de montre molle, plus qu'une danse du scalp à l'orthodoxie blafarde. Le héron le sait bien, lui qui, sur les tessons de sa propre impuissance, marche, jusqu'à ce que la dynamo de l'humour lui ôte toute idée de suicide. Et le hibou, aussi, dont le caractère n'est pourtant pas de fer, mais qui, parce qu'il cache sous ses ailes des revolvers, n'hésite jamais à se mêler de ce qui ne le regarde pas. Poussières aux chairs luxuriantes. Gammes glabres d'injures en braille. Je vous le dis, le cor du rêve ne résonne pas que dans le sommeil, n'annonce pas que la curée des esprits enlisés dans les bénitiers. Il s'épanche aussi parmi les décombres, en bon apôtre de l'irrespect, et sa musique musquée est de celles qui élaguent les consciences, écossent les sens, corrodent les mœurs, mettent en joue le quotidien. Étonnant mariage du tout et du rien ! Comment le pluriel pourrait-il encore trouver des ailes pour échapper au guet-apens de l'arc-en-ciel ? Et comment l'épandage des passions pourrait-il s'effectuer autrement qu'à califourchon sur la rampe de la raison ? Les fleurs qui jouent avec nos mains ne sont guère bavardes. Certes, elles ne nous montrent aucune hostilité, mais font gicler des hypothèses jusque dans les cintres de l'instinct. C'est dire si dans les limbes elles sont considérées comme des francs-tireurs, associées à la contrebande des horloges, et complices de l'imposteur qui procède par éliminations. Aigreurs sans nom. Vapeurs qui coulissent. Quand cesserons-nous enfin de lire dans le vol des oiseaux nos propres paroles ? Quand cesserons-nous de nous cacher la tête dans le sable de notre espèce ? Bal après bal, l'histoire est arrivée à son point d'asphyxie. Nous ne lui appartenons plus. Du moins, tant que la colère des terres, des mers et des airs restera muselée. Après... qui sait ? Ce sera peut-être l'immobilité ou bien l'humidité, le retour à la case gangrène.

Troisième jour

Dès le berceau, les fils électriques des cerveaux sont sabotés afin que leurs idées les plus ébouriffées ne s'incarnent jamais qu'en filigrane. Rosaces à l'identité imperméable. Fictions qui s'emboîtent les unes dans les autres comme des poupées gigognes aux méthodes inquisitoriales. Le soir, quand à l'appel des lémures, Cronos procède à l'arrosage des jardins de la mémoire, l'ironie devient un sceptre inévitable. Des bêtes, dans la tête, creusent des tunnels, et du coup, chaque page se met à ressembler à une usine d'armement. L'épuisement passe d'un pôle à l'autre, calomniateur certes, mais paternel. Le sang se livre à des fric-frac, goûte à l'indiscipline, scintille. Des mouches dociles font leur apparition dans la cuisine. Mais qu'enfoncent-elles dans nos chairs, ces sirènes au regard vide ? Quelle partie de nous-mêmes mettent-elles entre parenthèses ? Déjà, dans les bassines, des choses parasites se dessinent, condamnées à dévorer leurs partenaires dès le premier assaut. Jusqu'où devront-elles remplir nos verres, ces chasseresses de mystères, pour que la peur enfin s'éteigne et que les teintes du soleil déteignent sur nos frères ? Sur le rebord de la fenêtre, l'hiver enseigne les bonnes manières à son successeur. Ciseaux aux chevelures de geyser. Arpèges sous éther. À combien d'incendies de soi-même devra-t-on se livrer avant que l'infini accepte de décroiser les jambes ? À combien d'acrobaties avant que fonde la glace de son indifférence ? Les sèves qui, à midi comme à minuit, se sacrifient, ne sont pas en osmose avec les éclipses. Elles n'ont de chimérique que les initiales, et leurs prodiges restent chancelants, mousses à la portée du premier parlementaire venu. Mais que de consolations en leurs poussées ! Que de hiérophanies en leurs coulées ! Même les plus pasteurisés des déserteurs le reconnaissent. Surtout quand ils dégainent leurs effets les plus fêlés pour célébrer leurs fiançailles avec les herbages. Surtout quand ils se définissent eux-mêmes comme « absolument modernes » et prennent plaisir à faire de leurs vers des cerfs-volants bêlants. Mais voilà que des étincelles jaillissent du blanc. L'amour quitte son nid pour se livrer à la moquerie. Il ressemble à une libellule sous la pluie, à une souris mécanique tournant sur un tapis. Nul doute qu'il faudra bientôt le bâillonner, le chloroformer, tant le danger est grand de le voir abîmer les A, berner les B, casser les C, damner les D, embuer les E, fesser les F, geler les G, hacher les H, imiter les I, jeter les J, kidnapper les K, lécher les L, mater les M, nouer les N, ouater les O, peler les P, questionner les Q, rider les R, scier les S, téter les T, user les U, vider les V, les W, les X et les Y, zébrer les Z... vampiriser l'alphabet !

Quatrième jour

Toujours l'insoumission procède par bonds, par succions, se sert de ses scories comme outil, de son passé comme passeport. Pourtant, elle n'a de nébuleux que le nom, d'élastique que le patron. De près comme de loin, elle pivote sur des gonds comme un démon dont le chapeau serait un puits sans fond. Vive l'insoumission ! Et vive l'hérésie, sa voisine, que l'on rencontre à la fin de janvier dès que la route commence à s'élever et que dans la voiture quelqu'un demande : « Dans la famille *Feuilles*, je voudrais la mère. » Assemblées de savons et de pierres. Parades sur un fil. À l'origine, paraît-il, le monde n'était qu'une carte postale que Dieu voulait s'adresser à soi-même. Ignorait-il que l'homme est un très mauvais facteur ? Et le Diable, un collectionneur ? Derrière chaque objet, des elfes sont cachés qui nous disent combien la décrue est urgente, combien il est nécessaire de se remettre à dialoguer avec les papillons, à flirter avec les abeilles. Ô voix de l'Éphémère ! L'heure qui vient sera révolutionnaire ! À tel point, qu'elle ressemblera à une épeire, et que ses convulsions seront ressenties jusque dans la treizième dimension : celle où vivent les solitaires. Brumes tressées autour du poignet. Cris pris au filet. Si la pudeur des songes équivalait à leur pâleur, ils ne seraient jamais ces échardes plantées dans la chair de l'envers. Jamais on ne leur verrait ces crêtes martiales noircies par l'hystérie, ces reflets blets toujours prêts à faire éclore l'ivraie, ces joues roses causes de l'ensablement de nos vies. Mais trêve d'utopie ! Vouloir porter Aphrodite au pouvoir est une idée d'écorché à la conscience mal arrimée. C'est en tout cas ce que pensent les saules dont la convalescence n'est pas terminée. Et les nuages quand ils regagnent leur cage, amaigris et fanés au point d'être confondus avec des gondoliers. Espaces écrémés. Le passage de l'ère ouverte à l'ère fermée s'est fait sans frissonner. Par les cheminées, s'échappent des fumées dont le rêve est de laver les pieds des Muses les plus lépreuses. Oseront-elles seulement les décoiffer ? Leur faire visiter le palais de leurs péchés ? Dessous la croûte glacée de la Beauté, d'autres proies ont commencé de bouger. Il semblerait que l'avenir veuille reproduire le crime de Caïn. Quantité de bouquets se comportent comme des rouets. Au loin, un phare à l'œil crevé laisse échapper un peu d'éternité.

Cinquième jour

Tous les héros qui, dans la jungle de l'esprit, sont partis à la recherche de la vérité, n'ont rencontré que des fantômes. Comme quoi, il ne sert à rien d'être aimanté : on n'attire jamais que ses semblables ! Lueurs à la langue percée. Flores à la morsure pieuse. Dans les bas-fonds de l'illusion rôdent tant d'espions, que la saison, à déclouer de sa croix l'absurdité, n'aura aucun mal. Mais quel est ce bruit qui périodiquement retentit dans la cellule n° 9 de l'âme ? Celui que fait la nuit quand elle s'oublie ? Ou celui de la perversité en marche vers la sainteté ? Les paroles de l'ondée ont été trop tatouées, pas assez concassées. De tous côtés, des laves s'échappent, promettant l'immunité à ceux qui se sacrifieraient, nus sur l'autel de l'extrême. Ô enivrante berceuse fatale ! Dans les terrains vagues, la grâce a pris l'apparence d'un éventail. L'avant-garde des bouliers aurait-elle oublié que l'aube ne se dissout pas dans la morale ? Que la devise de l'été est « dédaigner » ? C'est en épouillant son écriture que le futur parviendra à franchir les rapides de sa propre logique, à laisser une trace en surface. Mais pour l'instant, sous sa carapace, ne se voient que des équerres, des compas, des rapporteurs : instruments chirurgicaux de son sens de l'honneur. Qui a dit que le bonheur était dans la fission ? La paix dans la moiteur ? Quelqu'un qui, à la place du cœur, a un ventilateur ? Ou quelqu'un dont l'idéal jamais ne cristallise ? Toujours, sous les chênes, la mise en bouteilles des présages s'accomplit. La brise, par bouffées, s'endette, puis au revers des crêtes vient broder son monogramme. Défi à la paresse des mousses. Offense à la sagesse des souches. Si dans les faubourgs du non, Bacchus ne dynamitait pas autant de ponts, les rires n'auraient nul besoin de revêtir des scaphandres, d'utiliser des pseudonymes. Il leur suffirait de s'introduire comme des termites dans les poutres du pire pour acquérir aussitôt et sans impôt le grade de grand officier des arts désespérés.

Sixième jour

La facilité avec laquelle l'orage peut se substituer à la Providence doit-elle être considérée comme une qualité ? Selon les prés qui, très souvent, ont vu leur liberté tranchée par son couteau de boucher, non. Mais que vaut l'avis des prés ? Guère plus que celui des vitres quand elles éclatent sous la poussée des émeutiers. Odeurs aux reflets musclés, au casque de pompier. À combien de religions les giroflées devront-elles encore se convertir pour être élues reines de beauté ? Et à combien de mégahertz le ver luisant devra-t-il émettre pour ne plus être considéré comme un tribun des humbles ? Dans les poches, le matin, sont des rages concaves ; des rages qui cliquettent comme des trousseaux de clés et qui, en troupeau, s'en viennent paître notre image jusqu'en ses ultimes rouages. Pourquoi vouloir les assécher ? Elles ne font que répéter ce que les nuées depuis les origines affirment, à savoir : l'homme est un ange lyophilisé. Rosées à peine nées. Runes dont la rapacité rivalise avec celle des linceuls. Si sous les tempes, souvent, dansent des astres décadents, n'est-ce pas parce que les rotatives du temps ont cessé d'imprimer la une des dunes ? Parce qu'au verso des âges rien ne reste mirage ? D'après les remous que créent les ombres avant de se fondre dans la virtualité, l'abdication des satellites de l'inutile ne se fera pas sans érosion. De même, la mise sous tutelle des paysages, qu'ils soient nobles ou non, truffés d'extases ou pas. Écumes à queue de paon. Meutes dont la mission est d'étêter le vent, moucher le tonnerre, extraire de sa bogue la terre entière. Qui songerait à les blâmer ? Pas ceux, en tout cas, qui ont fait vœu de chasteté tant que le silence ne sera pas restauré. Pas ceux, non plus, qui pour l'alpha n'ont que mépris, et pour l'oméga qu'indifférence. Dans le vallon, que la honte longtemps a habité, des éclaircies se sont remises à prêcher. On voit fleurir, dans les fossés, des nouveautés, et dans sa tête, tout un tas de bannières dont la faim n'a d'égale que celle des cigales. Ô symphonies microscopiques ! Ô hiéroglyphes tyranniques ! Si demain Orphée n'a pas trouvé une meilleure excuse à son infirmité, il faudra bien se résoudre à l'empailler !

Septième jour

Dans la prairie où naquit la Suprême Volupté, on a décapité Noé, interverti les clartés, et sevré les rayons en pleine ascension. Nulle gorge n'a désormais le pouvoir de prophétiser, d'accéder à la source des auréoles. Qui aurait cru possible cette défenestration des couches cosmiques de l'écriture ? Cet abandon de toute amarre ? Les chrysalides qui, en sourdine, se livrent à l'auscultation de l'illisible, en soupirent encore, les mains chargées de papiers froissés, et les narines de cocaïne. Dans l'air, des cloches sonnent sans raison. Et chaque bourgeon qui, à force d'austérité, est arrivé à tarir sa signature, voit entre ses seins briller des constellations. Ô magique crépitement de la non-matière ! Ô caverneux concert de l'infra-chair ! Partout, dansent des herbes dont les croyances ne sont plus gantées d'intolérance ; des vagues dont l'insouciance est à la boutonnière comme la vérité à l'hameçon de la lumière. Réjouissons-nous : sous la pression, les dernières digues de l'invisible ont fini par craquer !

(Icônes écartelées)

MATTHIEU MESSAGIER

L'hymne à rumane

Verlorene Hoffnungen
mais le sublime est là
constamment en filigrane

quand sa présence céleste
remet le jour en ordre de marche

quand l'errant exténué
reconnaît l'aube définitive
douce blanche et intacte
qu'il n'avait quittée
pour trop d'orgueils en résumé

quand un vieil oracle noué
et des fleurs en plastique
ouvrent une hésitation
à la grâce simplifiale
des minutes par elles-mêmes

Le double au bain de mai

Un tapis de lierre terrestre
étouffe les gémissements
de la fausse perte de la vie
aux canicules abandonnées

La vraie parole liquide tend
au palais rare et avide
un altruisme exaspéré ou bien
s'érigeant à la porte du début

Puis l'intense volcan des liens
déplie l'écho de la métamorphose
d'une magnificence et son double
en une unicité consacrée infinie

Le bouclier d'Horacio

J'aime écouter l'été
qui passe par la fenêtre ouverte
Et cela suffit
à ma compréhension
de l'univers.

Je crânerai encore sous la lune rose...

Je crânerai encore sous la lune rose
J'irai puiser au bout les atroces courages
Je battrai du cerveau dans le vide bruyant des merles
J'aurai dans ma bouche, bien ouverte aux miracles,
Les vertus béantes d'une origine qui ne ment
Je construirai enfin, dans le dernier passage,
Un océan de merveilles qui n'aura d'importance.
Et puis un cow-boy achètera une télévision neuve
(ou d'occasion).

Une journée languide aux portes du palais

çà
le petit pèlerinage
au bijou parlant
cheminait par deux confluents
du sobriquet animalier de quelque
authentique ambrée avant d'imprégner
son souffle du suc de la patrie
de Tatumieh qui a

raté tous ses diplômes de poésie
« quand on en a fait une
on les a toutes faites... »
il répondit à l'examinateur
avant de se décider
à passer ceux (de diplômes)
de Taugenichts : tous réussis,
avec mention « rêves sans suite »
et, évidemment,
        « en oisiveté native »,
bien sûr l'odeur du surnom enfoui
en mars finissant gagna le centre même
de l'honorant unique du palais et de
ses cardamines sauvages

Au moteur métaphorique d'un printemps de sirupe

Pour que meurent à jamais
Les trahisons et les coupures du cœur
La goutte de joyau se résolut à conduire
Ce hère de l'esprit ce Quasimodo mental
Broyé aux sommeils d'Esméraldas de supermarchés
Jusqu'aux orées attentives de la voie aînée
Passant par le soudain défroissement,
Des altières caryatides du règne vibrant ;
D'une analogie réunie dans son écrin il fit
Écho inouï au Dit des sourds silences du son ;
De ceux d'un récitant, genoux au privilège,
À celles de naissances, lorsque les cloisons
Sapides tombèrent dans le cri de bien,
On crut discerner au solstice de Gémarrance-le-Pré
L'intense définitif
Du moucheron transfigurant et de son cabas

Everlasting love

dormie le semblant qu'une main agite
        ce qui faisait cortège
et tout en haut
        le vieux bruissement des peuples
ou bien s'amuse d'une branche
d'une source qui caresse

depuis vallée l'apogée
baigné d'une ombre aux ourlets d'ambre
d'un piédestal l'autre imbriqués aux
        portes d'encores simultanés
poussant quel son à demi infini
et fin solstice en écho au long bref
balcon d'exergue tendu aux tempêtes
souvent douces abritant le dit
et puis solaire le parler
en décousait avec l'essence durcie
d'un brun chaud aux reflets dorés
                avec la margelle reine
de l'extrême bord du monde
d'un puits odorant de disparition du mot
en décousait avec la tension des murmures
        du renaître par flore
        du découvrir le début

La dernière lettre que reçut Esther Della Verna de Victor Aigue-Rose avant leur envol partagé

La baie l'ère de n'être qu'à se confondre
augure un temps au Calme Surhumain.
Nous n'avons pas touché la forme
partout ainsi décorés de jambières béothuques
cousues quand elles viennent
d'être débarrassées
du bureau de la non-barque
nous irons d'abord crus
puis décrus
et enfin crus
des rires allongés adoptifs
de nous ne raconterons
sinon aux prés en jupons
de la sortie au jour
comment nous avons préparé
nos hivers
à de nouveaux souffles immémoriaux.

Et puis je verserai
la moindre des larmes
qui oserait sourdre de ton cœur
avant même qu'elle n'ait tenté
de perler aux orées de tes yeux

Le robinet

Un jour de juillet chaud sans torride
Venu conjuguer une patience d'eau
Là une prétendue vieillesse ne se
Doute de l'aval conduit en son amont
Et plus solaire qu'une inquiétude
Doucement rétorquée dès que la
Fleur redevient et que sous
Les exercices de tant de prêt au ciel
La patrie des doigts dépêche en avant
Ce sublime accord du lourd et du passant.

Luglio & Orqua

talking with
even a New York delicatessen

a smart club arrived
as his heralded voice

elements exulting side by side
deeply as the earth shakes

in the cool silver of the evening
dancing in wild exuberance

from childhood it killed
the far-off text

a mournful chant that cries
them of their no clouds

a fantastic host of light and leaves
weepin'like and with the rain

Tupéroire club

– Et toi, Matthieu,
Que feras-tu
Quand tu seras grand ?
– Je veux faire poète.

– Mais, mon chou,
On ne fait pas poète
On est
Ou n'est pas poète.
– Alors comme je nais poète
Je ferai poète.

(Tout au fond d'un sud aléatoire
un roi fait jeûner le poil de serpent
des cent joyaux de sa garde).

Compte rendu imaginaire du président général
du fan club du « désespoir aux quatre fleuves »
après visite à son auteur et devant tous les membres
réunis en assemblée extraordinaire

(de façon linéaire, sous forme arpégée)

Chères amies, chers amis,
ainsi je m'attendais à découvrir un élégant personnage entouré d'objets précieux, obstinément raffiné devant une vaste et mystérieuse bibliothèque où se seraient tapis des livres rares, drapé dans une robe de chambre au seuil d'un jardin soigneusement agencé et habité d'essences de bois rares, etc. au lieu de cela, je tombe sur un petit trapu aux cheveux drus à la Holbein la moustache en bataille qui n'aime rien tant que la bière et le football déteste cordialement la lecture et tient des propos banals (volontairement ?) dans sa veste en bleu de travail, environné d'une nature sauvage et indisciplinée, aux poches pleines de tabac et de graines de sagesses épiques gagnées sur le tourment originel.

Special paradise

« Mais pourquoi que tu fais des poèmes,
Boss ? »
« Pour l'argent. »
« Mais tu ne gagnes pas un seul centime
Avec ! »
« Ça ne fait rien
C'est quand même pour l'argent. »

Water queen

Les mots sont les ruines de l'esprit
radote la trentième voix simulée
au :
casque gracile noir bruyant
haut perché sur masses remarquables
moule de montagnes familières
jeu du fourreau dans l'aire des
dytiques la pleine amorce de la
pompe de basculer errant au
trapèze de l'insistance.

L'entreprise soumet l'épée
au monorythme, sa profusion
soit que l'odeur de caoutchouc
marchande sa patience
soit que l'antre vif des mondes
résume toutes ses providences

Trois nuits chamaniques

Premier silence

Deuxième silence

Troisième silence

Ce qui est trop merveilleux
doit se deviner

Moelle poétique gratuite
(a fast flute blues)

Puisez abondamment dans la
Substance
Aux perpétuations
Servez-vous, allez-y,
Reprenez de l'essence
Reprenez de l'esprit
Reprenez-en deux fois, trois fois même,

C'est gratuit
Gavez-vous
il n'y a pas mieux pour ouvrir au vivre
pour retrouver
la porte des cieux
pour rejoindre
le lérot la sauge et le schiste
et revenez dimanche prochain
en famille,
mais ne laissez pas traîner
sa peau vide
donnez-vous la peine de l'enterrer
ou, plus respectueux encore vous seriez,
de la brûler.

Le pommier du retour

LA POÉSIE EST UN ENJOUEMENT IRRÉPARABLE

S'assoupir
comme
le socle des équinoxes
refuse
qu'on le sache

Par-dessus
les fleuves de l'esprit
des mouettes de
nerf solidifié
dessinent une
aérographie

Le ciel dévoile
un angle
à son goûter

La dernière des craies en date

J'ai une larme
à l'abîme de sa méconnaissance
elle stagne pas
se frime tiens donc

dès que les bons
veulent qu'elle aille à la mer
elle rapide sa vertu
dicte rien
empire son sel
pour r'être
son dort d'avant l'œil
d'avant qu'elle
s'exécute
comme consœur
de l'esprit salace
lequel il traîne loin
si loin
derrière
le miracle qui l'a faite

Les larmes du hoya

Quand le génie d'une brise un jeudi
        en écoute un autre
        chuinter un autre
        sur la première herbe :
        durée superfétatoire.

On laisse le style
        des goûteurs après penser
        pour la consolation d'une boucle
        elle est ce talc processionnaire
        d'un rouge à l'épaule de lèvres
        de l'incendié ballon qui pousse
        tel futur grand consumé de
                        secondes millefleures
avec un cousin
avec un piano
avec l'inconsidéré filtre du bal
avec l'auteur du « Journal intime d'un miaulement »
avec les trahisons pardonnées
avec le peintre des « Chants de l'âme »
avec tout ce que vous devriez être
avec Thomas qui se tient, hiératique,
        à mi-chemin
                        entre un chef Kwakiutl
        qui aurait endormi doucement ses chasses

au sud d'un vent tiède et capricieux
et un guerrier Celte
intercesseur désigné
entre les animaux et les hommes
avec l'acte unique et sans matière
qu'était « Une Voyelle B »
avec les larmes du hoya

Sa dernière suprise-partie

Élégante fatigue de l'âme
Qui poigne jusqu'à la moelle,
Tout le monde est là.
Quelques millièmes de seconde
Il repense aux impétuosités elles
Impostures de sa douleur vaincue ;
Que pourraient bien lui subtiliser
Sa vie ou sa mort
Qu'il ne se soit déjà pris...
Pour le redonner plus riche
Comme le limon d'hommages pluriels
À tel Chant de Vallée cryptographique.
Mont parfumé, et l'opéra
Spécialement créé pour la circonstance
Résonne aux lèvres dubitatives
En couleurs de pacotilles
Revisitées aux vingt ongles
De jeudis sur la pointe des pieds ;
Aux tissus complices de la terre
La ferveur et le montreur de vertiges
Tuèrent à jamais le contre-songe
Dans un éclat de Un

L'effluve surprenant le poupard
Allant aux extrêmes avalements
Plutôt au goûter réciproque
Du principe échangé
Rendant la haute pareille proclamée
Où ils s'évanouirent à jamais
Ne laissant derrière eux
Qu'une rosée de secrets concrétive
Et librement filante
En des flots de ciel

Notes du fabricant

Le périple de l'immobile
a ceci de particulier
qu'il dispose sa barque céleste
face à son futur tranquille
en tournant ostensiblement le dos
aux carnets de ses doutes
qui croyaient avoir le pouvoir
de dresser l'itinéraire.

C'est comme si j'avais trop vécu
ce que j'ai vécu
comme si j'avais trop éclusé
la moindre seconde qui m'ait été offerte.

L'être et le parêtre

Quand on aura tout vendu son pauvre esprit
    aux enchères de la médiocrité
Quand on l'aura tout vu
        tout lu
        tout entendu (?)
        tout consumé
        tout enrubanné des phrases
    qu'il n'a jamais eues
Quand c'est qu'il sera foutu
    alors
    il y poussera le parcours
    d'un bourdon balourd et maladroit
    qui va en se trompant de fleur
    qui drague des patriciennes (il ne savait
    pas que c'en était)
    qui freine à la main sur les noisetiers
    qui talque de rots doux
    les prismes de sa maman
    qui s'arrête grossier et somptuaire
    sur le porche de ses quartiers d'été
    d'où c'est qu'il vous écrit ceci

(Les Grands Poèmes faux)

1999

JEAN-JACQUES FAUSSOT

Assez !

Le sourire des astres enfermés dans l'espace comme autant de Merlin dans une geôle d'air...

La détresse des êtres à l'heure où les lettres font étalage de leur phosphorescence...

Le tintamarre des fées qui, derrière les volets, jouent au bilboquet...

La candeur des femmes dont le corps de papier journal laisse des traces noires au bout des doigts...

La médiocrité médiumnique des horizons soumis à la question...

La vision en carton-pâte des bourdons...

L'électricité éphémère de l'envers qui opère à cœur ouvert...

La foi fantôme des fleurs qui changent de couleur à la moindre contrariété...

La dictature esthétique des fumées sur le point d'imploser...

La viscosité des voix qui promettent à midi et trahissent à minuit...

Le discours « chair de poule » des étés allaités par procuration...

La salive corrosive des minutes aux revers douaniers...

La jeunesse usurpée des calendriers deux fois décapités...

Les soubresauts de la matière-mère dans les couloirs de la mémoire...

La reproduction par parthénogenèse des mystères aux surfaces d'ivoire...

L'accélération du silence sous les tempes à l'instant où la mélancolie devient toupie...

L'haleine fétide des ères toujours en quête d'une vérité à décapsuler...

L'assaut ouaté des images qui voyagent sans bagages...
La caresse calcaire de l'utopie passée au tamis...
La félinité sous cellophane des pages écrites à contre-jour...
La capitulation des nuées en bas des escaliers...
La dévotion hormonale des mages pour les orages...
L'effet-boomerang des contradictions trop tôt plumées...
La lueur polaire de la postérité mal tricotée...
La danse macabre des cygnes courtisés par Orphée...
Toute la mousse ubuesque du monde...
Assez !

Assez ! Lumières qui ne font que chanter et ombres que se lamenter !

Assez ! Sucreries ! Duperies ! Feux qui ne noient rien et eaux qui ne brûlent personne !

Assez ! Rêves dans le labyrinthe desquels ne se cache aucun minotaure !

Assez ! Vents qui ne chuchotent que des secrets de Polichinelle, et cieux qui ne sécrètent que des potions de charlatan !

Assez ! Mirages-mollusques à la chair putréfiée, à l'odeur de pneu brûlé !

Assez ! Bois et prés dont le vocabulaire a besoin de levure !

Assez ! Oiseaux au regard d'esclave qui dès l'aube s'adonnent au libertinage !

Assez ! Féeries donnant le sein à la folie ! Monstres gris ! Flammes flétries !

Assez ! Vie ! Mort ! Sœurs jumelles sans esprit dont l'inceste n'est pas pour aujourd'hui !

Assez ! Poésie qui ne sait accrocher au front qu'une étoile semblable à celle que l'on portait à Buchenwald !

(Un couteau sous la gorge des roses)

2000

JEAN-JACQUES FAUSSOT

Comme le poulpe crache son encre

Depuis que la saison est entrée en ébullition, nous n'obéissons plus aux lois de la pesanteur.

Nos mains sont sales, nos regards vagues, et nos cheveux pareils à ceux des crucifiés que le violet a visités.

Toute morale nous a quittés, et sous nos crânes ce ne sont que fumées qui jouent aux dés leur identité.

Qui ne souhaiterait qu'on prenne sa place à l'intérieur de son corps ? Qu'on se coule dans le moule de ses pensées jusqu'à en épouser le moindre reflet opiacé ?

Chacun de nos nerfs est la corde d'une lyre hantée, et il n'existe pas de frontière entre le feu de nos passions et la glace de notre raison.

D'ailleurs, c'est à genoux que nous prions le flou de nous couronner, et sur un seul pied que nous mettons l'ombre au défi de nous faire trembler.

Tout rire est par nous plumé, toute pâleur désossée.

Le matin, quand la pureté, à nouveau, est sur le point de déraper, nous nous livrons à des expériences...

Irons-nous jusqu'à faire chavirer l'intensité ? Jusqu'à chloroformer l'été et provoquer entre ses héritiers atteints de cécité un conflit psychédélique ?

Des pavots aux sourires moqueurs fleurissent dans la cale de nos cœurs. Aussi n'avons-nous peur, ni des serpents qui habitent les miroirs, ni des barbelés qui entourent le ciel.

C'est avec l'argile du néant qu'on fabrique notre présent, et avec la soie du vent nos vêtements. Cependant, personne ne pourrait nous effacer de l'écran, tant nos gestes, herbes folles entre les ruines du temps, ont de racines clandestines, tant nos paroles, flammes froides dans la seringue de l'espace, ont de parfums félins.

Éloignez-vous, hommes au profil mutant, et vous, savants avec vos drogues anti-oniriques. Nous avons forgé nos armes sur l'enclume de la Vision, et nos intentions ne sont pas pacifiques !

(Un couteau sous la gorge des roses)

MICHEL BULTEAU

ANÉANTIR CE QUI MENACE
LES DIAGONALES PARFAITES
DE NOS CORPS D'ADOLESCENTS

(Poet's life 3)

2001

MICHEL BULTEAU ET MATTHIEU MESSAGIER

Proses bien déprosées

Les drontes allument la lumière. Et au solstice sans science on peut endormir son sommeil. Lors d'un précédent voyage, peut-être bien à Port-au-Prince, ils ne se sont pas mis d'accord sur qui jouait du piano ; en tout cas, à la guitare c'était bien Cliff Gallup. Nous en aurions fait, dans l'autre vieil été apparemment affaissé aux entre-frissons, la plus aboutie des insouciances de ce qui ralentit le chuchotement des planètes ; Héraclite n'a pas osé tracer les cercles du temps. Coups frappés sur les pierres légères du carrelage. Fleurs rouges poussant dans les zones intermédiaires loin des micros. Les corps en chasse commençaient heureusement à se paralyser. Ils ont franchi la rivière tout feu tout flamme, leurs flammes en ayant pris un coup dans l'eau du courant. L'hiver se lève tard. Les murs tournent fixement. « Commc jc voudrais avoir lc talent de me mettre en colère », dit Héraclite qui possédait deux neiges dans la barque d'innombrables ultérieurs et une lecture de bouche à plusieurs nerfs adossés de fard au même rang d'azur qui affranchit un jour les fontaines parlantes ; en un suint traduit des phrases horizontales. Basse panoplie du Mont Terrible, ou quand les amorces se couchent entre les humiliations et les petites voitures lestées. Sujets de main morte. Ce pauvre gosse persiste à prendre des photographies invisibles.

– Passy c'est tout de même moins loin que Bir Hakeim...

D'intenses jeunes gens en pantalons de poésie de tergal ne laissent d'empreintes sur l'acoustique et les fausses portes des rives et des labyrinthes de chagrin. Sur les ondes traînent d'authentiques scènes blanches. Dans l'auberge aux images, on ne célèbre plus aucune fête. Je suis même sûr qu'ils ont décroché du mur tous ces merveilleux poèmes d'Orient qui dormaient sous le verre.

Un chien empaillé compte les points. Que le match ait été un bon match, tout le monde en reste persuadé. Un noyé avec des épaulettes flotte devant des blés d'or. Déguisement d'accord, mais déguisement quand même. Escalade du pénible massif de l'appréhension. La langue du lézard ne prend pas part au procès.

Orchidées au-dessous de la morale saisonnière ; nous entrions, de nombreuses années plus tard, aux rideaux aurifères d'une île particulière, dont le nom parfumé ne figurait plus depuis longtemps au bruyant dictionnaire des sensations et des conversions.

BIBILOGRAPHIE[1]

ADELINE
(Neuilly-sur-Seine, 1950)

Poudrier de dent (collectif), Jean-Jacques Faussot éd., 1973.
Venins (collectif), Jean-Jacques Faussot éd., 1974.
Catalepsie suivi de *Hiérophanie*, frontispice de Meret Oppenheim, préface de Michel Bulteau, Electric Press, 1975.
On My Lap (collectif), Electric Press, 1975.
*Ferveurs ou La Reine déchue (poèmes 1970-1990)**, A Lilie's Book, 1991.
Les Sirènes, essai, Pardès, 1994.
Critique poétique de l'évidence, essai (à paraître).
Marcher, roman (à paraître).

ZÉNO BIANU
(Paris, 1950)

Élisaire 7 (avec Matthieu Messagier)*, inédit, 1969.
*Manifeste électrique aux paupières de jupes**, Le Soleil noir, 1971.
Mort L'Aine (avec Matthieu Messagier)*, Christian Bourgois, 1972.
Mantra, Cahiers des Brisants, 1984.
Poèmes et proses des ivresses (avec Vincent Bardet), Seghers, 1984.
Connaissance de l'ombre, Passage, 1986.
La Parole et la Saveur, anthologie de la poésie indienne du XXe siècle avec Richelle Dassin et Serge Sautreau, Cahiers des Brisants, 1986.
La Montagne vide, anthologie de la poésie chinoise IIIe-XIe siècles avec Patrick Carré, Albin Michel, 1987.
La Danse de l'effacement, préf. de Charles Juliet, ill. de Ramon Alejandro, Brandes, 1990.

1. Les astérisques désignent les livres utilisés pour la présente anthologie. De cette bibliographie, sont volontairement exclus la recension des textes parus en revues, les préfaces à des catalogues, les éditions critiques, les traductions, certains ouvrages faits en collaboration avec des peintres et des plasticiens de Zéno Bianu, Michel Bulteau, Jean-Jacques Faussot.

Un seul faux pas dans l'infini, ill. de Jean Messagier, Cahiers des Brisants, 1990.
L'Intime soudain, peintures de Alain Gauvin, Fata Morgana, 1990.
Fatigue de la lumière, Granit, 1991.
Le Chevalier d'Olmedo, de Lope de Vega, Actes Sud-Papiers, 1992.
Neuf Méditations sur le blanc, gravures d'Alain Bar, Parole gravée, 1992.
Le Livre de Spencer, d'après Marlowe et Brecht, Odéon-Théâtre de l'Europe, 1994.
Ombre ouverte, Dana, 1996.
Krishnamurti ou l'insoumission de l'esprit, Éd. du Seuil, 1996.
Précis de haute enfance, peintures de Richard Texier, Fata Morgana, 1997.
Traité des possibles (avec Richard Texier), Fata Morgana, 1998.
Sagesse de la mort, Albin Michel, 1998.
L'Atelier des mondes, Arfuyen, 1999.
Les Lèvres de l'éclipse, ill. de Jean-Marc Scanreigh, Fata Morgana, 1999.
Le Ciel intérieur, ill. de Vladimir Velickovic, Fata Morgana, 1999.
El Dorado, poèmes et chants des Indiens précolombiens avec Luis Mizon, Éd. du Seuil, 1999.
L'Idiot, dernière nuit, d'après Dostoïevski, Actes Sud-Papiers, 1999.
Dans la bouche d'une étoile, gravure de Christian Lapie, Rencontres, 2000.
Lisière d'infini, peintures de Michel Mousseau, Fata Morgana, 2001.
Poèmes à dire, une anthologie de poésie contemporaine francophone, Gallimard, coll. « Poésie », 2002.
Infiniment proche, Gallimard, 2002.
Exercices d'aimantation, ill. de Richard Texier, Les Petits Classiques du Grand Pirate, 2002.
Fugue, gravures de Richard Texier, Maeght, 2002.
Suite pour Albert Ayler, Les Faunes éditeurs, 2002.
Le Battement du monde, Lettres vives, 2002.
Haiku, anthologie du poème court japonais avec Corinne Atlan, Gallimard, coll. « Poésie », 2003.
Michel Mousseau, le temps de lumière, Jean-Michel Place, 2003.
Suite pour Yves Klein, photographie rehaussée de Joël Leick, Fata Morgana, 2003.
Les Poètes du Grand Jeu, Gallimard, coll. « Poésie », 2003.

MICHEL BULTEAU
(Arcueil, 1949)

7, Retomba des Nuits, textes, Aglis Press, 1970.
*Manifeste électrique aux paupières de jupes**, Le Soleil noir, 1971.
*Poème A (Effraction-Laque)**, préf. de Claude Pélieu, Jean-Jacques Pauvert, 1972.
Parvis à l'écho des cils (collectif), Jean-Jacques Pauvert, 1972.
*Sang de satin**, frontispice de Jacques Hérold, Première Personne, 1972.
Les Cristaux de folie suivi de *Watcris88mots**, poème-préface de Matthieu Messagier, Electric Press, 1973.

Poudrier de dent (collectif), Jean-Jacques Faussot éd., 1973.
*Éther-Mouth, Slit, Hypodermique**, Seghers, 1974.
Venins (collectif), Jean-Jacques Faussot éd., 1974.
On My Lap (collectif)*, Electric Press, 1975.
*Des siècles de folie dans les calèches étroites**, ill. de Jacques Hérold, Belfond, 1976.
Le Maître des abysses, La Lampe voilée, 1977.
Eurydice d'esprits, Christian Bourgois, 1979.
La Pyramide de la Vierge, Christian Bourgois, 1979.
*Îles serrées**, Belfond, 1980.
*Enfant Dandy Poème**, ill. de Roger Pfund, Bordas et fils, 1980.
*L'Aiguille de diamant de l'anéantissement**, ill. de Jacques Hérold, Le Soleil noir, 1980.
Discours de la beauté et du cœur, Bordas et fils, 1981.
Mythologie des filles des eaux, Éd. du Rocher, 1982 et 1997.
James Dean, Presses de la cité, 1985.
Paul-Jean Toulet l'enchanteur désenchanté, J & D, 1987.
Le Club des longues moustaches, Quai Voltaire, 1988 ; Éd. du Rocher, 2004.
Flowers (d'après Warhol), La Différence, 1989.
Minuties, La Différence, 1989.
Baron Corvo l'exilé de Venise, Éd. du Rocher, 1990.
Mort d'un rebelle, Éd. du Rocher, 1991.
Poèmes 1966-1974, La Différence, 1993.
*La Vie des autres**, instantanés, La Différence, 1995.
*Poet's Life 1**, Electric Press, 1995.
Les Analogies de la mort, dessins de Myonghi, Electric Press, 1995.
Le Yémen (avec Alain Jouffroy), A.C.R., 1995.
Le Monde d'en face, nouvelles, Éd. du Rocher, 1996.
XXIII Poèmes (avec Matthieu Messagier)*, Luvah, 1996 ; Electric Press, 1997.
Le Monde ouvert, ill. de James Brown, Young Dog Press, 1997.
La Tête en bas, ill. de Martial Raysse, Young Dog Press, 1997.
Post-peinture et Pré-musique, Electric Press, 1997.
Aérer le présent, entretien avec J.-J. Faussot, Paroles d'Aube, 1998.
Prose and Spoon, Electric Press, 1999.
À New-York au milieu des spectres, La Différence, 2000.
Breast pocket notes pour Roy Lichtenstein, L'Échoppe, 2000.
*Sérénité moyenne**, poèmes 1990-1996, Gallimard, 2000.
L'Effrayeur, roman, Gallimard, 2000.
*Poet's Life 3**, photographie de Touhami Ennadre, Éditions R., 2000.
La Reine du Pop, La Différence, 2001.
Les Zéros absolus, nouvelles, Éd. du Rocher, 2001.
Proses bien déprosées (avec Matthieu Messagier)*, Electric Press, 2001.
Attitude noire, ill. de Gérard Fromanger, Maeght, 2003.
Un héros de New-York ou comment je me suis vendu au diable, La Différence, 2003.

JEAN-PIERRE CRETIN
(Lady Deck Town, 1950)

Manifeste électrique aux paupières de jupes, Le Soleil noir, 1971.
Parvis à l'écho des cils (collectif), Jean-Jacques Pauvert, 1972.
*Sang / Les Aubes salissantes**, Electric Press, 1972.
*Orge d'enfants brisèrent l'écume**, inédit, 1972.
Marais / Bras d'haleine, inédit, 1972.
One Kiss (avec Matthieu Messagier), Robert Bodson, 1972.
*La Main dominicale**, inédit, 1973.
Poudrier de dent (collectif)*, Jean-Jacques Faussot éd., 1973.
Venins (collectif)*, Jean-Jacques Faussot éd., 1974.

JEAN-JACQUES FAUSSOT
(Saumur, 1953)

*Manifeste électrique aux paupières de jupes**, Le Soleil noir, 1971.
Porcelaine Cow-Boy, Electric Press, 1971.
Parvis à l'écho des cils (collectif), Jean-Jacques Pauvert, 1972.
Poudrier de dent (collectif), Jean-Jacques Faussot éd., 1973.
Venins (collectif), Jean-Jacques Faussot éd., 1974.
*Les Épaules lacrymales (1969/1973)**, Seghers, 1975.
Génération électrique, ill. de Victor Ramirez, Ipsithilla, 1988.
Les Derniers Jours de la mission Peacock, Electric Press, 1998.
*L'Opposé sensible (1974/1983)**, préf. d'Alain Jouffroy (à paraître).
*Icônes écartelées** (à paraître).
*Un couteau sous la gorge des roses** (à paraître).

JACQUES FERRY
(Héricourt, 1950)

*Manifeste Paranoïa Blues**, inédit, 1970.
*Manifeste électrique aux paupières de jupes**, Le Soleil noir, 1971.
*L'Artère digitée d'aurore**, Electric Press, 1971.
*Le Château des annales humides**, Electric Press, 1972.
Javel City (avec Matthieu Messagier), inédit, 1972.
Parvis à l'écho des cils (collectif), Jean-Jacques Pauvert, 1972.
*Les Berceaux d'encre blême**, Electric Press, 1972.
*Poudrier de dent** (collectif), Jean-Jacques Faussot éd., 1973.
*Venins** (collectif), Jean-Jacques Faussot éd., 1974.
*On My Lap** (collectif), Electric Press, 1975.
*Un temps choisi à Trêlles** (avec M. Messagier), Nordeste, 1983.
*Journal intime d'un miaulement**, avec un portrait de l'auteur par Andy Warhol, Luvah, 1990.
Rio Negro, inédit, 1980-2000.
L'Étoile la plus proche d'elle-même, inédit, 2000
La Pureté, inédit, 2001.
Un certain retour à l'extrême sauvagerie, inédit, 2002.

PATRICK GEOFFROIS
(Paris, 1947 – New York, 1994)

*Manifeste électrique aux paupières de jupes**, Le Soleil noir, 1971.
*[sans titre]**, Electric Press, 1971.
*Parvis à l'écho des cils** (collectif), Jean-Jacques Pauvert, 1972.
*Poudrier de dent** (collectif), Jean-Jacques Faussot éd., 1973.
*Venins** (collectif), Jean-Jacques Faussot éd., 1974.
*On My Lap** (collectif), Electric Press, 1975.
*Incantations of a Magick Warrior vol. 1 & 2**, ill. de Chris Stein et de Mélanie Nagel, Electric Press, New York, 1987.

THIERRY LAMARRE
(Paris, 1949)

*149/0FF**, Electric Press, 1970.
*Manifeste électrique aux paupières de jupes**, Le Soleil noir, 1971.
Times around, inédit, 1971-1973.
*Kerouac-Mantra**, Electric Press, 1972.
*Untitled (scattered poems)**, inédit, 1972.
Poussières l'errance, inédit, 1973.
*Higgins Redsox (5e baliverne)**, inédit, 1973.
A Wedding Book, H.C., 1976.
Dossier H – Dominique de Roux, L'Âge d'Homme, 1997.
Métaphore d'expédition (à paraître).

MATTHIEU MESSAGIER
(Lord Dream City, 1949)

Jésus-Christ ou la salle des rouages, Electric Press, 1970.
*Manifeste électrique aux paupières de jupes**, Le Soleil noir, 1971.
*Je récitatif de sang (*TEXTE *pour les étoiles)**, Electric Press, 1971.
*Nord d'été naître opaque**, Jean-Jacques Pauvert, 1972.
Neumes du souffle, Agentzia, 1972.
*Mort, l'aine** (avec Zéno Bianu), Christian Bourgois, 1972.
Éternités blessées de gestes suivi de *L'Apotome**, Electric Press, 1972.
Parvis à l'écho des cils (collectif), Jean-Jacques Pauvert, 1972.
One Kiss (avec Jean-Pierre Cretin), Robert Bodson, 1972.
*Géologie historique**, Pierre-Jean Oswald, 1973.
Poudrier de dent (collectif), Jean-Jacques Faussot éd., 1973.
*Sanctifié**, Christian Bourgois, 1974.
Venins (collectif), Jean-Jacques Faussot éd., 1974.
Le Dit des gravités en sanctifié, ill. de Ramón Alejandro, Atelier de l'Agneau, 1974.
*Les Laines penchées**, préf. de Michel Bulteau, Seghers, 1975.
*On My Lap** (collectif), Electric Press, 1975.
*Poèmes (1967-1971)**, Christian Bourgois, 1977.

*Œuvres (1954-1969)**, Jean-Jacques Pauvert, 1978.
Vic et Éance, Christian Bourgois, 1978.
Un temps choisi à Trêlles (avec Jacques Ferry et Simon Messagier), Nordeste, 1983.
Le Chemin Lael, Luvah, 1986.
Le Désespoir aux quatre fleuves, ill. de Jean Messagier, Fata Morgana, 1986.
Le Voyage à la planète suivi de *Le Bestiaire**, Luvah, 1987.
Le Solde de l'avant-mot ?, Pasnic, 1988.
*Le Dernier des immobiles**, Fata Morgana, 1989.
Orant, poème, Christian Bourgois, 1990.
*À chacun d'avril**, ill. de Jean Messagier, Fata Morgana, 1990.
Le Merisier philosophique, Luvah, 1991.
La Songeraie, avec une vignette de Marcelle Baumann-Messagier, Canevas, 1991.
*Une rêverie objective**, signes de Ramón Alejandro, Le Castor Astral, 1992.
De la tanche et de son principe complétif, Canevas, 1993.
*12 Illusions imbriquées**, édition bilingue en chinois et français, CCJCC, 1994.
*25 Parfums pour un bal à n'os**, ill. de Simon Messagier, Fata Morgana, 1994.
*L'Alose aux épars**, eau forte de Henri Cueco, Festina Lente edizioni, 1995.
*Faut payer pour voir**, Electric Press, 1995.
*Les Chants Tenses**, Flammarion, 1996.
*XXIII Poèmes** (avec Michel Bulteau), Luvah, 1996 & Electric Press, 1997.
*À l'ancre d'achronie**, Fata Morgana, 1999.
Elvis Presley sa navigation, Aglis Press, 2000.
Poésie 1964-1974, La Compil, préf. de Yves di Manno, Flammarion, 2000.
*Les Grands Poèmes Faux**, Flammarion, 2000.
Précis de l'hors rien, ill. de Simon Messagier, Fata Morgana, 2001.
*Proses bien déprosées** (avec Michel Bulteau), Electric Press, 2001.
Sans titre sans date, ill. de P. Depin, Maeght éditeur, 2001.
Un carnet du dedans, dessins d'Enrico Baj, Avant Post / URDLA, 2002.
Géologie historique et autres poèmes, préf. de Renaud Ego, Christian Bourgois, 2002.
Album en lent, Éditions 23, 2003.
Une clarté sessile, ill. de Dado, Fata Morgana, 2003.
Les Transfigurations, préf. de Thierry Beauchamp et Nicola Sornaga, Le Castor Astral, 2004.
L'Universelle & l'Idiot irrompu, ill. d'Yvon Taillandier, Domerchez, 2004.
Le Dit de la reine aux sortilèges de fruissements, L'Instant Perpétuel, 2004.
Fond de troisième œil, Flammarion, 2005.
Notes du Dehors, enluminées par Dado, Léo Scheer, 2005.
Le Bestiaire, éditions Voix, 2005.

L'arpent du poème dépasse l'année lumière, monographie, texte de Renaud Ego, Jean-Michel Place / Poésie, coll. dirigée par Zéno Bianu, 2002.

MICK TRÉAN
(Cachan, 1950 – Paris, 1992)

*Manifeste électrique aux paupières de jupes**, Le Soleil noir, 1971.
Parvis à l'écho des cils, Jean-Jacques Pauvert, 1972.
*Poudrier de dent**, Jean-Jacques Faussot éd., 1973.
Venins, Jean-Jacques Faussot éd., 1974.
*Caryatide d'innocence**, Electric Press, 1974.

FILMOGRAPHIE

MICHEL BULTEAU

Le Destin d'un tueur. Deux versions : muet, 8 mm, 3' ; couleur, 9'. 1963.

Dernier Rôle. Couleur, sonore, 16 mm, 4'. 1967.

Une voyelle B. Noir et blanc, muet, 8 mm, 15'. En collaboration avec Matthieu Messagier. 1968.

Main Line. Noir et blanc, 16 mm, 12'. Avec Patrick Geoffrois. 1971.

Asnaviram. Couleur, 16 mm, 23'. Musique : Swami Prabhupada. 1974. Inspiration : Patrick Geoffrois.

Un naufrage s'offrait. Couleur, 16 mm, 8'. 1974-75.

Impératrice. Couleur, 16 mm, 4'30''. Musique : Claudia Muzio. 1974.

On the radio, on the screen. Noir et blanc, sonore, 16 mm, 8'. 1976.

La Lisière de la miséricorde. Noir et blanc, muet, 16 mm, 32'. 1976.

Astérie. Noir et blanc, muet, 16 mm, 12'. 1979.

Yémen, temps du sacré. Couleur, sonore, 16 mm, 52'. Un film de Laith Abdelamir, scénario et texte de Michel Bulteau. 1994.

FiLm. Cinquante et un plans-collages sur papier dont deux phrases : « Le prince du haschisch copiait Byron et Brummel » et « à Votre Service, toujours SATAN ». 1995.

M. B. né à Arcueil. Vidéo couleur, sonore, 9'. Caméra : Pascal Auger, 1996.

Leila's papers. Noir et blanc et couleur, sonore, 16 mm, 15'. Avec Natasha Fuentes et Nick Name. 1996-98.

Moving Back In Times. Quarante-six plans-collages sur papier. Avec Virginie Petracco. 1999.

Roy's last black flowers. Vidéo noir et blanc et couleur, sonore, 3'40''. Avec Juliet Man Ray et Juliette Bulteau. Caméra : J.-J. Faussot. 2003.

JEAN-JACQUES FAUSSOT

Aspic Symphonie. Noir et blanc et couleur, sonore, 6'. Avec Michel Bulteau, Jean-Jacques Faussot et Adeline. 1969.

Le Jardin des métamorphoses. Couleur, sonore, 11'. Avec Adeline. 1980.

Le Panthéon des ombres. Couleur, sonore, 3'30'', 1980.

Et la chair se fit verbe... Noir et blanc, sonore, 9'. Avec Jean-Pierre Bardon. 2004.

MATTHIEU MESSAGIER

Une voyelle B. Noir et blanc, muet, 8 mm, 15'. En collaboration avec Michel Bulteau. 1968.

La Direction de l'odeur. Noir et blanc, muet, 8 mm, 11'. Avec Michel Bulteau, Jean-Pierre Cretin, Jean-Jacques Faussot et Matthieu Messagier. 1968.

Le Roi de terre. Noir et blanc, 8 mm, 11'. Avec Pierre Péchin. Caméra : Michel Bulteau.1968 (film disparu dans la robe de la pluie).

La Songeraie et autres textes. Vidéo, couleur, 1 h 30. Réalisé par Jean-Claude Loumiet au Centre Georges Pompidou autour de la « Revue parlée ». Production : Pierre Bongiovanni et le CICV. 1992.

La Question oubliée. Vidéo, couleur, 1 h 20. Réalisé par Louis Ucciani. Musique de Joachim Montessuis. CICV. 1995.

Matthieu Messagier au pays de Trêlles. Vidéo, couleur, 11'. Réalisé par Nicola Sornaga. Arte/Métropolis, 1997.

Le Dernier des Immobiles. Couleur, 1 h 43. Film de Nicola Sornaga. Musique de Bobby Few. Avec Matthieu Messagier, Nicola Sornaga, Dinara Droukarova, Michel Bulteau, Jacques Ferry, Pierre Péchin, Jean-Pierre Cretin, etc. Production Gilles Sandoz et MAIA FILMS. 1999/2000.

DISCOGRAPHIE

ZENO BIANU

Révolution extatique
Zéno Bianu, Thierry Lamarre, Jean-Claude Machek, Matthieu Messagier, Gilles Mézière.
Inédit, 1971.

Stentor
avec le groupe Outland.
CD, Marge, 2001.

Dans le feu du bleu
avec Denis Lavant et Jean-Paul Auboux.
CD, éditions Thélème, 2002.

MICHEL BULTEAU

« Mahogany Brain » :
– *With (Junk-Saucepan) When (Spoon-Trigger)*
Yves Berg, Zéno Bianu, Michel Bulteau, Patrick Geoffrois, Benoît Holliger, Gilles Mézière, Mine.
LP, Futura Records, 1971. Réédition CD, Mellow Records, 2000.
– *Smooth Sick Lights*
Adeline, Michel Bulteau, Jean-Pierre Gardille, Patrick Geoffrois, Thomas Messagier, Mine.
Cassette, Feedback, édition limitée, 1974. Production Ralph Rumney.
LP, Pole Records, 1976. Réédition CD, Spalax Music, 1997.
Il existe une édition pirate sur Tapioca Records, s.d.

Spleens
Avec Elliot Murphy.
Maxi 45T, New Rose Records, 1989.

Archidoxe
CD, éd. Paroles d'Aube, 1994.

Dans un monde sonore
CD, Radio France, 1997.

Rinçures
Avec Jean-François Pauvros et Ernie Brooks
CD, Fractal Records, 1999.

Avec « Williams Traffic » :
Vinyle et CD, Catalogue, 1999.
BMG Publishing.

Hero Poet
Michel Bulteau : vocals.
Elliot Murphy : guitare.
SSW 811, 2004, Limited edition.

JACQUES FERRY

Darling Pain
Avec Thomas Messagier (guitare).
Inédit, 1972.

PATRICK GEOFFROIS

Outre les deux albums de « Mahogany Brain », enregistrés avec Michel Bulteau, Patrick Geoffrois a été guitariste sur deux disques de James Chance : *Live Aux Bains Douches* (Ze records, 1980) et *Soul Exorcism* (Roir, 1991). Il a également joué dans le film *Down Town 81* d'Edo Bertoglio, sorti en salles en 2000.

MATTHIEU MESSAGIER

12 illusions imbriquées.
Voix : Matthieu Messagier. Musique : Stasola et François Michaud.
45 tours, Lykill Records, 2000.

TABLE

ISBN : 2-7291-1553-6

Achevé d'imprimer sur les presses
de l'imprimerie France Quercy - 46001 Cahors
N° d'impression 50763 - avril 2005

imprimé en France